アイネイアス『攻城論』

解説・翻訳・註解

TAKABATAKE Sumio
髙畠 純夫

東洋大学出版会

はじめに

　本書は、戦術家アイネイアスの作品とされる『攻城論』の翻訳と註解を本体とし、それに解説と補論とを付し、さらに索引をつけて成り立っている。この作品はこれまで邦訳されたことがなく、わが国では一つの研究動向論文を除いてこれに真正面から取り組んだ研究はないから、良い意味であれ悪い意味であれ、本書はわが国におけるアイネイアス研究の要石としての役割を果たすこととなろう。著者として本書の学問的意義についてはいささかの疑いも持たないが、本書が広く多くの人の関心を引くかについてはまったく自信がない。そもそも戦術家アイネイアスと言ってもすぐにわかる人は少なかろうし、『攻城論』と言っても何が書かれているかすぐに頭に浮かぶ人もあまりいないだろう。そうした状況の中で、正確さを期した翻訳に4倍ほどの分量の註解をつけてテクストの読みを解説し、テクストから発生するさまざまな問題も論じたから、どうぞそちらを見てくれと言っても、ほう、それは面白そうだと応じてくれる人はほとんどいないように思われる。そこでここでは、アイネイアスという人物と『攻城論』について非常にざっくりとした説明をした上、本書の見取り図を示して使い方への便宜をはかり、最後に『攻城論』の詳細な内容を示して、中味への一定の理解が得られるようにしたいと思う。以上によってあまり関心を持たない人にも、本書内部に踏み込む何らかのきっかけを与えられればと考える。

　アイネイアスは、前4世紀の古代ギリシアに生きた人物で、この『攻城論』が唯一残された著作で、それ以外彼の人物を知る何ら確かな手がかりはない。中を見ればすでに何冊かこうした軍事的マニュアルを書いたことがわかり、軍事的経験なしにこうした内容が書けるとは思われないから、軍人として何度か戦争に従軍した人物と考えられる。それに基づき、ペロポネソス半島の小ポリスであるステュンファロスの将軍アイネイアスの可能性が早くから指摘されており、人物同定としてはそれを信じるか信じないかのどちらかしかな

I

い状況である。『攻城論』のギリシア語はアッティカ方言ではなく、やや特異な形のギリシア語で本書のみに現れる語も数多い。その後に広がるコイネーと呼ばれるギリシア語にいたる途中の形態とされ、理解にはそれなりの工夫を要する。「攻城論」という語はギリシア語 πολιορκητικά に対する訳語で、その「城」は「都市」すなわち「ポリス」の意味であり、全体で「ポリスの包囲攻撃に関すること」の意である。ただし、この書が主に論ずるのは、ポリスを包囲攻撃する場合のことではなく、ポリスが包囲攻撃された場合の対処法である。その際、念頭に置かれているのはアテナイのような大きなポリスではなく、ポリス全体の8、9割を占める小ポリスであり、そうした一般的ポリスの状況を推測する上でも格好の史料となる。しかし、遡れる限り最も古く、すべてのテクストの淵源である写本──M写本と呼ばれる──の性格からであろう、第40章の途中で突然途切れており、完全な形では残っていない。残された部分が全体のどれほどなのかもわからない。

　以上が、アイネイアスと『攻城論』についての大まかな説明であるが、それに対し本書は以下のような構成をとってその理解に迫ろうとしている。最初に置かれた解説においては、まず、『攻城論』の作者、題名、執筆年代を論じ、ついでアイネイアスについて先ほどのステュンファロス人の可能性の程度を明らかにし、古代における彼の評価を示す。それから『攻城論』の研究状況を簡単に説明し、これを読む上でも参考になる『攻城論』以後の戦争書とそれを書いた人物を紹介している。さらにテクストの歴史と校訂の歴史を紹介し、各校訂本の特色を、著者が直接見ていない最初の五つについてはある校訂本の紹介によりつつ、直接見ている残りの四つについては自己の経験にもよりながら、紹介している。また本書で頻繁に使うこととなった訳・註解本および辞書の二つも紹介している。そこには本書で使う略称も示している。最後に今紹介した校訂本、訳・註解本、辞書を含めて使用文献をすべて挙げてある。註解で使った略称を欧文文献についてはabc順に、和書の場合は研究文献、史料に分けてそれぞれアイウエオ順に挙げてあるから、そこで正確な典拠を確認できるようになっている。その後、翻訳と註解へと進むが、先にも述べたように、このギリシア語はやや特異で解釈は一筋縄ではい

かないところが多いから、註解にはその解釈にいたった経緯や校訂のあり方を説明することとなっている。その他註解には、固有名詞を説明したり、著者の言いたいことをわかりやすく言い直したり、さまざまな研究がどのようなことを言っていて、それに対しどう考えるべきかといったことを書いている。補論には、同じ単語であるのに訳を考えた場合どうしても訳し分けることが必要になるものについて、どのように訳し分けたかといったことなどを説明している。

　以上、要するに本書を見れば、『攻城論』のギリシア語テクストがどのように校訂され、どのように読むべきものとして考えられてきたかがわかろうし、そこからアイネイアスの意図をどのように解釈し、どのような意味を引き出すかについてさまざまな学者がどのように考えているかを知ることができよう。『攻城論』は、以下に詳細な内容を示すように、体系的著作ではないから、どこから読んでもかまわないし、註解だけを読んでもそれなりの情報を手に入れられるであろう。また、最後につけた索引は、こうしたわかりにくいギリシア語を全体の統一をはかりながら訳した結果、どのような単語をどう訳したか、あるいは訳し分けたかがわかるようになっている。ギリシア語原文と照らし合わせて本書の理解をはかろうとする人がいたら、それはずいぶんと役立つものとなろうし、使われている単語に疑義や関心を抱いた人にも必要な情報を与えてくれるものとなろう。

　著者として、本書が使われることを何よりも願い、アイネイアスが日本のギリシア史研究においても今後正当な位置を与えられることを期待している。

　以下、詳細な内容を掲げておく。第1部、第2部などの大きな分け方については議論があるが、大まかな内容がわかりやすいと思われるものをとった。ローマ数字は章、その後のアラビア数字は節の番号である。

序章1-4：国土防衛が必要なわけ
第1部：敵軍到着前の準備
　I　1-9：兵隊の組織の仕方

II　1-8：広場について
  III　1-6：戦争のために市民を組織するやり方
  IV　1-12：合図の重要性について
  V　1-2：門番について
  VI　1-7：昼間の偵察兵について
  VII　1-4：収穫期の合図について
  VIII　1-5：敵に備えて農牧地をどうすべきか
  IX　1-3：敵が侵入した場合の注意
  X　1-26：敵が接近した場合のさまざまな対策
  XI　1-15：陰謀の例とそれを止めた例
  XII　1-5：同盟軍を入れる場合の注意
  XIII　1-4：傭兵の維持の仕方について
  XIV　1-2：一体性のために負債者を宥める必要について
第2部：敵軍を前にしての対応
  XV　1-10：攻撃されている土地へ軍を派遣する場合の注意
  XVI　1-22：侵略者に対する対処法
  XVII　1-6：祭りや行列に注意すべきこと
  XVIII　1-22：門番について警戒すべきこと
  XIX　1：横木の切断の際の注意
  XX　1-5：城門の鍵について
  XXI　1-2：本書に書くべきことについて
  XXII　1-29：見張り番について
  XXIII　1-11：夜襲は注意して行わなければならないこと
  XXIV　1-19：合言葉について
  XXV　1-4：第二の合言葉
  XXVI　1-14：パトロールに関する注意
  XXVII　1-14：パニックへの対処の仕方
　　　　　15：見張り番への注意
  XXVIII　1-7：城門の管理について

はじめに

- XXIX　1-12：武器の秘密裏の持ち込みについて
- XXX　1-2：輸入された武器について
- XXXI　1-35：秘密の通信文の作り方と書き方

第3部：攻城攻撃に対する対処の仕方
- XXXII　1-12：攻城機械に対する対抗処置
- XXXIII　1-4：火を使った反撃
- XXXIV　1-2：火の消火法と防衛法
- XXXV　1：火のつけ方
- XXXVI　1-2：梯子に対する防衛法
- XXXVII　1-9：地下道に対する対抗法と地下道の掘り方
- XXXVIII　1-8：攻囲されたときになすべきことの注意
- XXXIX　1-7：攻囲された場合にとるべき策略
- XL　1-8：ポリスの大きさと人数を考えた場合の対策
  　　8：艦隊について

目　次

はじめに……………………………………………………………… I
図版目次……………………………………………………………… IX

I　解　説…………………………………………………………… XI
　1．本書をめぐる問題………………………………………… XIII
　2．アイネイアスという人物………………………………… XX
　3．『攻城論』の研究状況…………………………………… XXV
　4．戦争書について…………………………………………… XXVI
　5．テクストについて………………………………………… XXXII
　6．使用文献…………………………………………………… XL

II　翻　訳…………………………………………………………… 1

III　註　解………………………………………………………… 59

IV　補　論………………………………………………………… 249
　1．訳語選定に関する覚書…………………………………… 251
　2．政治的語句とアイネイアスの立場……………………… 255
　3．註解というものについて………………………………… 258

V　索　引…………………………………………………………… 261
　1．本文索引…………………………………………………… 263
　　A　一　般………………………………………………… 263
　　B　固有名詞……………………………………………… 277

C　ギリシア語 ・・ 279
　2．註解・解説索引 ・・ 292
　　A　史　料 ・・ 292
　　B　研究文献 ・・・ 296

あとがき ・・ 299

図版目次

VII-1：アイネイアス考案の合図法　Wilsdorf 1974, Bild 25 90
XVIII-1：Budéの考える城門　Budé, Fig.I 134
XVIII-2：Barendsの考える箱形の鍵　Barends, 164 Diagram 2 135
XVIII-3：Barendsの考える2種類の留め具　Barends, 164 Diagram 2 135
XVIII-4：Barendsの考えるはさみ器具　Barends, 166 Diagram 3 137
XVIII-5：Barendsの考える引き上げ用鍵　Barends, 166 Diagram 3 138
XX-1：Barendsの考える引き上げ用はさみ　Barends, 166 Diagram 3 144
XX-2：Budéの考えるはさみ器具、引き上げ用はさみ、鍵の構造
　　　Budé, Fig. III 144
XXII-1：水時計　アリストテレス全集11『問題集』 1968, 574 157
XXIV-1：城門内部の復元図　Barends, 163 Diagram 1 167
XXIV-2：古典期の重装兵　van Wees 2004, Fig. 1 169
XXIX-1：槍に刺されて倒れる巨人　Sekunda 2000, 27 188
XXIX-2：軽装兵の1例　van 2004, Pl. V 190
XXXI-1：長い文字による秘密の手紙　Hunter/Handford, 205 195
XXXI-2：木製円盤の復元例　Wilsdorf 1974, Tafel 44 203
XXXII-1：破城用の衝角　Strauss 2007, Fig. 7.5 212
XXXII-2：穿孔機の1例　Campbell 2005, 29 215
XXXII-3：Barendsの考える大型はさみ　Barends, 166 Diagram 3 III 216
XXXII-4：プラタイア戦の想像復元図　Campbell 2005, 63 217
XXXII-5：埋立亀の想像復元図　Campbell 2003, 17 220
XXXIII-1：描かれた雷の例　http://www.hubert-herald.nl/Thunderbolt.htm - 222
XXXVI-1：Garlanの考えるWaschow説　Garlan 1974, 175 Fig. 2 227
XXXVI-2：Barendsの考える梯子撃退装置　Barends, 168 Diagram 4 227

IX

XXXVI-3：Garlanの考えるBarends説　Garlan 1974, 175 Fig. 2 ………228
XXXVI-4：Garlanの考える梯子撃退装置　Garlan 1974, 175 Fig. 2 ……228
XXXVII-1：Barendsの考える車を使った防御物の骨組み
　　　　　Barends, 168 Diagram 5 ……………………………………232
XXXVII-2A：Hunter/Handfordの考えるこの時代の車
　　　　　Hunter/Handford, 231 Fig.6 ……………………………………233
XXXVII-2B：Hunter/Handfordの考える構築物
　　　　　Hunter/Handford, 231 Fig.7 ……………………………………234
XXXVIII-1：砲弾の例　Fields 2006, 25 ……………………………238
XL-1：メッセネの城壁　Winter 1971, Fig. 86 ……………………243
XL-2：Hunter/Handfordの考える偽装法　Hunter/Handford, 239 ………247
あとがき：現在のステュンファロス　著者撮影 ……………………302

I 解 説

1. 本書をめぐる問題[1]

A 作者

　本書を書いたのは、通常アイネイアスだと言われているが、その根拠は最初から明らかなものではない。本書の一番の源である写本の中でも最も信頼すべきM写本――現存するすべての写本はここに発している、5. 参照――には、頭書きの部分に「包囲された者がどのように防衛すべきかについてのアイリアノスの戦術論的覚書 Αἰλιανοῦ τακτικόν ὑπόμνημα περὶ τοῦ πῶς πολιορκουμένους ἀντέχειν」と書かれている。しかし、これは「軍事作家の作品集 *corpus rei militaris auctorum*」であるM写本の中で、この作品がアイリアノスの作品の次に置かれていることから生じた誤りであると考えられている。アイリアノスの作品は、頭書きの部分に 'Αἰλιανοῦ τακτικά' と書かれ、作品の終わりの部分に 'Αἰλιανοῦ ἀρχιερέως τακτικὴ θεωρία' と書かれていた。この最後の字句が頭に残ったまま写字生が誤って次の作品の冒頭にも 'Αἰλιανοῦ' の語を入れた、というのがその考えである。Williams 1904, 393によれば、これを提唱したのは1874年のHugであり、その後Williamsを含めて多くの者がこれを受け入れている。その背景には、本書の内容と言及される多くの事例から、執筆の時期として前360年を大きく下回らない頃が推測されるということがあった。紀元後2世紀初めに活躍したアイリアノスではそもそも時代が合わないのである。それであるから、Hugの考えが現れるはるか前の1609年に最初の公刊本が出版された段階から、本書はアイリアノスではなくアイネイアスが書いたものとされ、その後もそう信じられ続けていたのである。

　最初の公刊本はCasaubonの校訂によるものであったが、これはC写本に基づいていた――これについても5. 参照――。この写本の頭書き部分には「包囲された者がどのように防衛すべきかについてのアイネイアスあるいはアイリアノスの戦術論および攻城論覚書 Αἰνείου ἢ Αἰλιανοῦ τακτικόν τε καὶ

---

[1] 以下、本解説においては『攻城論』自体を本書と呼ぶこととする。

I 解説

πολιορκητικὸν ὑπόμνημα περὶ τοῦ πῶς χρὴ πολιορκουμένων (sic) ἀντέχειν」と書かれており、Casaubon は躊躇なく 'Αἰνείου' の方をとって題名としたのである。アイリアノスでは時代的に合わないと彼が考えたことは間違いない[2]。その後、M写本の優位性が確立されたが、M写本のこの作品の巻末には、'Αἰνείου πολιορκητικὰ ἢ Αἰλιανοῦ καθὼς ἡ ἀρχή' とあった――C写本の冒頭部は要するにM写本の冒頭と巻末とを合体させたものにほかならなかったのである――。'καθὼς ἡ ἀρχή' を今は置くとして[3]、最初の4語は「アイネイアスあるいはアイリアノスの『攻城論』」と読める。先に見たようにアイリアノスは時代的に合わなかったから、この場合も Casaubon の判断はそのまま生きることとなった。こうして写本の伝存状況から、アイネイアスが本書の著者であることが推測された。そして、この推測を裏づけると思われる二つの事実が指摘されている。

まず、本文中に自分の名前を出しているのではないかと考えられる箇所がある。該当箇所は、**XXXI 18** の非常に欠損状態が甚だしく、M写本自体が乱れの印(しるし)を入れている箇所で、'Αἰνείας' という語は、すべて大文字で書かれていたどの段階かでの写本の文字を写し間違えたとの前提で推測される（詳しくは、同所「**ΑΙΝΕΙΑΣ**」註参照)。それに対する反論もなされるが、それを積極的に否定し去ることもできない。また、たとえここが「アイネイアス」と読めても、それが本書の作者名を表しているとは必ずしも言えないはずであるが、ほかの読みが提唱されないまま19世紀以来のこの読みが今日でも採られ続け、「作者の名前？」とたいていの場合「？」つきで言及される箇所となっている。

次に、これより強いサポート史料として前2世紀のポリュビオスの記述がある。ポリュビオスは「合図」の問題に関連して、アイネイアスという人物

---

[2]　それどころかC写本のもととなったM写本の写字生、あるいはそれ以前の段階の写字生が「アイリアノス」に疑問を感じたから「アイネイアス」の名前を入れたのに違いない。

[3]　Budé は "... Αἰλιανοῦ, καθὼς ἡ ἀρχή" とコンマで切り離している。Williams 1904, 394 n.2 によれば、この後に12文字分くらいの空白があるようで、Hug は ἐπιδείκνυσιν といった語が失われたことを考えていた。「始め（の箇所）が示したようにアイリアノスの」と読もうとするのだろう。

1．本書をめぐる問題

に言及して次のように言っている (X 44.1)、「将軍術覚書を著した ὁ τὰ περὶ τῶν στρατηγικῶν ὑπομνήματα συντεταγμένος アイネイアスはこの難問を正したいと欲し、いくらか前進させたが、彼の考案したものは依然多くの欠点を残している」。そして、この後にこのアイネイアスによる「烽火の合図 πυρσός」の方法が長く引用されている。これは本書において「どのように松明信号 φρυκτός を掲げるか、『戦争準備論 ἡ Παρασκευαστικὴ βίβλος』の中で詳述した」と言っていることに照応しているのではないかと考えられている (VII 4)。「烽火の合図」「松明信号」と訳し分けた二つの単語は本書の中にも現れるが――索引参照――、そこから両者に違いがあるかどうかはわからない。むしろ火を使った合図ということで共通点の方が多かろうから、ポリュビオスの言及するアイネイアスの方法が、本書が別の本で詳述したと言っているものである可能性は高い。また「将軍術」と訳した ‘στρατηγικά’ は、後に詳述するように、本書の作品名として一部で伝わる ‘τακτικά’ と同様の意味を持つ単語であるから、本書の作者がアイネイアスなる人物である可能性はさらに高まろう。

　以上二つの事実が、本書の作者をアイネイアスだと証明するわけではないが、それを否定する方向にではなく、むしろ肯定する方向に向かうものであることは確かだろう。疑うことはできるかもしれないが、アイネイアスに代わる名前を説得的に提示することもできない。のみならず、アイネイアスをほのかに示唆する史料を本書の本文の中に見出すことができる。そうした状況のもとに、それに見合った程度の信頼性を持って、本書の作者はアイネイアスだとされ、今日それを疑う者はほとんどいない。問題はさらに進んで、アイネイアスとは誰なのかということになるが、その前に本書自体の問題を見ておく必要があろう。

B　題　名

　本書の題名として可能性があるのは、『戦術論的覚書 τακτικὸν ὑπόμνημα』あるいは『包囲された者がどのように防衛すべきか περὶ τοῦ πῶς πολιορκουμένους ἀντέχειν』あるいは『攻城論 πολιορκητικά』の三つである。最

xv

I 解 説

初の'τακτικός'という語は今「戦術論」と訳し、ここで欲しい意味はそうしたことであるに違いないが、アイネイアス自身の用法からすればそうした意味は出てこない。この語は本書の中には一度も使われず、関連語がいくつか現れるだけである。すなわち、「隊形」「隊列」「連隊」と訳すべき'τάξις'という名詞と、「配置する」とでも訳すべき'τάσσω'という動詞であり、これを踏まえれば'τακτικός'という形容詞は、アイネイアスにおいては、「隊形ないし隊列の配置に関わる」といった意味となる可能性が高い。そして、この意味は次に続く「包囲された者がどのように防衛すべきか」とうまく接続しないから、最初から両者が一緒になっていたとは思われないということがある。おそらく、後者の「包囲された者」云々という言葉を見て後世の誰かが前者の'τακτικός'という言葉を与えたのであろう。とすれば、前者のみにせよ前者と後者の組み合わせにせよ、前者の関わるものは原題とは考えられない。では、『攻城論』はどうだろうか。'πολιορκέω'という動詞の意味はポリスや城塞を「包囲する、攻囲する」ということで、'πολιορκητικά (ἔργα)'とは包囲する側の「攻城戦に関わる仕事」となって通常攻城戦をなすためのさまざまな行動、戦略などを意味し、「包囲された者 πολιορκουμένοι」がなすべき行動、戦略を指すことはむしろ少なかろう。したがって、この題と2番目の『包囲された者がどのように防衛すべきか』とはそぐわないということになる。そして、本書の内容は「包囲された者」がどう対処すべきかということに重点を置かれていることが、序章を読むだけでも明らかであるから、2番目のものの方がふさわしいということになる。

しかし、考えてみなければならないことがもう少しある。本書には先に見た『戦争準備論』のように著者自らの作品に言及した箇所が7箇所あり、計四つの著作が挙げられている。すなわち、その他に『口伝集』『調達論』『野営論』である[4]。いずれを見ても名詞のみか形容詞 + βίβλοςの形で、『包囲された者が……』のように動詞を用いたものはない。ここから引き出せるあり得

---

[4] 『口伝集』については、本のタイトルかどうかに疑問があるが、本翻訳ではタイトルととっている(詳しくは、XXXVIII 5「『口伝集』の中に」註参照)。なお、それぞれの書物の言及箇所については本解説2.B参照。

1．本書をめぐる問題

べきことは、アイネイアス自身は本書を指すときには名詞ないし形容詞＋βίβλοςと言及するだろうということである[5]。写本に'πολιορκητικά'という言及が残っているのは、彼自身はそう言及していた（あるいはそう言及するであろうと思われていた）からに違いない。『攻城論』を彼自身が言及していた言葉だとすれば、それが示唆する内容は、先に見たように、本書の内容と若干ずれることとなる。攻撃側の視点から論じた『攻城論』がこれに続いてあったか、あるいは、アイネイアス自身不備を承知の上で本書を短く言及するために（ほかに適当な言葉が見つからぬまま）『攻城論』と言っていたかであろう。そして、『包囲された者が……』というのはここまでの内容を読んだ者がそれを正そうと後世に入れたと考えるのが[6]、彼自身が副題として入れたというよりもありそうなことであろう。

かくて、その程度の確かさをもって本書を『攻城論』と呼ぶこととしよう。

C　執筆年代

本書には多くの事例が取り上げられている。ざっと数えて53、いずれも年代をきちんと書いているわけではないから、それを知るためには何らかの議論が必要となる。そうした議論の上、何とか年代について結論を得ることのできるものは34である。一番古いものは第一次メッセニア戦争期のラケダイモンについての事例で（**XI 12**）――正確な年代については、前8世紀末から前7世紀初めまで議論がある――、ついで前6世紀の出来事と思われるものが二つ、前5世紀の出来事と思われるものが六つであり[7]、残りの25は前4世紀の出来事と考えられる。前4世紀のもののうち正確な年代決定をする

---

[5]　Whitehead, p. 16 は Πολιορκητικὴ βίβλος といったと推量するのはリーズナブルだが、Πολιορκητικά といったとするのは不可能ではないがより蓋然性は低いとしている。

[6]　ちょうど Orelli や Schöne が何世紀も後に *De obsidione toleranda*（『包囲を耐えることについて』）とラテン語を考えたように (Whitehead, p. 16)。

[7]　ただし、XVI 14 のキュレネ人、バルケ人については、繁栄のあり方から前5世紀の可能性を推測したが、前4世紀の事態かもしれず、厳密な年代は推測不可能である。また、XI 7 のアルゴスの例については、多数説は前370年であることを指摘しておかなければならない（同所「**アルゴスでは次のような方策がとられた**」註参照）。

XVII

I 解説

ことがほぼ不可能なものが三つ、前380年以前に比定できることが確実なものが一つ[8]、その可能性が高いものが二つである[9]。要するに前4世紀の出来事で、ある程度年代が推測できる22の事例のうち前380年以前のものと考えられるのは可能性のあるものを含めて三つであり、残りの19は前380年以降の出来事と考えられる。このうち最も新しいと思われるものは、カルキスの事例の前357年とキオスの事例の前355年である——両者の年代の確かさの程度はそれぞれの註を参照されたい[10]——。このほか、先ほど正確な年代決定がほぼ不可能なものに分類した、エフェソスへ書き付けが送られた例とランプサコスのアステュアナクスの手紙の話は本書と同時代と考えられ、場合によっては前355年よりもっと新しい時代と考えることも不可能ではない。しかし、それは確実なものではまったくなく、前355年より古いこととしても何ら不都合ではない[11]。以上の考察から、XI 3-6を前355年に置くことを前提に(さらに年代決定不可能と思われる二つがそれより新しくないことを前提に)、本書は前355年より後に執筆されたと考えることができる。一方、XXXI 24にはイリオンへのロクリス女性の運び込みについての言及があり、現在もこれがなされているように読める。この風習は前346年頃まで続いたと考えられる[12]。とすれば、本書は前346年頃より前のこの風習が依然続いていたときに執筆されたに違いない。かくて前355-前346年頃が執筆年代として浮かび上がる。ところで、今の推論からすれば、前346年は最下限であって、執筆年をそこに近づけなければならない理由は何もない。前355年以降の例が現れないとすれば、むしろ前355年に近いところに執筆年

---

8 シュラクサイのディオニュシオスの例(X 21-22)。
9 クラゾメナイのピュトンの例(XXVIII 5)、大王の海軍提督グルースの例(XXXI 35)。
10 カルキス……IV 1-4 (IV 1「エウリポス海峡に面するカルキス」註参照)、キオス……XI 3-6 (XI 3「キオスで反逆が起ころうとしていたとき」註参照)。
11 XXXI 6「エフェソスへは」註およびXXXI 33「ランプサコスの僭主アステュアナクス」註参照。
12 XXXI 24「実際イリオンのあたりの……持ち込んでいるのである」註参照。厳密に言えば、この風習は前3世紀に再開されたとされる。これをもって本書を前3世紀の執筆としないのは、その他に前3世紀と思われる事例への言及が見られず、またいくつかの状況がその年代にふさわしくないと思われるからである。

1．本書をめぐる問題

を置いて、直近の出来事までを例として取り上げ、自らの考えを補強し最新のものにしたと考えた方が本書の執筆態度としてふさわしかろう。以上の推論から、前350年代後半というのが最も蓋然性の高い執筆年代ということとなろう。前350年代半ば以降、前359年に即位したマケドニアのフィリッポス2世が急激に力を伸ばしてくるが、それについての言及がないことを考えれば、前355年からそう隔たっていない前350年代後半というのが一番妥当な執筆年代となろう。

では、それはどのような時代だったのだろうか。前4世紀ギリシアの歴史の詳細をここで語ることは不可能だが、その歴史の特色をごく簡単に言い表せば、「覇権を求めての諸ポリス、諸君主の争い」ということになるだろう。それは前5世紀と基本的に変わらないが、前5世紀にはアテナイとスパルタとが先頭に立っていたのに対し、前4世紀にはそれに加えてテバイが台頭し、その後にはカリア人の王マウソーロスやマケドニアのフィリッポス2世などがさまざまな形で関わってきて、話が複雑になる点が大いに異なっている。前371年、エパメイノンダスとペロピダス率いるテバイ軍が、遠征してきたスパルタ軍をテバイ平原の西端レウクトラで破ると、翌年にはテバイ軍はスパルタ遠征を敢行し、アルカディア、アルゴス、エリスの軍を統合して、スパルタの富強の源であったメッセニアを解放する。その後、スパルタは失地回復をねらって活動を活発化し、その他のポリスはそれに対抗しようとし、さらにそこにアテナイが絡まり、またペルシアが絡まり、事態は複雑化していく。その中で前362年、マンティネイアの戦いが起こり、ほとんどすべてのギリシア・ポリスがこれに参加することとなった。これはギリシア軍同士が戦った最大の戦いとされる。この戦いでエパメイノンダスはほぼ勝利をつかみかけたが逃げる敵を追って深手を負い死去した。そのため、この戦いによって事態に決着がつくことはなかった。依然諸ポリスの争いは続くが、テーバイの力は次第に衰え、代わってアテナイが力を伸ばすこととなる。しかし、その横暴な態度に反発が強まり、前357-前355年には「同盟市戦争」と呼ばれるアテナイと同盟国との戦いが生じた。本書の記述のうち最新のものとされるXI 3-6は、この戦争の当事国であるキオスで戦争直後に起こっ

た出来事と考えられている。

　戦争が常態化した中で、戦争の経験を積み、自らの習得した技術を世に知らしめるべく本書を執筆した、というのが本書について考えられることである。

2. アイネイアスという人物

A　ステュンファロス人アイネアス

　アイネイアスは誰か、ということについて最初の——そして最後のと言ってもよい——問題は、1609年に最初の公刊本を校訂したIsaac Casaubonの提唱した考えを受け入れるかどうかということである。すなわち彼は、このアイネイアスは、Xen. *Hell*. VII 3. 1に現れる「ステュンファロス人アイネアス」であるに違いない、と主張したのである。『ヘレニカ』に現れるアイネアスは、クセノフォンの同時代人と考えられ、「アルカディア人の将軍となっていたが、シキュオンの現状を耐えがたく思って、自らの兵士たちとともにアクロポリスに登り、シキュオン人のうちまだ市内にいた有力者を呼び集めるとともに民会の決議もないまま追放されていた者たちを呼びにやった」と語られている。当時シキュオンを牛耳っていた僭主エウフロンを嫌い、これを排除しようとしたということで、この事件は前366年の出来事とされている。そして、これ以上この人物についてはわからないのであるが、果たしてこの人物をこの著者と同一視できるだろうか。おそらく、確実な答えを得ることはもはや不可能であろうが、いくつか手がかりになりそうなことを述べておこう。

　まず、アイネイアスという名前であるが、これはそれほど一般的な名前ではないようである。*LGPN* III. Aでこの名前でとられているのは、本書の著者を除けば2人で、1人はアカイアのペレネに確認できる前3世紀半ばの人物であり、もう1人はXen. *An*. IV 7. 13に現れるステュンファロス人の隊長で、前401年に作戦展開中敵を助けようとして一緒に岩壁から落ちて死んだ

2．アイネイアスという人物

人物である。「アイネアス Αἰνέας」まで調べを広げると、いくらか増え、20人がとられており、そのうち前4世紀の、著者とできる可能性のある人物は『ヘレニカ』のアイネアスを含めて6人である[13]。その他の *LGPN* の各巻を調べてみても、「アイネイアス」は全部で38人が現れるが、いずれも前3世紀以後の人物である[14]。一方、「アイネアス」は75人であり、うち前4世紀に属する人物は23人である。かくて、古代ギリシアについて知られる史料中、本書の著者となり得る「アイネイアス」はまったく知られず、「アイネアス」と書かれて伝わったとしても29人が可能性のある人物となる。そして、29人の中に詳しい経歴のわかる人物は「ステュンファロス人アイネアス」しかいない。ところで、本書を残した人物は軍事的経験が豊富であることは確かで[15]、そうした人物が史料のどこにも名前が残らないことはあまりないのではないかということは言えるだろうと思う。とすれば、このアイネイアスを「ステュンファロス人アイネアス」とする可能性はいくらか高まるだろう。

次に、述べられている内容から何か言えるだろうか。先にも述べたように本書に挙げられている事例はざっと数えて53、このうち場所を特定できるものは40である[16]。内訳は、ペロポネソスからアテナイ、ボイオティア、さらにアイギナ、エウボイアを含めてギリシア中央が12、小アジアが10、ヘレスポントスから黒海沿岸が9、エーゲ海北岸が2、シケリア、ケルキュラ、エペイロスのギリシア西側が4、北アフリカが2、ペルシアが1となる[17]。こ

---

[13] 「アイネイアス」と「アイネアス」とが混同されることはあったろうが（特に「アイネイアス」が「アイネアス」とされることは多くあったろう）、本書についてはわざわざ「アイネイアス」と書かれているのであるから、厳密にはそれを尊重すべきであろう。

[14] 細かな数字を各巻ごとに出しておけば、以下のとおりである。I：10, II：10, III B：0 (Ἡνείας 1), IV：6, VA：12.

[15] たとえば、IX 1「諸君に」、XXVI 7「また戦いに負けて〜」註参照。

[16] XXXI 34 は事例としては一つ、場所としては二つと数えている。

[17] ギリシア中央：II 2, 3-6, IV 1-4, 8-11, XI 7-10, 12, XVII 2-4, XX 5, XXIV 16, 18, XXVII 7-10, XXXI 34、小アジア：XI 3-6, XVII 5, XVIII 13-19, XXII 20, XXIV 3-14, XXVI 5, XXXI 6, 24, 28-29, 34、ヘレスポントス〜黒海沿岸：V 2, XI 10bis-11, XII 3, 5, XVIII 8-11, XX 4, XXVIII 6-7, XXXI 33, XL 4-5、エーゲ海北岸：XV 8-10, XXXI 25-27、ギリシア西側：X 21-22, XI 13-15, XXXI 31-32, XL 2-3、北アフリカ：XVI 14, XXXVII 6-7、ペルシア：XXXI 35

I 解 説

こからわかるのは、作者アイネイアスがギリシア中央とともに小アジア、黒海沿岸の東側について詳しい知識をもっているということであろう。特に、ギリシア中央12例のうち前4世紀に属し彼自身の経験が反映している可能性があるのは最大七つであるのに対し、小アジア・黒海沿岸の19例のうち前4世紀に属するものは12であることを考えると、彼の主たる活動領域が東側にあったことが推測できよう。このことは、アイネイアスを「ステュンファロス人アイネアス」とすることにいくらか疑問を投げかけるだろう。

さらに内部に踏み込んでみれば、「パニック πάνεια」という言葉を解説して「ペロポネソスの、とりわけアルカディアの言葉である」と言っているところがある（**XXVII 1**）。素直に読めば著者がアルカディアの言葉に詳しいことを示し、アルカディアのステュンファロス出身である可能性を高めるように思われるが、そう素直に読まない解釈もあって判定は簡単ではない（当該註参照）。また、キオスに関わる事例が二つ現れるが（**XI 3-6**, **XVII 5**）、これらはいずれもほかの史料からは知られないことで、アイネイアスはキオスについて独自の知識をもっているように見える。先の言及事例の地域的偏りからも、アイネイアスをこのあたりの出身とする可能性も考えられよう。また、**XXII 19** には「僭主の城塞」がやや唐突の感じで言及されるが、ここに僭主エウフロンが念頭に置かれているとすれば、言及の意味がよく理解できるとする見解がある。しかし、これはエウフロンを念頭に置かなければ絶対に出てこない言及ではないから、ここから著者を同定しようとするのは無理であろう。むしろ、著者をエウフロンとの抗争のあったアイネイアスとする見方が、こうした解釈を生み出すのであって、ここに著者同定問題のややこしさが現れている。アイネイアスを「ステュンファロス人アイネアス」と認める者は、その観点から本書を読み込みそれに沿った解釈を示してそれによってますますステュンファロス人説は正しいとするのであるが、それは砂上の楼閣にすぎないかもしれない。しかし、それ以外の解釈を示すとしても、それは「ステュンファロス人」を認める解釈よりどれほど確実なものだと言えるだろうか。有益な結論を阻害する有害な慎重さにすぎないのかもしれない。

結局、ステュンファロス人説をどの程度確実なものと認めるかを、本書に

2．アイネイアスという人物

向かう者それぞれがまず定めることが必要となろう。それを自覚的出発点として本書の解釈に進むことが本書を生かすことになるに違いない。Whitehead はこれに対する態度は「もしかすると possibly」と「おそらく probably」との二つであり、自分は後者の方をとると言っている[18]。ステュンファロス人説を完全に否定しきる根拠が何もなく、むしろこの説を弱いながらも支持する証拠はあり、一方否定説は誰か具体的人物に焦点を結ぶことはなく、アイネイアスという名前はそれほど一般的でないとすれば、Whitehead のごとく、本書の著者のアイネイアスは「おそらく」ステュンファロス出身の将軍を務めたアイネアスだと考えることは、妥当なことのように思われる。写本の伝統を尊重して以後「アイネイアス」と書くけれども、著者同定の出発点はそこに置くことにしたい。

B　古代におけるアイネイアス

では、アイネイアスは古代においてどのように見られていたのであろうか。将軍としての彼についての情報は先に見たものしかないが、本書の作者としてはいくらかの証言が残っている。

1．B でも述べたように、アイネイアスは本書の中で自分の別の4書について言及している。すなわち、『戦争準備論』(VII 4, VIII 5, XXI 1, XL 8)、『調達論』(XIV 2)、『野営論』(XXI 2)、『口伝集』(XXXVIII 5) の4書である[19]。当該箇所の記述から見て、『戦争準備論』『調達論』『口伝集』はすでに書かれていることが明らかで、『野営論』はこれから書かれることが予定されている。彼はこうした戦争に関わる書物を書いて、古代においてすでに著名であったことがいくつかの言及から知られる。

まず、アイリアノス (1. A で名前の出たアイリアノスである) の中に次のような言及がある (*Tact.* I 2)。「将軍術の本 στρατηγικὰ βιβλία をたくさん書き、

---

[18] Whitehead, 12.
[19] この他に XI 2 に現れる「本の中から」の「本」が彼の著作を示しているとする考え方もある。しかし、これは彼以外の本とするのがよさそうである。XI および同巻 2「**本の中から**」註参照。

その抜き書きをテッサリア人キネアスが作ったアイネイアスと……がより詳細に（兵隊組織について）考察した」[20]。このキネアス（前350年頃－前277年）はデモステネスの弟子で雄弁家として知られ、エペイロス王ピュッロスと結んで、王自身の武器よりも彼の弁論で得たポリスの方が多かったといわれた人物である（Plut. *Pyrrh.* 14. 2）。そして、この抜き書きのことはキケロ（前106－前43年）によっても触れられている。すなわち、前50年頃のものと思われるパエトゥス宛て書簡に「君の手紙はぼくを最高の指揮官にしてくれた。君がこれほど軍事に精通しているとは知らなかった。ピュッロスとキネアスの本を熱心に読んだと見える」（*Fam.* IX 25. 1）とある。それ以前、ポリュビオス（前200年頃～前120年頃）によっても読まれ批判されていたことは先にも記した（1. A）。また先ほどのアイリアノス（後2世紀初め）、このアイネイアスが「兵隊組織の技術 τακτικὴ τέχνη」を「戦争に関わる軍隊の動かし方の知識 ἐπιστήμη πολεμικῶν κινήσεων」と定義したと言及している（*Tact.* III 4）。さらに紀元後3世紀には、ユダヤ人年代記作者であるユリウス・アフリカヌスが多くの部分の抜き書きを作っている。さらに下ってビザンツ時代の6世紀半ばの著作と見られる、リュディアのヨアネス・ラウレンティオスの『ローマ人の役人について *De magistratibus populi Romani*』の中には、『攻城論 Πολιορκητικά』のギリシア人著作者の1人としてアイリアノス、アッリアノス、オネサンドロスなどと並んでアイネイアスが言及されている。最後に10世紀の辞書『スーダ』には、「この者は、ポリュビオスが言うごとく、烽火の合図について書き、また戦術論 στρατήγημα についての覚書を書いた」とある。

以上見たことから、前4世紀末から紀元後10世紀に至るまで、戦争の技術的側面に関心を抱く者にとってアイネイアスの名は広く知られ、研究されるべき対象であったらしいことがわかる。しかし、軍事技術は進展するし、戦争のやり方も変化する。いつまで彼の影響力は残り続けたのだろうか。仲田2013は、ビザンツ皇帝レオン6世によって10世紀初めに作られた軍事書『タクティカ』を論じたものであるが、そこからわかることは9世紀以降のビザ

---

[20] 原文を出しておく。"ἐξειργάσαντο δὲ τὴν θεωρίαν, Αἰνείας τε διὰ πλειόνων ὁ καὶ στρατηγικὰ βιβλία ἱκανὰ συνταξάμενος, ὧν ἐπιτομὴν ὁ Θετταλὸς Κινέας ἐποίησε ...."

ンツには「百科全書主義」と称せられる「古代以来の知見の集積・縮約版の編纂に主眼を置いた諸文化活動が展開した」ことと、この軍事書も「『最も有益な知識(＝古の戦術家たちの教え)を取り戻す』ために……『古来の戦術書の著者や古の理論の秩序に踏み出そうとするものを容易にする』ことが目的」で作られたこと、しかしながらこの軍事書にはアイネイアスに負った部分は見られないらしいこと、以上である[21]。アイネイアスの名前に一度も触れずに済ますことが、「古の戦術家たちの……最も有益な知識を取り戻す」ことを目指したビザンツ皇帝の軍事書に対する正当な態度かどうかを、根本的なところから検証する用意は今とてもないから、この論文の教えるところを踏まえて考えれば、このあたりにアイネイアスの影響の限界があったのかもしれない。

3.『攻城論』の研究状況

　本書の研究は、ながらくテクスト確定の研究であった(それについては5.で詳述する)。わかりにくいギリシア語をどう校訂し、どう解するかが重要な問題であった。また、コイネーに入りかけたギリシア語として言語学的関心が抱かれることもあった。さらに軍事技術の面からもいくらか関心を持たれた。そうした状況が変わったのは、Bengtson 1962によってであった。この研究は、本書に現れるポリスを社会的対象にしようとするものであり、ポリス研究の面から本書の価値を再認識させるものであった。それ以来、そうした志向の研究は増えたが、数が爆発的に増えたわけではなく、今日にいたるまで研究は限られている。わが国では、篠崎1982が唯一の、そしてマリノヴィチのロシア語研究にまで踏み込んだ出色の動向研究であるが、研究は

---

[21] 仲田2013, 9-11. 最後の部分については同論文巻末の表1参照。なお、この論文にはアイネイアスの名前は一度も現れない。それはその必要がないと両者を読み比べて判断した結果なのか、単にアイネイアスを知らないだけなのか、判断ができない。

それ以後大きくは進んでいない。新しい研究もいくらか現れているが（そのいくつかは本註解でも取り上げている）、散発的で大きく研究が進展しているわけではない。こうした研究状況下、本註解書は、まずは読みを確定し、そこから言えそうなことをさまざまに示唆することを目的としている。

4. 戦争書について

　戦争の技術的側面に関する手引き書は、今日知られる限りアイネイアスをもって嚆矢とする。したがって、彼の書に対する影響関係を問題とするかぎりでは、その後に現れたいくつかの戦争書を参照する必要はない。しかし、その後の戦争書には本書と同じ作戦や事例が現れたりすることがあり、本書の理解を深める意味でもそうしたものを参照することは重要になってくる。註解にもいくつかそうしたものに言及したところがあるから、ここでまとめて紹介しておくのが今後のためにも有益であろう。また直接言及していなくとも、参照すべきものとして念頭に置いていたものもあるから、そうしたものも含めて簡単に紹介しておきたい。以下、年代の早いものから順に話を進め、表題には一般の言及名を挙げ、ついでフルネームをローマ字で書き、わかっている年代を挙げた上、カッコの中に本書での省略法を掲げる。

A　アスクレピオドトス Asklepiodotos　c.135-130-c.76-71 BCE（Ascl.）

　『哲学者アスクレピオドトスの戦術要諦 Ἀσκληπιοδότου φιλοσόφου τακτιὰ κεφάλαια』と題する10、11世紀の写本が残っている。この表題に疑問は生じないが、この人物についてはわからないことが多い。ストア派の哲学者ポセイドニオスの弟子であるという、この者を意味していると必ずしも言えるわけではない、セネカの言及が唯一頼れる証言である。そして、それに基づきつつ、やや面倒な回り道をして彼の生没年が推測されている。残っている『戦術書』Tact.はギリシア語で書かれ、主として重装兵の密集隊の形成法を論じ

ている。幾何学的、数学的傾向が強く現実的ではなく、実際の戦闘経験はない（もしくはあっても少ない）哲学者の著作であると考えられている。さらに言及の対象の多くはマケドニア軍の実情であると考えられる。その意味で、アイネイアスと重なるところはほとんどなく、本書の註解でもこの者へ言及している箇所はない。

B　オナサンドロス Onasandros　後1世紀 (Onas.)

『将軍論Στρατηγικός』という著作が残されている。この者は後1世紀のプラトン派の哲学者で、このほかにプラトンの『国家』への註釈を書いたことが知られている。この註釈書の中味については、誰も言及しているものがなく、詳細はわからない。『国家』を学んだ者が、『将軍論』で類似の議論が出たときにそれに言及しないでいることはなかろうからという理由で、『将軍論』が書かれたのは『国家』への註釈書よりも以前のことであろうと推測されている。この書が捧げられている Quintus Veranius は49年のコンスルで、彼が死んだのは59年のことである。したがって、『将軍論』が書かれたのはその間の年のことであろうと考えられる。ある推測では53年のこととされるが、Loebは59年の直前の方がよいと考えている。ギリシア語で書かれ、論じられているのは、将軍（指揮官）のあるべき姿である。冒頭、将軍は血筋や財産ではなく才能や気質から選ばれるべきだと自説を述べ[22]、以後将軍のとるべきさまざまな方策が述べられている。事例は述べられず、主として戦う側のとるべき政策を述べているから、アイネイアスと重なるところはあまりないが、先の将軍の条件はアイネイアスから続く考えの帰結を示しているように思われる[23]。

C　フロンティヌス Iulius Sextus Frontinus　c. 35–103/4 (Fron.)

フロンティヌスは元老院議員で、ウェスパシアヌス帝からトラヤヌス帝に

---

[22] 将軍はまた、若すぎても年をとりすぎてもならず、子供の父親であるのが好ましく、十分な弁論能力があり、評判もよい者であるべきだともしている。

[23] XV 3「思慮深い指導者」註参照。

かけてのローマ政界の重鎮であった。忙しい公務の合間に多くの著作も作り、その点でも著名であった。70年のpraetor urbanusを皮切りに多くの高級官職を歴任し、三度のコンスル職や（72年または73年、98年、100年）——これは非常に名誉なことであった——、ブリタニア総督も務めている（73/4-77年）。ブリタニア総督の際は、強力で好戦的な部族として知られていた南ウェールズのシルレス部族を打ち破っている。82/3年にはドミティアヌス帝に従ってゲルマニア遠征に赴き、86年にはアシアのプロコンスルとなっている。ついで97年にはネルウァ帝により水道長官に任じられている。彼の主著の一つ『ローマ市の水道について De aquaeductu urbis Romae』2巻は、この任を遂行するにあたって「何よりもまず私の助けになるように」(Pref. 2) さまざまに学んだことを書いたものである。ローマ市の水道の歴史や管理や目的を詳細に論じ、ローマの水道供給を知る上になくてはならぬ史料となっている。彼はまた土地調査に関する本も書き、土地の種類や測量法、土地区分と境界線に関わることを論じている（『土地の測量について De agri mensura』2巻）。

　この彼が戦争についての本も書いている。戦争について実践的手引を書いたと思われる『軍事について De re militari』2巻は失われてしまったが、『戦術論 Strategemata』(Str.) 4巻は残っている。これは前著を書いた後に前著を補完すべく書かれたもので、指揮官の効果的行動と言動について580の例を集めた事例集である[24]。執筆されたのは84-88年と思われる。指揮官が同様の事例から学んで能力を高め、さらにすでになされた事例と比べることにより自らが案出した策の結果について恐れなくなろう、と第1巻冒頭に本書の効能を説明している。各巻冒頭に序文を配し、第1巻は戦闘・攻城戦の前、第2巻はその最中、第3巻はその後を扱い、第4巻は彼の執筆について疑問が持たれているが、将軍の行動についての金言が含まれている。たとえば、第

---

[24] ギリシア人がστρατηγήματαと呼んで理解するところのものとしている。彼は少し後のところで、それがστρατηγικάとは違うことを論じているが、前4世紀ギリシアにおいては同義であった両語が意味の違いを生ずるようになり、現代語に入ることとなったようである。詳しくはWheeler 1988, 1-24が論じているが、両語の違いは感性的なもののようで今一つはっきりしない。しかし、アイネイアスが主題であるここでは論ずる必要はなかろう。

4．戦争書について

1巻には「策を隠すことについて」「敵の策を見つけることについて」「戦争の性格を決めることについて」など12の表題について、それぞれ4から28まで(平均すれば11.5)の事例を述べている。アイネイアスの挙げる事例と共通するものがいくつかあり、註解にもいくつかの箇所で言及している。

D　アイリアノス Ailianos 後1-2世紀（Aelian.）

この者のことについてはよくわからないが、『ギリシア人の戦列について Περὶ στρατηγικῶν τάξεων Ἑλληνικῶν』と題する戦術書が残っている。この書はハドリアヌス帝(位117-138年)に捧げられているが、序文ではこの仕事をさらに2代前の皇帝ネルウァ(位96-98年)のときに思い立ったと述べている[25]。すなわち、皇帝のための仕事でフォルミアエに赴いた彼は、そこでフロンティヌスに出会い、彼との交わりの中からローマに劣らぬギリシアの戦術の重要性を学び、この書の著述を思い立ったというのである。彼が論じているのは、重装兵の密集隊隊列の形成法で、ギリシア語で書かれ、多くがアスクレピオドトスと重なっている。また、次に出るアッリアノスともそれ以上に重なっている。この事実をどう説明するか問題であるが、おそらく3人が共に同じ典拠によっているとするのが合理的のようで、それはアスクレピオドトスの先生とされるポセイドニオスであったと考えられる[26]。このアイリアノスの書は、先に出たレオン6世(2.B参照)によって彼の『タクティカ』にとられたため大きな影響力を持つこととなった。しかし、それは後世の話で、本書との関連で言えば、アスクレピオドトスと同じようなことが言え、本註解にも言及することはなかった。

E　アッリアノス Lucius Flavius Arrianus c. 86-160

ニコメディア出身で著述家として著名になった人物である。ストア派の哲

---

[25] 今参照している Matthew 2012 (Kindle版) の Preface によれば、彼が仕事を思い立ったのはトラヤヌス帝(位98-117年)のこととされている。しかし、アイリアノス自身の序文では、ネルウァの名前を含む補いがとられている。

[26] Stadter 1978, 117-118.

学者エピクテトスのもとで学び、ハドリアヌス帝の知遇を得てローマの元老院議員となり、コンスルやカッパドキア総督を歴任した。多くの著作が知られるが、一番有名なのは、『アレクサンドロス大王東征記』で、生前は哲学者として著名であったが、今日では歴史家として知られるようになっている。その彼が、先述のように（D参照）、アイリアノスと同様の『戦術書』を書いており、その内容はアイリアノスのものに酷似している。その理由として考えられることは先に述べたとおりだが、両者の叙述を詳しく比較検討したStadter 1978によれば、アッリアノスは自らの戦争の経験に鑑み、ローマの読者にわかりやすくするよう省略や改変を行ったようである。「第一級のローマ人」と称えられ、自らを「第二のクセノフォン」と称した彼らしい配慮と言えようが、本書との関連で言えば、アスクレピオドトス、アイリアノス同様で、あまり関連するところがなく、本註解でも直接的に言及することはなかった。

F　ポリュアイノス Polyainos　後2世紀（Polyaen.）

　ポリュアイノスは後2世紀のローマに生きたマケドニア出身の人物で、修辞学を教え、皇帝の前で弁論をなす法廷弁論家でもあった。彼の『戦術書 Strategemata』8巻は、162年に共同皇帝マルクス・アウレリウス・アントニヌスとルキウス・ウェルスがパルティア遠征に出ようとする際に参考に供する目的で、古の将軍や王たちが用いたさまざまな戦略や戦術の例を収集して献じたものである。彼の言うところによれば、「ご覧のように私はかなり年の進んだ身、さりとて軍への奉仕も何もせずに残されることを望まず、かつての将軍たちのなした戦術στρατηγήματαを集めた、将軍に関する知識στρατηγικὴ ἐπιστήμηについてのこの本を遠征のお伴に提出する次第です。……力によって敵との戦いを制するのは勇敢さですが、戦わざる技術と企みを用いて勝利するのは賢明さです。戦わずして勝利することがすぐれた将軍のまずは求めるべき知恵なのです」ということで、この書により2人の皇帝をはじめ皇帝の任命した武将たちがその知恵を学ぶことが期待されている。以下、神話上の人物から始めて、ギリシア人について5巻にわたって述べた

後、その他の諸民族についてもペルシア人、エジプト人、マケドニア人、ローマ人などの事例が残り3巻に集められている。また、最終巻には女性たちの戦いの事例も述べられている。それぞれの人物、部族の表題の下いくつかの事例が述べられていく体裁で、全部で350程度の人物や部族、女性が表題となっており、その表題のもとに全部で885の事例が集められている。

たとえば、アテナイ人イフィクラテスについては63の事例が述べられ、全体で最大の数となっている[27]。ギリシア人ではスパルタ人のアゲシラオスの33、テバイ人エパメイノンダスの15が多い事例数であり、彼の故国のマケドニア人では、フィリッポス2世の22、アレクサンドロスの32が多い事例数となっている。その他に、ハンニバルについては10の、カエサルについては33の事例が集められている。要するに、フロンティヌスの残存書と同様の事例集であり、両者に共通する事例も多く存在し、またアイネイアスと共通するものもいくつかある。

G ウェゲティウス Publius Flavius Vegetius Renatus 後4-5世紀 (Vegetius)

西ローマ帝国最後の頃、ウェゲティウスによって『軍事術要約 Epitoma rei militari』が作られ、中世からルネサンス時代にかけて大きな影響力を持った。彼自身の言うところによれば、「われわれは」ギリシア人ではなく、帝国を大きなものにしたローマ人の軍事術を学ぶべきであり、そのためにローマ人の著作を学びそれを要約したのである。すなわち、大カトー、フロンティヌス、コルネリウス・ケルスス、パテルヌスの著作などを学び、然るべき順序に並べ要約したのである（I 8）。詳しい研究によっても意見が分かれるようだが、彼は単に要約したのではなく、いろいろな作品を彼なりにつなぎ合わせ、自らの解釈を入れたりしていると考えられる[28]。ウェゲティウスという人物については著作以外何も知られていないが、このほかに『馬医術摘要 Digesta Artis Mulomedicinae』という著作が知られ、馬の飼育について詳し

---

[27] XXIV 16「イフィクラテス」註参照。
[28] Milner 2011 xvi–xvii. なお、この項全般に、同書のIntroductionに多くを負っている。

かったらしいことがわかる。おそらく、そうしたことの行われる土地を財産としてもつ富裕者ということなのであろう。

　また、官僚組織の中で高い地位にあった者と思われ、そのため戦争において馬に乗ることはあったろうが、軍事についての専門家ではなかったと思われる。この本の年代としては、383年から450年までが可能性の中に入るが、中でもテオドシウス1世（位379-395年）に捧げられたとするのが最も蓋然性が高いようである。論じられるのは、徴兵から始まって訓練、野営、戦術と戦闘隊形にいたるまで戦争全般についてである。ことに第4巻は攻城戦と海戦を扱い、本書の理解に資する記述が現れる。

5. テクストについて[29]

　この作品のテクストは、ビザンツ時代の写本に遡る。この写本——Laurentianus LV-4との番号が与えられ、アイネイアスのテクストとしてはM写本という名前が与えられている——は、コンスタンティノス7世ポルフィロゲネトス（位913-959年）時代に、皇帝の推薦ないし命令によって作られたものである。この皇帝は自らもいくつかの重要な著作をなした学者であり、学問の擁護者として知られている。この時代の特色は、さまざまな知的・技術的領域の、過去および現在の著作からの抜粋集が作られたことで、このLaurentianus LV-4という写本は戦術に関わる抜粋集であった。この抜粋集は三つのカテゴリーからなっている。ビザンツ時代の戦術家の諸作品、古代の戦術家の諸作品、そしてレオン7世賢帝の軍事書という三つである。古代のカテゴリーには、アスクレピオドトス、アイリアノス、アイネイアス、アッリアノス、オネサンドロスの5人の戦術家の諸作品と *Rhetorica militaris* が含

---

[29] 本節で参照している文献は、Budé xxx–xli, Whitehead 4-5, Hunter/Handford xxxvii–xlii, オストロゴルスキー 2001, 352-3で、私自身はどの写本も、Hug以前のどの校訂本も、自身の目では見ていない。

5. テクストについて

まれている。4.で見たように、アイネイアスを除いては前1世紀から後3世紀の古典期以後の作品である。アイネイアスの作品はアイリアヌスの作品の直後に置かれ、そこから派生する作者名と題名の問題については1.Aと1.Bで詳述したとおりである。

この写本が作られたのは、コンスタンティノス7世即位後から彼の死までの間で、大体950年頃であったと考えられる。その後長く首都の宮殿内の図書室に置かれていたに違いないが、次にこの写本が現れるのは、1407年テッサロニケにおいて、ビザンツにおける名門家系に属するデメトリオス・ラスカリス・レオンタレスのものとしてである。彼はこれを再びコンスタンティノープルに持ち帰ったようであるが、その後1491年夏テッサリアのフェレスでヤヌス・ラスカリスがこれを手に入れている。ラスカリスはフィレンツェに戻るとこれをメディチ家に譲った。メディチ家を追放した革命の後、1494年11月にサン・マルコ教会の修道院に移されたが、1508年には再びメディチ家のジョヴァンニ、すなわち後のローマ教皇レオ10世に買い戻されて一時ローマに置かれた。しかし、1521年に彼が死んだ後は再びフィレンツェに戻され、サン・ロレンツォ教会修道院のメディチ家図書館Bibliotheca Medicea Laurentianaに保管されることとなった。こうしてこの写本は、Laurentianus LV-4という番号を持つこととなったのである。

これ以後のテクストの歴史は、このM写本の使用の歴史ということになる。この写本から直接的あるいは間接的に作られた新たな写本は以下の四つであり、カッコ内がその写本に与えられている名前である。

1. Codex Parisinus gr. 2522, 1510-1520年　　　(B)
2. Codex Parisinus gr. 2435, 1525-1545年　　　(A)
3. Codex Scorialensis φ-III-2, 1549年以前　　　(S)
4. Codex Parisinus gr. 2443, 1549年　　　(C)

このうちS写本はB写本を写したもので、M写本を直接写したものではない。C写本はとても美しい本で、1549年におそらくアンリ2世のためにAngelus Bergecius (Ange Vergèce) によって書かれたものである。これはM写本を単に書き写すだけでなく、訂正も施している。そして、この写本は

xxxiii

I 解説

1609年のCasaubonによる最初の公刊本のテクストともなっている。

　以下、公刊本について簡単に解説しておく。主として参考としているのはBudé版であり、各公刊本についての評価も大体それに基づいている。Schoene以降については私自身の観察が含まれている。なお、本註解中で言及する際の略し方を最後にカッコつきで示しておく。

(1) Casaubonus, Is., Αἰνείου τακτικόν τε καὶ πολιορκητικὸν ὑπόμνημα περὶ τοῦ πῶς χρὴ πολιορκούμενον ἀντέχειν, Paris, 1609. (Casaubon)

　これが最初の公刊本で、ポリュビオスのテクストの附録として掲載されている。ここにはテクストと註解、ラテン語翻訳が掲載されている。この校訂本は後にGronov, J. (Amsterdam, 1670) とErnesti, J. A. (Vienna et Leipzig, 1763-4) とによって彼らのポリュビオスの校訂本の中に復刻されている。また、Gronovは後にM写本の調査を敢行し、1675年に *Supplementa lacunarum in Aenea Tactico*, Leidenを刊行している。CasaubonはC写本に基づいているが、C写本に見られる訂正や推測は、上述のごとくBergeciusによるものであった。この校訂には、一度ならずM写本から遠く離れた読みが現れ、また性急に作りすぎていると思われる部分もある。この本の大きな利点は、M写本の中にあった初歩的誤りの多くを取り除いたことである。

(2) Orellius, I. Conradus, *Aeneae Tactici Commentarius de toleranda obsidione*, Leipzig, 1818. (Orelli)

　これはSchveighäuser校訂のポリュビオスの後につけられて出されたもので、Casaubonのラテン語訳と、Casaubon, Gronov, Koës, G. H. C., Orelli, C.の註解にOrelli自身の註解が加えられて載せられている。その中にいくつかの新しい首肯できる訂正が見出される。

(3) Köchly, H. und Rüstow, W., Αἰνείου τακτιὸν ὑπόμνημα περὶ τοῦ πῶς δεῖ πολιορκούμενον ἀντέχειν, In *Griechische Kriegsschriftsteller* I, Leipzig, 1853. (Köchly/Rüstow)

５．テクストについて

　ここには序論のほか、ドイツ語訳と註とが載せられている。さらにKöchlyは、第２巻２（1855）においてB写本に基づく註解をつけている。B写本は帝国図書館を通じてチューリッヒにいたこれらの学者たちの目に供されたのであるが、彼らには文献学的意味での批判的方法が欠けていたように見える。しかし、彼らの古代とビザンツ時代の戦術に対する深い知識のおかげでこのテクストは貴重な利点を持つものとなりテクスト校訂よりも軍事史的解明に貢献度が高いものとなっている。テクストはCasaubonのものを維持しつつ、彼らはCasaubonによって始められた誤りを一掃しようとする企てを終わらせてしまった。*criticus apparatus*には彼らの名前が優先的に記されているが、アイネイアスのテクストが提起する真の難しさを克服してはいない。

(4) Hercher, R., *Aeneae Commentarius poliorceticus*, editio maior et editio minor, Berlin, 1870.（Hercher）

　editio minorはeditio maiorのいくつかの誤りを正したもので、同年に発行されている。Hercherの最大の利点は、初めてLaurentianus LV-4写本、すなわちM写本に依拠しようとしていることである。それによってこれまでの校訂の意味を失わせてしまった。しかし、この校訂者は当時流行の潮流に流され、すべてを『攻城論』のテクストに入り込んだ挿入のゆえとして、その探究の上に批判を成り立たせている。テクストの歴史的状況を認識していないのである。Hunter/Handfordによれば、この潮流はアイネイアスのアッティカ化をはかろうとするもので、写本に現れる非アッティカ方言をアッティカ方言に変えようとする流れを作り出した。引用されているHercherの一文を見れば、その意図は、よいアッティカ方言に書き直すことによってアイネイアスの言わんとすることをより相応しいものに構成しようとすることにあったが、Hunter/Handfordの評言によれば、文章を無惨に壊してしまい、結局納得のいくアッティカ文を作り出すことに成功しなかった（p. xlii）。

(5) Hug, A., *Aeneae commentarius poliorceticus*, Leipzig, 1874.（Hug）

　テクストと批判的註解からなるが、これはあまり目立つところがなかった。

Hunter/Handfordによれば、これもHercherと同じ潮流の中にあるもので、テクストは主にHercherに基づくが、その校訂は「古典作家が蒙った無慈悲な扱いの憂鬱なmelancholy例」だとされている (p. x n. 1)。

(6) Schoene, R., *Aenae Tactice de obsidione toleranda commentarius*, Leipzig, 1911. (Schoene)

M写本とA写本およびB写本の極めて細密な検討に基づくもので、適切な説明とともに、先行学者のあらゆる説を詳細に取り上げており、この校訂本は傑作として通ずる。ここに初めて「人物の証言 *Testimonia*」と断片のテクストとが一緒に並べられた。Schoeneは真の批判的精神を示しているが、彼のテクストそのものは妥協的なものであった。ある箇所は訂正を許すし、ある箇所は写本に書かれたそのままを十字の印をつけた上で再生しているにすぎない。文の壊れたことを示すそうした十字の印が150箇所ほども現れるのであるが、彼は*criticus apparatus*の中ではしばしば極めて説得的な校訂を示している。さらに彼はテクストにおけるたくさんの空白箇所を明らかにしている。この校訂中、彼は息子Hermannの支援を受けているが、この息子もすぐれた学者で、すべての註釈や訂正が彼の提案ではないとしても、彼の考えが反映していないと思われるものを見出すことができるのはまれである。また、最後につけられている「使用語の索引*index verborum*」は80頁以上にわたる詳細なものであり、アイネイアスの使用語のあらゆる形を検索できる便利なものである。

(7) Oldfather W. A. (and others), *Aeneas Tacticus, Asclepiodotus, Onasander*, London & New York, 1928, 1948 reprint. (Loeb)

Loeb版。1917年に始まったFaculty Greek Club of the University of Illinoisによる共同研究による成果である。Loeb版の体裁に則り、Introductionとして解説が書かれ、ついで本文がギリシア語テクストを左頁、英訳を右頁に配する対訳形式で収録されている。ここまでの部分の作成者はOldfatherだと註に書かれている。さらにSchoeneと同じ*Testimonia*と断片が英訳とともにつ

けられているが、この部分はOldfatherとPease, A. S.との共同作業であるという。先行学者の仕事を用いつつ、編者は伝統的な考え方と先行研究者の訂正との間で合理的選択をなしているが、新しい推測をなしている箇所はごくわずかしかない。

(8) Hunter, L. W. & Handford, S. A., Αἰνείου Πολιορκητικά. *Aeneas: On Siegecraft*, Oxford, 1927.（Hunter/Handford）

　84頁に及ぶIntroductionの後、ギリシア語テクストと *criticus apparatus* を左頁に、英訳を右頁に配して最終XL章にまでいたり、ついで139頁にわたる註解を掲載している。註解は章の全体的構成を掲示した後、かなり細かな点にまで及んでいる。ついでAppendixを二つ配して主としてM写本のあり様を明らかにしようとしている。この中にJulius Africanus引用のアイネイアス断片のテクストも載せられている。そして最後に2種類のIndexをおいて全266頁、まさしくアイネイアスの総合的研究というにふさわしい書となっている。この書の企画は、オクスフォードでギリシア軍事史を学んでいた2人の英国人学者HunterとFawcus, G. E.によって、1908年か1909年に立てられた。Introductionとテクストと翻訳からなる予定だった最初の企画がほぼ完成した頃、Fawcusはインドへ去ることとなり、Hunterはさらにアイネイアスの主として言語的面を研究することとした。そのためIntroductionは拡充し、註とAppendixとが配されることとなったが、それがほぼ完成したとき第一次大戦が勃発し、Hunterは出征し1916年8月帰らぬ人となった。戦争が終わると本を刊行すべきとの声が高まり、Hunterの原稿の改訂をロンドンの古典学講師Handfordが行うこととなった。テクスト改訂の主要点は、Hunterが使い得なかったSchoeneのテクストとの照合により行われた。その他Hunterの意見に賛同できなかった多くの部分の変更も行われたようである。とりわけ、*criticus apparatus*、XVIII章のほとんどの註解、Appendix IIは書き直しが行われ、Indexもつけられた。こうしてなった本書は、それまでの校訂本とは異なった特別の考えの上に成り立っている。テクストに挿入や空白を認める考えを止め、M写本に、何らかの証拠を無視しても、どうにか

I 解説

してある意味を与えたり見出したりしようとする態度をとっている。それは時として単なる推測にとどまるものとなっている。

(9) Dain, A. & Bon, A.-M., *Énée le tacticien: Poliorcétique*, Paris, 1967.（Budé）

　Budé版。Dainの最後の仕事の一つとなった。長い中断を余儀なくされながらも30年以上にわたった彼の研究成果の一つとなるはずであったが、1964年7月彼は突然の事故で亡くなった。協力を要請されていた、彼の弟子の1人であったBonによって引き継がれ仕上げがなされた。Budé版の体裁に沿って最初に53頁にわたるIntroductionが置かれ、ついで本文が、右頁にギリシア語テクストを *criticus apparatus* とともに配し、左頁に仏訳と註を配する形で収録されている。その後にJulius Africanusとその他からの引用抜粋のテクストが仏訳なしで置かれ、さらに二つのAppendiceとテクスト中左頁だけで足りなかった註が置かれた後、門と鍵について有用な図が最後に付されている。Budé版のタイトル頁にはテクスト確定Dain、翻訳、註Bonと書かれている。テクストはCasaubon以来の先行説を検討し、かなりの空白を認める方向で確定されている。そのため、読みはCasaubonやSchoeneのものをとることが多く、Hunter/Hadfordがとられることは少ない。註の数はそれほど多くないが、独自で有益なものが多い。

　本翻訳では、これを底本とし、さまざまな異同については註解の部分に述べることとした。

　以上がテクストであるが、このほかに翻訳、註解として大事で、本翻訳でも言及する機会の多い次の本について紹介しておこう。

(10) Whitehead, D., *Aineias the Tactician: How to survive under siege*, Oxford, 1990 (London, 2002²).（Whitehead）

　ここにはギリシア語テクストはとられていない。42頁のIntroductionの後、英訳が54頁、ついで註解が110頁にわたっている。その後Indexを配し全体で214頁の本である。これまでの先行研究を踏まえての註も、独自の考えを

5．テクストについて

述べた註もあるが、テクストの読みや註の多くの部分においてHunter/Handfordに依拠する度合いが高いと言えるであろう。この本はその後2002年に第2版が出版され、ミスプリントの訂正と最後に5頁にわたるAddendaを乗せ、新しい文献と註解のいくつかについて補完を行っている。

　さらにもう1冊、翻訳や註解作成になくてはならなかったものとして本書に使われる単語をすべて集めた辞書を紹介しておく。

(11) Barends, D., *Lexicon Aeneium: A Lexicon and Index to Anneas Tacticus' Military Manual "On the Defence of Fortified Positions"*, Assen, 1955. (Barends)

　アイネイアスによって使われる単語を、冠詞 ὁ, ἡ, τό のみを除いてすべて集め、辞書式に並べている。複数回使われているものはまず使用回数を示し、ついで使用箇所での意味を挙げ、意味および使用法によって分類して並べている。Schoeneは動詞について不定詞の形にしていたが、これは現代の辞書式に一人称単数の形をとっている。これによってたとえばδέが536箇所、καίが767箇所に使われていることがわかる。時として独自の解釈が現れ、さまざまに議論があるときに一つの解釈を示していて参考になる。軍事的専門用語には印をつけてわかるようにしているが、これにはとる範囲が広すぎるとの批判が成り立ち得よう。巻末にはAppendixを掲げ、城門と鍵のあり方、梯子攻撃の防衛の仕方と地下道掘削のときの防衛法について図を示して具体的あり方を推測している。いずれも文章だけではわかりにくい箇所の解釈に一筋の光明を与える有益なものである。これによってSchoeneの*index verborum*は乗り越えられたと言えよう。

6. 使用文献

Anderson, J. K. 1991: "Hoplite Weapons and Offensive Arms", In: Hanson ed. 1991, 15-37.

APF: Davies, J. K., *Athenian Propertied Families 600-300 B.C.*, Oxford, 1971.

Asheri, D. et al. 2007: *A Commentary on Herodotus Books I-IV*, (& Lloyd, A., Corcella, A., eds. by Murray, O. & Moreno, A.), Oxford.

Athenian Agora 1990: *The Athenian Agora: A Guide to the Excavation and Museum*, Fourth Edition Revised, Athens.

Barends: 5. (11)参照

Belyaev, V. H. 1965: "Aeneas Tacticus: The first military theorist of antiquity" (in Russian), *VDI* 91, 239-257. (未見)

Bengtson, H. 1962: "Die griechische Polis bei Aeneas Tacticus", *Historia* 11, 458-462.

Bettalli, M. 1986: "Enea Tattico e l'insegnamento dell'arte militare", *AFLS* 7, 73-89. (未見)

Boardman, J. et al. 2004: "Pinakes (plaques), figurative", In: *ThesCRA* I, 293-296.

Brice, Lee L. ed. 2012: *Greek Warfare: From the Battle of Marathon to the Conquests of Alexander the Great*, Santa Babara, CA.

Brown, T. S. 1981: "Aeneas Tacticus, Herodotus and the Ionian Revolt", *Historia* 30-4, 385-393.

Budé: 5. (9)参照

Burliga, B. 2012: "The Importance of the Hoplite Army in Aeneas Tacticus' Polis", *Electrum* 19, 61-81.

Burrer, F. & Müller, H. hrsg. 2008: *Kriegskosten und Kriegsfinanzierung in der Antike*, Darmstadt.

Burrer, F. 2008: "Sold und Verpflegungsgeld in klassischer und hellnistischer Zeit", In: Burrer & Müller hrsg. 2008, 74-90.

Busolt I, II: Busolt, G., *Griechische Staatskunde* I, II (bearbeitet bei Swoboda, H.), München, 1920, 1926.

Campbell, B. & Tritle, L. A. eds. 2013: *The Oxford Handbook of Warfare in the Classical World*, Oxford.

Campbell, D. B. 2005: *Ancient Siege Warfare: Persians, Greeks, Carthaginians and Romans*

6. 使用文献

546-146 BC, Illustrated by A. Hook, Oxford.

　id. 2003: *Greek and Roman Siege Machinery 399 BC – AD363*, Illustrated by Delf, B., Oxford.

Casaubon: 5. (1) 参照

Chantraine, P.: *Dictionnaire étymologique de la langue grecque* I-IV, Paris, 1968-1980.

CHGRW: Sabin, P. et al. eds. 2007: *The Cambridge History of Greek and Roman Warfare* I-II, Cambridge.

Christien, J. & Ruzé, F. 2007: *Sparte: Géographie, mythes et histoire*, Paris.

David, E. 1986: "Aeneas Tacticus, 11. 7-10 and the Argive Revolution of 370 B.C.", *AJPh* 107-3, 343-349.

Ehrenberg, V. 1969 (2nd ed.) : *The Greek State*, London.

FGrH: Jacoby, F., *Die Fragmente der griechischen Historiker*, Leiden, 1923-

Fields, N. 2006: *Ancient Greek Fortifications 500-300 BC*, Oxford & Long Island City NY.

Fontenrose, J. 1978: *The Delphic Oracle: Its Responses and Operations with a Catalogue of Responses*, Berkely etc.

Garlan, Y. 1974: *Recherches de poliorcétique grecque*, Paris.

Gauthier, P. 1972: *Symbola: Les étrangers et la justice dans les cités grecques*, Nancy.

Gehrke, H. J. 1985: *Stasis. Untersuchungen zu den inneren Kriegen in den griechischen Staaten des 5. und 4. Jahrhunderts v. Chr.*, München.

Green, P. 2006: *Diodorus Siculus Books 11-12.37.1: Greek History, 480-431 BC – The Alternative Version*, Austin Texas.

Griechenland: Lauffer, S. ed., *Griechenland: Lexikon der historischen Stätten, Von den Anfängen bis zur Gegenwart*, München, 1989.

Griffith, G. T. 1935: *The Mercenaries of the Hellenistic World*, Chicago (rep. 1975).

Gurstelle, W. 2004: *The Art of the Catapult. Build Greek ballistae, Roman onagers, English trebuchets, and more ancient artillery*, Chicago.

Hanson, V. D. ed. 1991: *Hoplites: The Classical Greek Battle Experience*, London & New York.

Hanson, V. D. 2009: *The Western Way of War: Infantry Battle in Classical Greece*, Berekley etc.

　id. 1995: *The Other Greeks: The Family Farm and the Agrarian Roots of Western Civilization*, New York.

I 解 説

HCT 1: Gomme, A. W., *A Historical Commentary on Thucydides* I–III, Oxford, 1945.

Hercher: 5. (4) 参照

Hornblower, S. 1–3: *A Commentary on Thucydides* vol. I–III, 1991, 1996, 2008.

How, W. W. & Wells, J.: *A Commentary on Herodotus* II, Oxford, 1912 (rep. 2002).

Hug: 5. (5) 参照

Hunt, P. 2007: "Military Forces", In: *CHGRW* I, 108–146.

Hunter/Handford: 5. (8) 参照

IG: *Inscriptiones Graecae*.

Inventory: Hansen, M. H. & Nielsen, T. H. eds., *An Inventory of Archaic and Classical Poleis*, Oxford, 2004.

Jeffery, L. H. 1976: *Archaic Greece: the City-States c. 700–800 B.C.*, Cambridge.

Kleine Pauly: *Der Kleine Pauly: Lexikon der Antike*, München, 1979.

Köchly/Rüstow: 5. (3) 参照

Krenz, P. 2002: "Fighting by the Rules: The Invention of the Hoplite Agôn", *Hesperia* 71, 23–39.

 id. 2000: "Deception in archaic and classical Greek warfare", In: van Wees ed. 2000, 167–200.

 id. 1991: "The Salpinx in Greek Warfare", In: Hanson 1991, 110–120.

Kühner, R. & Gerth, B.: *Ausführliche Grammatik der griechischen Sprache* II, 1, 2, Hannover, 1992 (org. 1898, 1904).

Labarbe, J. 1974: "Un putsch dans la Grèce antique: Polycrate et ses frères à la conquête du pouvoir", *Anc Soc* 5, 21–41.

Lazenby, J. F. 2012: *The Spartan Army*, Mechanicsburg (org. 1985).

 id. 1991: "The Killing Zone", In: Hanson ed. 1991, 87–109.

Lee, J. W. I. 2013: "The Classical Greek Experience", In: Campbell & Tritle eds. 2013, 143–161.

LGPN III. A: Fraser, P. M. & Matthews, E. eds., *A Lexicon of Greek Personal Names: The Peloponnese, Western Greece, Sicily, and Magna Graecia*, Oxford, 1997.

LGPN IV: Fraser, P. M. & Matthews, E. eds., *A Lexicon of Greek Personal Names: Macedonia, Thrace, Northern Regions of the Black Sea*, Oxford, 2005.

LGPN V.A: Corsten, T. ed., *A Lexicon of Greek Personal Names: Coastal Asia Minor: Pontos to Ionia*, Oxford, 2010.

Loeb: 5. (7) 参照

6. 使用文献

Loomis, W. T. 1998: *Wages, Welfare Costs and Inflation in Classical Athens*, Michigan UP.

Lorimer, H. L. 1903: "The country cart of ancient Greece", *JHS* XXIII, 132-151.

LSJ: Liddel, H. J., Scott, R. & Jones, H. S., *A Greek-English Lexicon*, Oxford, 1996.

Marsden, E. W. 1969: *Greek and Roman Artillery: Historical Development*, Oxford.

Matthew, C. 2012: *The Tactics of Aelian or On the Military Arrangements of the Greeks: A New Translation of the Manual that Influenced Warfare for Fifteen Centuries*, South Yorkshire.(Kindle ed.)

Meiggs, R. & Lewis, D.: *A Selection of Greek Historical Inscriptions*, Oxford, 1988 (revised ed. of 1969).

Milner, N. P. 2011: *Vegetius: Epitome of Military Science*, Oxford (2nd revised ed.).

Neue Pauly: *Der Neue Pauly*, Stuttgart, 1996-2003.

Ober, J. 1996: *The Athenian Revolution: Essays on Ancient Greek Democracy and Political Theory*, Princeton NJ.

    id. 1985: *Fortress Attica: Defence of the Athenian Land Frontier 404-322 B. C.*, Leiden.

OCD: *The Oxford Classical Dictionary*, 1996, Oxford.

OGIS: Dittenberger, W., *Orientis Graeci Inscriptiones Selectae* I, II, Leipzig, 1903, 1905.

Orelli: 5. (2)参照

Parke, H. W. 1977: *Festivals of the Athenians*, London.

Pattenden, P. 1987: "When did Guard Duty End?: The Regulation of the Night Watch in Ancient Armies", *RhM* 130-2, 164-174.

Pritchett I-V: *The Greek State at War,* I-IV, Berkeley etc., 1971-1985.

Rhodes, P. J. & Osborn, R. : *Greek Historical Inscriptions 404-323 BC*, Oxford, 2003.

Schmitt, H. H.: *Die Staatsverträge des Atlertums* III, München, 1969.

Schoene: 5. (6)参照

Schwartz, A. 2009: *Reinstating the Hoplite: Arms, Armour and Phalanx Fighting in Archaic and Classical Greece*, Stuttgart.

Sekunda, N. 2000: & Illust. by Hook, A. *Greek Hoplite 480-323 BC*, New York.

Sinclair, R. K. 1966: "Diodorus Siculus and Fighting in Relays", *CQ* 16-2, 249-255.

Smyth, H. W.: *Greek Grammer*, Cambridge Mass., 1920.

Snodgrass, A. M. 1967 : *Arms and Armour of the Greeks*, London (rep. 1982).

Sommerstein, A. H.: Aristophanes *Birds*, Warminster, 1987.

I 解説

Stadter, P. A. 1978: "The *Ars Tactica* of Arrian: Tradition and Originality", *CPh* 73-2, 117-128.

Ste Croix, G.E.M. de 1981: *The Class Struggle in the Ancient World*, London.

Strauss, B. 2007: "Naval Battles and Sieges", In: *CHGRW* I, 223-247.

Syll[3]: Dittenberger, W., *Sylloge Inscriptionum Graecarum*, Hildesheim et al., 1982 (rep. of 1915-1924[3]).

ThesCRA: *Thesaurus Cultus et Rituum Antiquorum* I, Los Angeles, 2004.

TLG: *Thesaurus Linguae Graecae*, A Digital Library of Greek Literature, http://stephanus.tlg.uci.edu./indiv/weblogin.

Tod, M. N. : *Greek Historical Inscriptions*, Chicago, 1985.

van Straten, F. T. 1981: "Gifts for the Gods", In: Versnel ed. 1981, 65-151.

van Wees, H. 2004: *Greek Warfare: Myths and Realities*, London.

van Wees, H. ed. 2000: *War and Violence in Ancient Greece*, London.

Versnel, H. S. ed. 1981: *Faith Hope and Worship: Aspects of Religious Mentality in the Ancient World*, Leiden.

Waschow, H. 1938: *4000 Jahre Kampf um die Mauer. Der Festungskrieg der Pioniere.* (未見)

Welskopf, E. C. ed. 1974: *Hellenische Poleis* I-IV, Berlin.

Wheeler, E. L. ed. 2007: The Armies of Classical Greece, Hampshire.

Wheeler, E. L. 2007: "Land Battles", In: *CHGRW* I, 186-223.

 id. 1988: *Stratagem and the Vocaburary of Military Trickery*, Leiden et al.

Whitehead: 5. (10)参照

Whitehead, D. 1988: "ΚΛΟΠΗ ΠΟΛΕΜΟΥ: "Theft" in ancient Greek warfare", In: Wheeler ed. 2007, 289-299.

Williams, T. H. 1904: "The Authorship of the Greek Military Manual Attributed to 'Aeneas Tacticus'", *AJPh* 25-4, 390-405.

Wilsdorf, H. 1974: "Technische Neuerungen in der Phase des Niedergangs der Polis", In: Welskopf ed. 1974, IV 1787-1821.

Winter, F. E. 1971: *Greek Fortifications*, Toronto and Buffalo.

Winterling, A. 1991: "Polisbegriff und Stasistheorie des Aeneas Tacticus. Zur Frage der Grenzen der griechischen Polisgesellschaft im 4. Jahrhundert v. Chr.", *Historia* 40-2, 193-229.

Wycherley, R. E. 1962 (2nd ed.) : *How the Greeks Built Cities*, London etc. (ウィッ

6．使用文献

チャーリー『古代ギリシャの都市構成』小林文次訳、相模選書、1970)＊

阿部拓児　2015：『ペルシア帝国と小アジア──ヘレニズム以前の社会と文化──』京都大学学術出版会.
オストロゴルスキー, G. 2001：『ビザンツ帝国史』(和田廣訳)、恒文社.
高津『神話辞典』：高津春繁『ギリシア・ローマ神話辞典』岩波書店、1960.
篠崎三男　1982：「アエネアス＝タクティクスの『ポリオルケーティカ』をめぐる研究動向」『バルカン・小アジア研究』8、21-30.
髙畠純夫　2015：『ペロポネソス戦争』東洋大学出版会.
　同上　2014：『古代ギリシアの思想家たち』山川出版社.
　同上　2011：『アンティフォンとその時代』東海大学出版会.
　同上　2003：「エトノス」「メトイコイ」「バルバロイ」、『歴史学事典』第10巻「身分と共同体」、弘文堂.
　同上　1989：「葬儀令とアテナイ」『史潮』新25号、83-95.
　同上　1985：「ファレロンのデメトリオスの政治」『バルカン・小アジア研究』11、25-41.
　同上　1984：「ξεῖνος 考」『西洋古典学研究』32, 16-27.
仲田公輔 2013：「軍事書『タクティカ』とレオン六世紀のビザンツ帝国東方辺境」『地中海学研究』36、3-24.

アリストテレス『問題集』：戸塚七郎訳、『アリストテレス全集11』岩波書店、1968.
　同上『経済学』：村川堅太郎訳、『アリストテレス全集15』岩波書店、1969.
オウィディウス『恋愛指南──アルス・アマトリア──』：沓掛良彦訳、岩波文庫、2008.
テオプラストス『植物誌1』：小川洋子訳、京都大学学術出版会、2008.
　同上『植物誌2』：小川洋子訳、京都大学学術出版会、2015.
デモステネス『弁論集4』：木曽明子・杉山晃太郎訳、京都大学学術出版会、2003.
ポリュアイノス『戦術書』：戸部順一訳、国文社、1999.

＊　邦訳を見ているが、引用はその訳文を使っていない。

II 翻訳

アイネイアス『攻城論』

〔包囲された者がどのように防衛すべきかについての戦術論的覚書〕

凡　例

1. 〔　〕は校訂者により削除することが指示されている語句を表す。
2. 〈　〉は校訂者により挿入すべきことが指示されている語句を表す。
3. （　）は訳者によりわかりやすくするため挿入された語句を表す。ただし長い文章は、底本がすでに（　）に入れている文章を表す。

序　章

　1　自らの国土から出撃して国境外で戦闘や身の危険に遭遇する場合は、陸であれ海であれ敗北が生じたとしても、生き残った者には依然固有の農牧地も都市も祖国も残っており、すべてが完全に破壊されてしまうことはない。　2　しかし、最高の価値があるもの――つまり聖地、祖国、両親、子供、その他――を守るために危険を冒そうとする者にとっては、戦闘はそれと同じものでも類似のものでもない。堅固な防御で自らを守った場合、それ以後敵対者にとって彼らはより恐ろしく、攻撃しがたい敵となろう。しかし、危険に対して貧弱な対応をした場合には、彼らの助かる希望はなくなってしまうのである。　3　それであるから、こうした価値あるすべてのもののために戦う者は、何の準備も熱意もないままであってはならない。多くのあらゆる種類の事実への心くばりを持って然るべきであり、それによって敗れたのが自分のせいとはならないようにすべきである。　4　さらに、何らかの不運が生じた場合であっても、残った者たちは以前と同じ状態を回復できるようにすべきである。ちょうどギリシア人のある者たちが最悪の状態にまでいたりながらも自らを再び復興させたように。

I

　1　さて、兵隊の組織は、ポリスの大きさ、中心部のあり様、見張り番とパトロールの任命、その他ポリスの領域で兵隊を使うべきあらゆることに照らして考えねばならない。以上に照らした上で配備がなされるべきである。
　2　遠征軍は、行軍地の地勢――危険な土地、要塞化された土地、隘路、平地、敵に有利な高み、待ち伏せに適した土地を通らねばならないかどうかや、川の横断の有無――とそうした際にとるべき戦闘隊形に照らして、組織されるべきである。　3　しかし、城壁の中にいて市民の見張り番となる兵隊については、こうしたものに照らしてではなく、市内の地勢と間近の危険に照らして組織されねばならない。
　4　まず、彼らの中から最も思慮に富み戦争の経験にも富んだ者たちを、

II 翻 訳

役人を取り巻く者として配さねばならない。　**5**　ついでなさねばならないのは、よく苦難に耐える兵隊を選抜し、いくつかの隊(ロコス)に分けることである。出撃のため、ポリスのパトロールのため、苦境にある人の手助けのため、その他これらと同様の類の義務のために、彼らが先頭に立って働くことができるようにである。　**6**　そうした者は忠実で、現状に満足している者でなければならない。こうした集団の存在が他者の陰謀に対して強力な、アクロポリスの役割を果たすのだから。この集団がポリスの中の反対派にとっては恐怖の的となるのである。　**7**　彼らの指導者や管理官は思慮に富む頑健な人物であるだけでなく、変革が生じたとき最大の危険に陥る者でなければならない。　**8**　残った者の中で最も力強く、若さの盛りにある者を選び、見張り役や城壁（警固）に任命しなければならない。依然残っている者たちは夜の長さと見張り番の数に応じて分割し割り当てねばならない。　**9**　一般住民の中のある者はアゴラへ、ある者は劇場へ、残りは市内にある空き地へと割り当て、国の力の及ぶ限り無防備の土地がないようにしなければならない。

II

　1　市内にある無用の空き地は、そこに兵隊が必要とならないよう溝を掘って、革命を起こしたいと望む者があらかじめそこを占拠しようとしても近づけないように、閉鎖地化するのが最善である。

　2　実際、テバイ人が侵入したときラケダイモン人は、それぞれの者がそれぞれの場所で最も近くにある家を壊し、その積み壁や家の壁から土や石を調達して籠を満たし、さらに言われているところでは、神殿の持つ青銅製の鼎――それは数も多くしかも大きなものだった――までも使って、中枢部の入り口も小路も空き地もあらかじめ封鎖して、中枢部そのものに侵入しようと試みる者たちを妨げたのである。

　3　プラタイア人は、夜市内にテバイ人がいるのに気づいたが、彼らが多くないこと、事に着手しながら適切な仕事をしていないことを知り、襲撃すれば容易に市内を制圧できると考えた。そのため、彼らは直ちに以下のよう

III

な企みをめぐらす。　4　役人の何人かがアゴラでテバイ人と協定の話し合いをする一方、別の者たちは密かに残りの市民に布令を回し、家からばらばらに出るな、1人か2人で隣家との境界の壁をくり抜いて悟られぬように互いに集まれ、と伝えた。　5　戦うに十分な数の人間が用意されると、小路や街路を家畜のついていない荷車で通れなくし、合図とともに集結するとテバイ人に襲いかかった。　6　それと同時に女と召使いたちは瓦屋根の上に出た。その結果、闇の中で戦ったり身を守ったりしようとしたテバイ人は、彼らを襲ってきた人間たちと同様に荷車によっても被害を蒙った。彼らは荷車の障害物のゆえにどちらに行けば助かるかわからないままに〈逃げ〉、片や道を知って追いかけたプラタイア人はすぐに多くの者を倒したのである。

　7　この戦術に反することも明らかにしておかねばならない。たとえば、空き地が一つしかなく、それを陰謀を企む者たちが先に占拠した場合、市内にいる人間には危険である。なぜなら、そうした共通の場所が一つしかない場合には先にとった者たちが有利だからである。そうした場所が二つか三つある場合には、以下のような利点がある。　8　もし一つか二つのそうした場所を占拠したとしても、反対派には別の場所が残されているし、全部をとった場合にも、陰謀を企む者たちは分割されており、分割されたそれぞれが市内の人間よりも数で優っていない限り、結集した反対派勢力よりも弱いものとなっているからである。

　同様に、その他すべての決定において、深い考えもなしに何か誤ったものを選ぶことがないように、語られた原則に反する可能性が存在するのではないかと疑ってみることが必要である。

III
〔市民防衛のためのその他の組織〕

　1　戦争体制のとられていないポリスに突然恐怖が襲った場合、各部族に籤で城壁のそれぞれの部分を割り当て、部族が直ちにそこに赴き見張りに当たるようにすれば、最速で市民を戦争体制に組織し、ポリスの見張りに当

らせることになろう。各部族の人数に応じて然るべき長さの城壁を見張らせるのがよい。　**2**　ついで、各部族の中から肉体の力に長けた者たちを、アゴラとパトロールのために、さらにこのほかにこうした者たちを必要とすべきことのために、選抜することである。　**3**　同様に、同盟軍が要塞の人員を満たしている場合、城壁の適当な部分を同盟軍のそれぞれに見張らせるために割り当てよ。もし市民同士がお互いに疑惑を抱いているなら、城壁の各登り口ごとに、ほかの誰かが登ろうとすればそれを妨げる、信頼できる人物を据えるべきである。

4　平和時から以下のように市民を組織しておくべきである。まず、各街路の街路長を最も有能で思慮に富む者に割り当て、もし何か予期しないことが夜に起こったなら、その者のもとに集まるようにする。　**5**　アゴラに最も近い街路の街路長はアゴラに、劇場に最も近い街路の街路長は劇場にといった具合に、街路長はそれぞれ最も近い空き地に、武器を携えて彼のもとにやってきた者たちを率いていかねばならない。　**6**　こうすれば各隊が適切な場所に最速で到達でき、各人はそれぞれの家の最も近くにいることができる。家を担う男たちは遠くにいるわけではないから、家にいる者たち、つまり子供や女たちに知らせを送ることもできる。役人たちはあらかじめ籤でそれぞれがどの集合場所に行くかを決めておき、集まった部隊を胸壁に出発させる。さらに、彼らがすぐに以下のようにして指揮をとるなら、その他のことについても配慮する指導者となろう。

IV
〔合図について〕

1　まず第一に合図を決めておかなければならない、それによって近づいてくる敵たちに気づかないことがないようにするためである。かつて次のようなことが起こったからである。すなわち、エウリポス海峡に面するカルキスは、市内にいる何者かが以下のような企みをめぐらしたため、エレトリアから出撃した亡命者によって占拠されたのである。　**2**　市内の最も荒涼

IV

としたところで城門が開けられていないところに、その者は行火(あんか)を持っていくことを繰り返した。そして、昼も夜もそれを見張っていたが、ある夜密かに横木を燃やして、そこから兵士を受け入れたのである。　3　アゴラに2000人ほどの人間が集まると、急いで戦闘の合図がなされた。カルキス人の多くはお互いを認知できなかったために殺されたのである。なぜなら、恐怖に駆られて彼らは味方側と思って敵陣に加わったからである。各人はそれぞれ自分が遅れてやってきたと思ったのである。　4　このようにしてほとんどの者が1人か2人ずつ殺され、後になって市民が起こったことに気づいたときにはすでにポリスは占領されていた。

5　そこで、戦争中、特に敵が近くにいるときには、まず、海であれ陸であれ何らかの作戦でポリスから派遣された者たちは、合図によって夜でも昼でも残った者たちと連絡がとれるようにせねばならない。それによって、残った者たちのもとに突然敵が現れた場合、それが味方であるか敵であるかわからないことがないようにするためである。　6　また、作戦で遠征隊が送られる際は誰か合図のわかる者を送り、残った者ができる限り遠く離れたところから、こうしたことを知るようにすべきである。はるか前から今後のために備えることは、大きな利点だからである。

7　こうしたことをなさなかった者に起こることは、かつて起こったことから明らかとなろう。それらを先例かつ明白な証拠としてついでながら述べておこう。　8　ペイシストラトスがアテナイ人の将軍であったとき、メガラ人がメガラから夜に船でやってきて、エレウシスでテスモフォリア祭を祝っているアテナイ人女性たちを襲撃しようとしているとの報告がなされた。ペイシストラトスはこれを聞くとまず待ち伏せをさせた。　9　メガラ人が、知られていないと思いつつ、上陸し海から離れると、ペイシストラトスは待ち伏せ兵に出撃を命じ、勝利して多くの者を殺すとともに、やってきた船を支配下におさめた。　10　そして直ちに自分の兵士たちで船を満たし、女たちの中で航海に最も適する者たちを乗せると、メガラへと航行してその日遅くに市内から離れたところに上陸した。　11　船が航行してくるのを見ると多くのメガラ人が、役職に就いている者もそうでない者も、やっ

II 翻　訳

てきた。彼らは当然ながら捕虜として連れてこられた女性たちをできるだけ多く見たいと思っていた。〈……〉短剣を手に上陸したら、あの者たちを殺せ、しかしできるだけ多くの上流の者たちを捕まえて船に連れ帰れ、と。そしてそれが実行された。

12 かくて合図を取り決め、お互いを間違うことのないようにした後に、軍の召集も派遣もなされねばならないことが明らかである。

V
〔門番について〕

1 次に、門番の任命は偶然に任せるのではなく、思慮に富む賢い者を選ぶべきである。運び込まれるものには何であれいつでも疑いを抱かずにはいられない者で、その上資産持ちで市内に抵当となるもの——子供や妻のことを私は言っている——がある者であるべきであって、貧しさや約束の義務から、あるいはその他の困窮から誰かに従わざるを得ない者、または自ら誰かに革命を使嗾する者であってはならない。　**2**　ボスポロスの僭主レウコンは、駐留兵からさえ賭け事やその他の放蕩によって負債を負った者を排除していた。

VI
〔昼間の偵察〕

1　昼間の偵察兵も、市域の前の高いところで最も遠くから見える場所におくべきである。昼間の偵察はそれぞれの地点ごと最低3人で行い、その者たちは任意の者ではなく、戦争の経験に富んだ者が選ばれるべきである。それは偵察兵が無知から何かを想像し、市内に合図したり伝達したりして何の根拠もなく人々を混乱させることがないようにである。　**2**　こうしたことは隊形や戦争に無経験な者が、敵軍の労働や行動が考えた上でのものか偶然に起こったことかわからずに引き起こすのである。　**3**　一方、経験に富む

VII

者は、敵の準備や数や行軍やその他の軍の動きを認識し、かくて真実を示すのである。

　4　市内からは合図が見えないような場所がある場合、掲げられた合図を中継者が次の場所の中継者へとつないでいき、市内へ伝わるようにすべきである。　5　昼間の偵察兵は足の早い者でもあるべきである。合図では示せない、しかし何らかの方法で必ず伝えなければならないことのために、素早く帰ることができ、どんな遠くからでも伝えられるようにである。

　6　馬に適した場所である場合、馬がいるのなら騎兵が取り結ぶのが最善である。彼らによってより早く伝わるようにである。昼間の偵察兵は夜明け前かまだ夜のうちに市内から送るのがよい。敵の偵察兵に明るくなって偵察地に赴くのを見られないようにである。　7　彼らは一つの同じ〈しかし、市内のそれとは異なった〉合言葉を持つべきである。もし敵に捕まったときに、自発的であれなかれ、市内にいる者の合言葉を伝えられぬようにである。昼間の偵察兵には合図を時々掲げるよう命ずるべきである。ちょうど烽火担当者が烽火の合図をそうするようにである。

VII

　1　農牧地が収穫を迎えるときに、敵が遠くないところにいる場合、市内の多くの者は、収穫のことを気にかけて、近郊の地にいることが多かろう。　2　そこでこれらの者たちは以下のようにして市内に集められるべきである。まず第一に、外にいる者たちが日没とともに市内に戻るよう合図すべきである。もし農牧地の多くのところに散在しているのなら、中継者によって合図が送られるべきである。それによって全員もしくはほとんどの者が市内へ入って来るようにである。　3　彼らに戻るよう合図されたなら、同様にして市内にいる者たちには食事を用意するように合図すべきである。第三に、見張りに行き、位置につくよう合図すべきである。　4　このことがどのようになされるべきか、どのように松明信号を掲げるか、『戦争準備論』の中で詳述した。同じことを二度書かないで済むよう、そこから学びを得られたい。

II 翻訳

VIII

1　その次に、数においても力においても優る敵による国土への侵入が予期される際には、まず農牧地を作り直して敵が攻撃しにくく、野営も食糧徴発もしにくくし、川は渡りにくく水嵩を増すべきである。

2　砂場や岩場に上陸してきた敵に対してどれだけの、またどのような計略を準備すべきか。農牧地や市内にある港にそうした敵たちに対するどのような障害物を置き、入ってこられぬようにし、また入ってきた船は外に出られぬようにすべきか。　3　意図的に農牧地に置いてきたもので、たとえば防壁を作るためとか野営小屋を作るためとかその他どんな企てでも構わないけれども、敵たちに有用となるであろうものをどうやって役に立たないものにすべきか。　4　破壊しない場合はどうやって隠すか、食べ物、飲物、農地の収穫物、その他農牧地のあらゆるものをどうやって……すべきか、たまった水をどうやって飲めないものとすべきか、農牧地のうち馬を使いやすいところをどうやって馬に不便なようにすべきか。　5　さてこれらすべてについて、それぞれをどうすべきか、ここでは今論ずるのを省略する。このことまで語って、あまりに長くならないようにするためである。これについては『戦争準備論』の中で詳しく論じている。

IX

1　襲来した者が諸君に対して何か大胆な振る舞いをしようとしたなら、以下のことをなすべきである。まず、兵隊によって自らの国土のいくつかの場所を占拠することである。ついで、自らの兵士あるいは市民の集会を開き、彼らに宣言して、敵に対して何らかの作戦があるから、夜ラッパで合図したら、兵役年齢にある者は進んで武器をとり、指定された地点に集まって指揮官に従え、とあらかじめ指示することである。　2　こうしたことが敵の陣営や国に伝えられることによって、諸君は敵が企てようとしている試みを阻止できる。　3　このように事が運べば、何かを試みつつも恐れを見せない諸君は、味方には勇気を駆り立て、敵には恐怖を植え付けることとなって、

X

結局敵は自らの地にじっとしていることとなろう。

X

　1　以下の命令も下されていなければならない。すなわち、役畜や奴隷を持っている市民は、市内にそれらを持ち込むことはできないから、隣人たちのもとに持っていくようにとである。　2　託すべき友人関係がない者については、託されたものが安全であるような方策をとって、役人が公的に隣人たちに託さなければならない。

〔通知〕
　3　ついである程度の時間を経て、陰謀を企む者たちの恐怖と阻止のために、次のような宣告をしなければならない。
「自由人の身柄と収穫物を市内に運び入れること、従わない者の所有物は、罰を受けることなしに望む者が農牧地から取り去ったり持ち去ったりしてよいこと。」
　4　「祭りは市内で行うこと。私的な集まりは昼でも夜でもどこでも催してはならないこと、どうしても必要なものは中央市庁舎においてか評議会場においてかその他の開かれた場所において行うこと。予言者は役人の立ち会いなしに個人的に犠牲を捧げてはならないこと。　5　会食で食事はせず、各人自分の家で食べること。ただし結婚と葬式の宴会は除く、しかしそれはあらかじめ役人に届け出ること。」
　もし亡命者がいるなら、加えて宣告する必要がある。町から離れようとする市民、外人、奴隷それぞれが何を蒙るかをである。　6　そしてもし何人（なんぴと）かが亡命者の誰かと接触を持ったり、そうした者からの何らかの知らせに接触したり、手紙を送ったり受け取ったりするなら、その者には何らかの危険と罰則があるべきである。手紙の送付や受領の際には検閲があるべきで、検閲者たちに先立ってもたらされねばならない。
　7　1組以上の武具を持っている者は登録されるべきである。何人も武具

を外に持ち出してはならないし、抵当として受け取ってもならない。役人の許可なしに兵士を雇ってはならないし、自らが（兵士として）雇われてもならない。　**8**　市民もメトイコイも誰であれ、割り符なしに航海に出てはならない。船は以下に規定される城門の近くに碇泊するようあらかじめ命じられるべきである。　**9**　到着した外人は、武器を見えるよう、すぐ手にとれるようにして運ぶこと。そしてそれらは直ちに取り去られること。その者を、たとえ宿の主人であれ、誰も役人の許可なく受け入れず、役人は登録し、もし宿泊する場合は誰のもとであるかを記録すること。　**10**　夜間、宿泊所は役人によって外から閉ざされること。ある期間ごとに、宿泊者の中に放浪者がいれば、宣言して追放されること。教育のため、あるいはその他何か有用なことのためにやってきた隣国人は登録されること。　**11**　他国や僭主や陣営から公式にやってきた使節団について、望む者が自分たちだけで彼らと会話をしてはならず、市民の中の誰か最も信頼できる者が、使節が滞在している間彼らとともにずっと一緒に過ごすべきである。

　12　国に不足している穀物やオリーブ・オイルやその他のものを輸入した者に、輸入量に従って利得をあらかじめ定めておくこと。その者には名誉として冠を与え、船主には引き上げと引き下ろしの特典があるべきこと。

　13　武装兵召集がしばしば行われ、そのときには居住外人は指定された地点に移されるか、家にじっとしていること。もしその他のところにいたら、それは犯罪であり、罰があらかじめ定められているべきこと。　**14**　合図がなされたら、彼らに対し交易所と購入所は閉ざされ、灯火は消され、誰一人も来ないようにすること。　**15**　何人かに何か必要なことが生じたときには、新たな命令が与えられるまでは、ランプを持っていくこと。

　国に対し陰謀を企てている者を情報提供した者や、先述したことの何かを違反したと示した者に、賞金の金を提示し、提示した金をアゴラあるいは祭壇あるいは聖地に皆に見えるように置いておくこと。それによって上述の規定違反を誰もが進んで情報提供するようにすること。

　16　亡命中の君主や将軍や有力者については、以下の宣言をなすべきである。〈……〉一方、もし（そうした者を）殺した者自身にも何かが起こっ

X

なら、その者の子に提示された金を渡すこと。子供がいなければ最近親の親族に与えること。　**17**　亡命者や君主や将軍に対し彼らの取り巻きの誰かが何かをなしたなら、あらかじめ定められた金〈……〉を与え、帰国を許すこと。それによって進んで（そうしたことを）企てるように。

　18　傭兵の陣営では、静粛を求めた後に、全員が聞いている中で次のように宣告すること。　**19**　もし何人（たんびと）かが、現状に満足せず、去ることを望むならば、その者に自由となることを許す。しかし後に〈……〉売られるであろう。それより小さな不正については、現今の法に従って罰則は拘禁である。もし軍に何らかの害を与え、陣営の士気を乱したことが明らかな場合、その罰則は死刑である。

　20　その後、その他の連隊への配慮がなされねばならない。まず、市民が一体となっているかどうかを考慮せねばならない。攻城戦においてはそれが最も大事な利点となろうからである。もしそうでないなら、現今の状況へ反対を抱いている者たち、〈……〉そしてとりわけ指導者になったり国で何らかの作戦の責任者になっている者たち、そうした者たちを、疑念を抱かせないように、使節やその他の公的任務のためといったもっともな口実をもって、その他の土地に派遣して取り除いてしまわねばならない。　**21**　それはちょうどディオニュシオスが、自分の弟レプティネスがシュラクサイの民衆に人気があり多方面で影響力のあるのを見て、やったことである。彼は弟に疑いを抱き、排除したいと思ったのであるが、弟への好意が強力であり、革命的なことが起こるのではないかと考え、あからさまに弟を追放しようとはせず、以下のような企みをめぐらしたのである。　**22**　彼を数人の傭兵とともにヒメラという名の国に派遣し、その地の駐留軍についてある部隊は外に出し、別の部隊は戻せと命じた。そして彼がヒメラに着くと、使者を送って自分が改めて呼び戻すまでそこにとどまるよう命じたのである。

　23　国が人質を差し出した際に、その国への遠征があった場合、人質となっている者の親と近親者を、攻城戦が終わるまで、国から移すべきである。敵の進撃の際に、彼らの子供たちが連れてこられて最悪の事態を蒙るのを彼らが見ることがないようにである。もし彼らが内部にいたら、何か国の政策

に反するようなことをなそうとするからである。　24　こうした口実で外に出すことが難しい場合は、最小限の仕事と作戦に参加させ、あらかじめどこに行き、どのようなことをするのかわからないようにして、夜も昼も自分自身のことをなるだけ構うことができないようにすべきである。そして次から次へと用事や義務によって、疑念を抱かせないように人々が彼らの方に来るようにして、何かを見張るよりもむしろ見張りの中に置かれているようにすべきである。　25　彼らを分けて監視下に置くこととせよ、そうすれば革命を起こす可能性は最小限になろうから。

　さらに、寝床にランプやその他の夜用明かりを持っていってはならない。かつて革命を起こしたり敵に対して何らかの行動をとろうとするのをあらゆるやり方で妨げられた際、それを望むある者たちが以下のような企みをめぐらしたからだ。　26　すなわち、籠と敷物と一緒に灯火を——ある者は松明を、ある者はランプを——持って見張りに行き、寝床に行くためであるかのようにして、その明かりによって合図を送ったのである。それゆえ、こうしたものをすべて疑わなければならない。

XI

〔陰謀〕

　1　さらにまた市民の中の敵意を抱いている者たちに注意を払い、以下の理由からすぐに彼らの言うことを受け入れないようにすべきである。　2　例としていくつかの陰謀が、本の中から順次語られよう。それによって、公人や私人によって国に対して企てられたことが示され、それらのうちいくつかはどのように妨げられ失敗したかが明らかにされよう。

　3　キオスで反逆が起ころうとしていたとき、反逆に加担する役人の1人が同僚役人を次のように言って騙した。今は平和なのであるから、港の防材を引き抜いて乾かし、ピッチを塗り替え、船の古い索具を売り払い、ドックの雨漏りとそれに隣接する柱廊と柱廊に隣接する役人たちのいる塔を補修せねばならない、と。しかし、これは口実で、ドックや柱廊や塔を占拠しよう

XI

とする者に梯子を用意しようとしたのである。　**4**　さらに彼は国を防衛している者の多くを解雇するよう助言した。国の支出をできる限り少なくするためというのである。　**5**　これらに類似のことをあれこれ言って同僚役人たちを説得し、反逆者とその仲間にとって占領に有利になるであろうことに同意させた。それゆえ、こうしたことを成就したいと願っている者につねに注意しておかねばならない。　**6**　同時に城壁に雄鹿とイノシシ用の網を結びつけて、あたかも乾かそうとするかのように垂らし、また別のところには綱を外につけた帆を置いた。それを伝って夜に兵士たちが登ったのである。

7　反乱者に対してアルゴスでは次のような方策がとられた。富裕者たちが民衆に対する2度目の攻撃を敢行しようとして、傭兵を動かそうとしているとき、ある民衆の主導者が企てを察知し、攻撃しようとしている民衆の敵のうち2人を秘密裏に友人とすると、人々の前では彼らを自分たちの敵として罵倒しつつも、密かに彼らから敵の企てを聞いていた。　**8**　富裕者たちが傭兵を中に入れようとした際、市内にいる仲間たちの用意も整い、次の夜に事を起こそうというときに、その民衆の主導者は緊急に集会を召集することを決め、国の全体を混乱に落ち込ませないように次の夜の計画は告げずに、さまざまなことを語った後で、次の夜アルゴス人全員が自らの部族の中で武装して待機していてくれれば世の中の役に立つと言った。　**9**　そして、別のやり方で武器を取り出したり、持ち出して別のところに現れたりする者があれば、民衆への反逆者であり陰謀を企んだ者として罰せられる、と言った。　**10**　これはまさに部族ごとに分かれていた富裕者たちが同じところに集まって傭兵とともに攻撃することができないように、部族に分かれたままにして多くの部族員の中の少数者にとどまるようにするためであった。非常に賢く安全に起ころうとしていたことを解消させたように見える。

10bis　同様のことが黒海沿岸のヘラクレイアでも起こった。民主政の政体をとっていたとき、富裕者たちが民衆に対し陰謀を企て攻撃しようとしたのである。民衆の主導者たちは起ころうとしていることを察知し、人々を説得して三つの部族と（各部族）四つの「100人」に代えて60の「100人」となるようにした。その中でいつも富裕者たちが見張りの仕事やその他の軍務を

なすようにしたのである。　11　ここでもまた富裕者たちが散らばらされ、それぞれの「100人」においては多数の民衆の中で少数者となった。

　12　何かこうした類のことが昔ラケダイモンにおいても生じた。陰謀が役人たちに情報提供され、帽子を上げると攻撃することになっていると知らされると、役人たちは帽子を上げようとしている者は上げてはならぬと宣告して、攻撃しようとしている者たちを止めたのである。

　13　ケルキュラでは寡頭派の富裕者たちの民衆に対する蜂起が成功したが（アテナイ人カレスも駐留軍を率いて滞在していた際で、彼は蜂起に共鳴していた）、以下のように企みがめぐらされた。　14　駐留軍の中の何人かが先頭を切って吸血具を押しつけ身体に切り傷をつけると、血みどろになって傷つけられたかのようにしてアゴラに駆け込んだ。彼らと同時に、あらかじめ用意を調えていたその他の兵士と陰謀を企てていたケルキュラ人が直ちに武器を取り出した。　15　その他の者たちは出来事を知らず、集会に召集されたが、そこで民衆の主導者は蜂起を起こそうとしたとして逮捕され、富裕者たちはすべてを自分たちに都合のよい方へ変えたのである。

XII
〔同盟国について注意すべきこと〕

　1　国の中に〈……〉同盟国についても、同盟国を皆一緒に置かず、先述と同様のやり方で同じ理由によって分離すべきである。　2　同様に、傭われた外人兵とともに何かをなそうとする者は、つねに数においても力においても、率いられる市民が外人兵を上回るようにしなければならない。そうしなければ、市民も国も彼らによって牛耳られることとなる。

　3　こうしたことは包囲されたカルケドン人に生じ、同盟国であった〔カルケドン人の同盟者〕〈キュジコス人〉が彼らのために駐留軍を送った。自らの利益について議論している際、駐留兵は、キュジコス人にも利益がない限り、彼らの策を認めようとせず、その結果、カルケドン人にとって内部の駐留軍は前にいる敵たちよりもはるかに恐ろしいものとなったのである。　4

XIV

かくて市民によって準備できる兵力よりも大きな兵力を自らの国に導入すべきではない。傭兵を使う国はつねに傭兵の兵力をはるかに凌ぐ兵力を持たなければならない。外人支配や傭兵依存は安全なものではないからである。

　5　こうしたことは黒海沿岸のヘラクレイアに起こった。自軍よりも多くの傭兵を導入したため、最初は反乱派を破滅させたが、後には自らと国とを崩壊させることとなった。傭兵を指揮していた者による僭主支配が樹立されたのである。

XIII
〔傭兵の扶養〕

　1　傭兵を傭わなければならないときは、以下のようにするのが最も安全であろう。国の中で最も資産豊かな者たちそれぞれに、それぞれの資力に応じて傭兵を分けるべきである。ある者には3人、ある者には2人、ある者には1人といった具合にである。必要なだけが集められたなら、彼らを隊に分け、最も信頼できる市民を彼らの隊長として任ずる。　2　傭兵には給料と糧食を雇った者から受け取らせよ。いくらかを彼らから、また（いくらかを）国の集めた寄金からも得させよ。　3　そして各人は雇った者の家に暮らさせ、軍務や夜警やその他の役人による命令を履行する際は、隊長が集めて仕事を果たさせよ。　4　傭兵のために前もって金を使った者に対しては、各人が国に払うべき税から（その分を）引いて支払わせることによって、一定の期間に返済があるようにすべきである。以上のようにすれば最も素早く、安全に、安上がりに傭兵を備えよう。

XIV
〔一体性への示唆〕

　1　国の中で現状に反対する者に対しては、先述のように扱われるべきである。

II 翻　訳

　市民の多くを適宜の期間に一体性へと導くことが何よりも必要である。彼らにさまざまなやり方をなしてであるが、特に負債を負った者の利子を軽減したり、すべてを免除したりすることである。非常に危険な状況にあるときには、負っている負債分の一部を、あるいは必要な場合は、そのすべてを免除すべきである。こうした人間が最も恐ろしい控え手だからである。また、必需品について困窮状態にある者を満ち足りた状態にすることも必要である。　2　どのようにして富裕者に公平かつ苦悩を感じさせずにこうしたことをなし得るか、どのような金から支払うか、こうしたことについては『調達論』において明確に論じられている。

XV

　1　こうした処置がなされたとしよう。ついで、もし何か救援が必要なことが伝えられたり、烽火の合図がなされたりした場合、損害を受けている国土に軍を派遣しなければならない。　2　将軍たちはその場にいる人々を直ちに組織しなければならない。ばらばらに少数で自らの土地に出撃して、統制のなさと無駄な疲労のために、敵に待ち伏せされ殺戮される目に遭い、壊滅することのないようにである。　3　城門のもとに集まった者がある数に達するまで、大体1隊か2隊分になるまで待ち、彼らに思慮に富む指導者を与えて組織し、そうして彼らをできるだけ隊列を整えて進むようにして派兵すべきである。　4　このようにして次から次へと多くの者を素早く送り、救援のためには十分な数だと思われるまで続けること。行軍においても近くにいるのが味方の部隊であり、部隊が部隊を助ける必要があるときにも、全軍が同時に助ける必要があるときにも、容易にお互いが一緒になれ、遠くから急いで集まる必要のないようにするためである。　5　ほかに先駆けてまず使える騎兵と軽装兵の隊列を整えて派兵し、前もって偵察を行い、土地の中でも高いところをあらかじめ占拠しておくべきである。重装兵ができるだけ早く敵状を知り、突然に敵と遭遇することのないようにするためである。　6　土地の曲がり角、丘の基底部、道の分岐点すなわち三叉路になっている

XVI

ところには印が置かれなければならない。この辺りで落伍者が道を知らぬゆえにあちらこちらへと分かれることがないようにである。

7　市内に戻る者は、多くの理由からとりわけ敵たちの待ち伏せを恐れつつ、あらゆる用心を払って戻ることである。かつて救援について注意を怠ったために以下のようなことが起こったからである。　8　トリバッロイ人がアブデラ人の国土に侵入したとき、出撃したアブデラ人は戦闘隊形を組んでこの上ない成果を上げた。すなわち、交戦状態に入るや多くの者を撃ち倒し、この好戦的な大軍団に勝利したのである。　9　トリバッロイ人はこの出来事に逆上し、逃げながらも元気を回復すると、再びアブデラ人の国土に戻り、あらかじめ待ち伏せ隊を配備した上で市域から遠くない彼らの農牧地を荒らし始めた。アブデラ人は先の成果のゆえに彼らを侮り、全力を挙げ全速力で救援に赴いた。敵は彼らを待ち伏せ隊の方へと導いた。　10　このときに、こうした大きさの一国としては最多の人間が最短の時間に殺されたと言われている。先に援助に赴いた者たちの破滅について耳を傾けず、援軍を出し続け、次から次へと出撃者の援助に駆けつけ、ついには市内に人がいなくなるまで続けたからである。

XVI
〔その他の救援策〕

1　そこで、侵入者に対するもう一つの、以下のごとき救援策の方がよかろう。　2　第一に、〈夜には〉直ちに救援をしてはならない。人間は夜明け前はまったく統制がとれておらず、用意も整っていないことを知っておくべきである。すなわち、ある者は大急ぎで畑から家財を救い出そうとするし、別の者は、突然の知らせに当然のことであるが、危険に向かうのを恐れるし、その他の者たちはまったく用意が整わないといった具合なのである。　3　それゆえ、なるべく早く人を集め、同時に人々から恐れを取り除き、勇気をかり立て、武装させることによって救援の用意を調えるべきである。　4　なぜなら、敵の中でも知恵も知識もある者が戦争をする場合は、最初から自

らの最強軍の隊列を整えて、自分たちに向かって〈くる〉者を待ち受け、進んで守ろうと心構えていることを、諸君は知らねばならないからである。彼らのある者は国土に散開して荒らし回るし、別の者は諸君の中で統制のないまま救援活動をしようとする者を待って待ち伏せ攻撃しようとする。　5　それゆえ、直ちに襲おうと急いてはならない。彼らがまず大胆になり、諸君を軽視して掠奪と貪欲さに走るのを待つべきである。彼らは食事や飲物で腹を満たし酔っ払うと不注意になるし、役人たちにも従わなくなる。　6　こうなれば、諸君が時機をはかって攻撃しさえすれば、彼らは戦闘においても撤退においても劣った者となるのである。　7　諸君は命ぜられた場所に救援軍を準備し、敵たちが強奪のためにあちこちに散開してしまったときに、襲うべきである。騎兵によってあらかじめ撤退路を押さえ、選抜軍に待ち伏せをさせた上で、その他の軽装兵を敵の前に現し、前もって送られた隊から遠くないところで、重装兵に密集した隊形をとらせて進ませるのである。

　望まないときには戦わなくとも済む状況で、戦っても敵より不利にならぬ場合に攻撃をかけよ。　8　先に述べた理由から、敵に好きなだけ国土を荒らし回るにまかせ、放っておくことが時として利益がある。掠奪を働き掠取品を積み上げることに専心する者は容易に諸君に罰せられるからである。取られたものはすべて取り戻せるし、犯行を犯した者はそれに相応しい罰を受けるのである。　9　しかし、素早く救援しようとすれば、自らの準備が整わず、統制もとれぬ状態で危険を冒すこととなる。一方、敵たちは犯罪を少し犯しただけで、まだ隊列を組んだまま罰せられもせず逃れてしまうのである。　10　はるかによいのは、先述のように、まず敵の行為を許した後、無防備なままの相手を襲撃することである。

　11　もし国土のものが掠奪されて諸君が気づかぬまま先に持ち去られてしまったなら、敵と同じ道、同じ地点を通って彼らを追跡してはならない。そうはせず、少数の者を目につくようにして追跡させ、この者たちは疑念を抱かれぬようにしながら、わざと追いつかないようにさせ、他方その他の多くは十分装備を持って別の道を通ってなるべく早く行かせ、先んじて掠奪者の国土の境界辺りで待ち伏せ攻撃させるべきである。　12　（諸君の方が

先んじ、先に彼らの土地に着くことになりそうである。敵たちは分捕り品を運ぶゆえにゆっくりしか進めないからである)。そして、夕飯を準備しているときに攻撃を敢行すべきである。掠奪した者たちは、自分の土地に入ってしまうと安心し、周りに無防備で無関心となるからである。　13　兵士たちの元気を保つためには、船がある場合には海上から追跡をするのが一番よい。敵に気づかれなければ、先に着くだろうし、その他諸君にとって有利なことが生ずるであろう。

　14　キュレネ人、バルケ人、その他の諸国の人間は車用の長い道を2頭立てあるいは4頭立ての馬車を用いて救援に行くと言われている。適切なところまで運ばれ、馬車が順番に並べられると重装兵は下り、隊列を作って直ちに元気なまま敵に襲いかかるのである。　15　それゆえ、馬車を数多く持っている者は、大変な利点を有しているのであり、素早く元気な兵士たちを必要なところに送れるのである。また荷車は野営地の即席の防壁にもすることができよう。さらに兵士たちが傷ついたり何らかの出来事が生じたときには、それに乗せて国に戻ることができる。

　16　もし国土が侵入容易ではなく、入り口も少なく狭いなら、先述のように軍を分配して、あらかじめそこの準備を整え、市内へ進行しようと望んだり試みたりする者に入り口で抵抗しなければならない。松明信号によってお互いの災禍を知り得る者もあらかじめ分配配備して、それぞれが何かを必要とするときに救援できるようにすべきである。　17　もし国土が侵入困難ではなく、さまざまなところから多くの兵が侵入できるのなら、国土の中の有用な場所を占拠して敵が市内に入るのを困難にすべきである。　18　こうしたところがないとしたら、その次にやることは市内に近い土地で、戦うためには有利に働き、市内に撤退したいと願うときにはそこから容易に撤退できる土地を占拠することである。敵が国土に侵入してきて市内へ進軍しようとするなら、こうした土地から出撃して諸君が戦いの先陣を切ることだ。

　19　攻撃をかけるときには、いつでも国土についての馴染みの知識を利点にするようすべきである。土地をあらかじめ知り、諸君の望むような場所に引っ張り込めるのは大きな利点なのであるから。諸君は土地を熟知している

のであって、守るにしても、追跡するにしても、逃げるにしても、市内に帰るにしても、隠れようと身をさらそうと、有利なのだ。さらに国土のどこに食糧があるかも諸君らは先に知っていよう。それに対して敵たちは土地に馴染みはなく何も知らず、こうしたすべての利点から切り離されているのだ。 **20** 敵たちは、国土を体験していない者は望むことの何もできないばかりか、特にその国土の者が襲撃しようと考えるときは、安全でいるのも難しいということを知っている。そしてこうした類の何が起こるか予想もつかないため、敵たちは何に対しても自信を失い臆病となって、失敗することとなるのだ。諸君と敵との違いは、それが何とか同時に起こり得ると仮定して、一方が夜に戦うように、他方が昼間に戦うように割り当てられたほどの違いである。

21 諸君に海軍があるなら、船への乗船準備をさせよ。船の軍は、沿岸地帯や海沿いの道に沿って航行し、敵の背後に回って下船して陸からの軍とで敵を悩ますならば、敵に少なからず動揺を与えよう。 **22** 上記のようにすれば敵たちが最も準備の整っていないときに襲撃することができ、諸君による襲撃は敵にとって予想外のこととなろう。

XVII

1 一体となっていない国や市民相互に疑惑を持っている国では、炬火競走や馬競走やその他の競技を見るための群れをなしての外出を、先を見越して用心しなければならない。要するに市域外で民衆総出での犠牲行列や武装した行列が行われる際であり、さらには全民衆挙げての船の引き上げや死者の葬列の際にもそうである。そうした機会にもほかの者たちを打ち破ろうとすることが起こるからである。

2 実際に起こった災禍の例を示そう。アルゴス人の市域外で開かれる全民衆挙げての祭りの際には、兵役年齢にある者たちの武装した行列が進むことになっていた。陰謀を企んだ者の多くが準備を整え、自分たちのために行列用の武具を一緒になって要求した。 **3** 行列が神殿と祭壇に近づくと、

XVIII

多くの者は神殿の遠くに武具をおいて祈るために祭壇へと向かった。陰謀を企んでいた者のうち、何人かは武具の近くにとどまり、何人かは祈りの間に役人や市民の中の指導的人物の横に立った。一人一人がそれぞれの人物に狙いを定め、短剣を持っていた。　4　そして、彼らがそれぞれの人物を倒す一方で、とどまっていた者たちは武装したまま市内へと急行した。市内には別の陰謀の仲間があらかじめ集めた武器を持って動かぬままいて、市内の適当な場所をあらかじめ占拠し、自分たちの認めた者だけを外から入れられるようにしていた。

　それゆえ、こうした陰謀にいかなるときにも無警戒であってはならない。

　5　キオス人は、ディオニュシア祭を催し壮麗な行列をディオニュソス神の祭壇に送る際には、アゴラへ通ずる道を見張り役と多くの兵士で前もって占拠し、革命を起こそうとする者への大きな障害となるようにする。

　6　最もよいのは、まず先述の兵たちとともに役人が聖なる義務を果たした後、彼らを群衆から離れさせ、そうしてからほかの者たちを一緒にさせることである。

XVIII

　1　（市域の）外に出ていた者たちが戻り、午後も遅くになったなら、夕飯の準備と見張りにつくための合図をしなければならない。見張り番の準備の際には、城門についてきちんと閉まっているように気を配る必要がある。留め具に関わって多くの失敗が役人の怠慢により起こされてきたからである。　2　門を閉めに城門に赴いた役人の誰かが、閉門を自分でやらずに、留め具を門番に渡して閉めるように命ずるときには、夜に敵を受け入れようとする門番によって以下のような犯罪がなされる。

　3　ある門番の場合、昼のうちに城門の留め具受けに砂をあらかじめ流し込んでおき、留め具が外にとどまって穴の中に入らないようにした。また、中に入れられた留め具も以下のようにして取り外すと言われている。　4　留め具受けに少しの砂を入れておき、誰にも気づかれぬよう、静かに揺する。

II 翻 訳

それによって留め具は浮かび上がるようになり、砂をさらに加えると容易にそれは取り出せるようになるのである。

5 かつて将軍から留め具を入れるようにと受け取った門番は、ノミまたはヤスリでこっそりと留め具を切り、亜麻糸の紐輪を回しかけて中に入れて、少ししてからその亜麻糸で引き上げた。 6 ほかの門番は細い網に亜麻糸をつけて中に入れ、後に引き上げた。押し上げられて留め具もまた取り出されたのである。さらにまた、精巧なはさみ器具でも取り出せる。はさみ器具の一方の側は溝状をなし、もう一方の側は平らとなるようにし、溝状の側は留め具を下から掴み、もう一方の側は上から掴むようにするのである。 7 別の門番は留め具が入れられようとするときに横木を回し、留め具が穴に落ちないようにし、後に城門を押して開けられるようにした。

8 アカイアの……国では、秘かに傭兵を受け入れようとした者たちが、まず以下のようなやり方で留め具の計測を行った。 9 昼の間にあらかじめ留め具受けに上質で、強い亜麻糸の紐輪を入れて、端を見えないように出しておき、夜に留め具が入れられると亜麻糸の端を使って紐輪と留め具を引き上げ、それを計って再び中に入れる。そして、この計測に従って次のようなやり方で引き上げ用の鍵を作った。 10 金属細工師に筒と太針を作らせた。筒は通常のやり方で作らせ、太針は尖った部分やその他の多くは一般の針と同様に作らせたが、持ち手のところは槍の石突きのように……軸が中に入るように空洞にしておいた。 11 そして金属細工師のもとでは軸が中に入れられていたが、持ち出されると取り外され、留め具にくっつけられたときにぴったりと合うようにされたのである。金属細工師が何のために筒と太針を作っているのか疑いを持たぬようにした上、道具を生み出した用心深いやり方に見える。

12 かつてある者たちは、留め具受けにある留め具の円周を以下のようにして測った。陶器用の粘土を上質の布で包んで中に入れ、道具で粘土を留め具の周りに押しつけた。ついで粘土を取り出すと留め具の印影が得られ、それに基づいて引き上げ用の鍵を作ったのである。

13 イオニアの大国テオスは、門番による反逆にあって、〈あやうく

XVIII

……〉ロドス人テメノスの手に帰するところであったと考えられている。一味は月のない暗い夜に、門番が開け、テメノスが傭兵とともに入ることなどを打ち合わせた。　**14**　その夜に実行されようという日、門番のもとに男がやって来ると、日が暮れ見張り役が城壁に配され城門が閉められようとするとき、すでに暗くなっていたが、容易に切れないように紡いだ亜麻糸の巻玉の端をしっかりと結びつけてその男は外に出た。　**15**　男が進むとともに巻玉はほどけていき、市内から5スタディオンの、侵入部隊がくることとなっていたところまで男は行った。　**16**　一方、将軍がやってきて城門を閉めるよう命令を下し、いつも通り門番に留め具を渡すと、受け取った門番はヤスリまたはノミでこっそりと音を立てずに留め具を切り、亜麻糸をかけられるようにした。ついで亜麻糸を紐輪にしてつけた留め具を入れた。その後横木を動かし将軍に城門が閉まっていることを見せた後、静かにしていた。　**17**　しばらくして留め具を引き上げた後、紐の端を自分に結びつけて、寝てしまった場合にその紐に引っ張られて起こされるようにした。**18**　一方テメノスは、侵入しようとしている部隊を率いて準備を整え、指定された地点で巻玉を持った男を待った。テメノスがその地に来て門番の紐を引くことをあらかじめ決めていた。　**19**　そしてもし門番によって予定されていたすべての準備が整ったなら、紐の先に羊毛を結びつけて解き放ち、それを見たテメノスは城門を急襲することとなっていた。しかし、門番が望んでいた結果を得るのに失敗したときは、何もつけずに紐を解き放ち、それによってテメノスは早くに失敗を知り、気づかれぬまま逃げることができる手筈であった。さて、テメノスたちは夜間市内に紐が〈……〉あることに気づき、先に進むことができなかった。

20　また、以下のやり方で門番が国を裏切ったこともある。その門番は、城門が閉まろうとするころに水差しを持って水を汲みに行くかのようにして外に出ることを習慣としていた。泉に着くと敵たちのわかる場所に石を置いた。敵たちはそこに着くと置かれた石から国の見張り番が示したいと思ったことを見出した。　**21**　第1番目の見張り役を果たす時は、打ち合わせされた場所に一つの石を、第2番目のときは二つを、第3番目のときは三つを、

第4番目のときは四つを置いたのである。さらに城壁のどこに、またどの見張り役に割り当てられたかについても、こうしたやり方で合図して示した。

これらすべてを考え合わせれば、役人が自分自身で見張りをし、城門を閉めるべきであり、他人に留め具を与えてはならない。

22 こうしたことの何かを実践する場合、横木を見えなくすべきである。かつて横木があったために、相手側が突然現れ（城門を）再び力ずくで閉めてしまったことがあったからである。それゆえ、そうしたことすべてをあらかじめ考えておかねばならないのである。

XIX
〔横木の切断〕

1 横木をのこぎりで切るときには油をたらすべきである。より早くより音を立てずに切ることができる。さらにスポンジをのこぎりと横木とにつければ、音ははるかに静かになろう。その他多くのこうしたやり方を書くことができる。しかし、それらは省略しなければならない。

XX
〔横木と留め具に関する工作の妨害〕

1 こうした悪行の何一つもなされないようにするには、まず将軍は食事をとらずに自ら戸締まりと点検をせねばならず、気安く他人を信じないようにしなければならない。危険な状態にある際はこうしたことに最大限の気を配らなければならない。　**2** ついで横木には全体にわたって3本、4本の鉄棒を重ねるべきである。切られないようにである。さらに形が同じでない三つの留め具を入れるようにし、将軍のそれぞれが一つずつを保管すべきである。もし3人以上の将軍がいるなら、毎日籤によって割り当てるのがよい。
3 最善策は留め具を引き上げられないようにすることで、鉄製の止め板で抑制し、城門が閉まっているときであれ開いているときであれ、引き上げ用

XXII

はさみで引き上げても横木をずらすのに必要以上に上まで上げられないようにすべきである。引き上げ用はさみは止め板の下に入り、留め具を容易に上げられるようにしつらえねばならない。

　4　黒海沿岸のアポロニアの住民は先に述べたことの何かを経験したため、城門を大きな木槌によって、大きな音を立てて閉めるように作った。城門が閉められたり開けられたりするとき、ほとんど市内中に聞こえるようにしたのである。閂がそれほど大きく鉄をかぶせられたものだった。　5　また、同じことがアイギナでもなされた。

　城門が閉められる際、見張り番に合言葉と第二の合言葉を渡して持ち場へと送り出すべきである。

XXI

　1　道具類の用意について、友好的な国土においてあらかじめ用意しておかねばならないもの、敵のために農牧地にあるもので隠さねばならないもの、役に立たなくせねばならないもの、以上についてはここでは省略される。これらについては『戦争準備論』において十分に明らかにされている。

　2　見張り番とパトロールの任命、パニック、合言葉、第二の合言葉についてどうするかは、多くが『野営論』において書かれるべきであるが、その少しをここでも明らかにしておこう。

XXII
〔見張り番〕

　1　危険に陥った際や、敵がすでにポリスや陣営の近くに陣取っているときには、夜の見張りがなされねばならない。

　2　全体の指導者である将軍は同僚とともに役所とアゴラの辺りに、もしそこが強固な防御力が備わっているなら、配置されるべきである。もしそうではないのなら、ポリスの中で最も防備が固くそこからポリスの最大限を見

通せる場所を前もって占拠すべきである。

　3　将軍庁の近くにラッパ吹きと飛脚伝令は居所を定め、いつもそこにいるべきである。何か合図をしたり命令を伝える必要が生じた場合、用意を整えていて、その他の見張り番やパトロール隊——ポリスのパトロールでどこにいようと——が起こることを知るようにするのである。

　4　ついで城壁やアゴラや役所、アゴラの入り口や劇場やその他占領した土地の見張り番は、見張りをするのを短時間とし、見張り当番の数も一度の人数も多くすべきである。　5　というのも、短時間の見張りでは誰かが敵のために何かをなすことも、見張りの終わる前に革命を起こすこともできず、時間の短さのゆえに見張りをしている者が眠りに落ち入ることも少ないからであり、また一度に多くが見張りをすれば何らかの企てが露見しやすいからである。

　5 bis　危険に陥った際にはできる限り多くの者が目を覚ましており、全員が夜間の見張りをなすのがよい。できる限り多くの者がどの見張り当番においても実際に見張りをしているようにすべきである。　6　少ない人間が長く見張りをすれば、見張り当番の長さゆえに眠りに落ち入りやすく、何人かが革命を起こそうとするなら、その者には見張りの終わる前に秘密裏に敵と何かをするだけの時間的余裕が与えられることになる。それゆえ、こうしたことに不注意であってはならない。　7　さらに危険に陥った際には次のこともあらかじめ考えておかなければならない。見張り番の誰もポリスのどこをいつ見張るのかを、あらかじめ知らぬようにすべきである。いつも同じ者が同じ者を指揮下に置くべきではない。市民の見張り役に関するすべてはできるだけ頻繁に変えるべきである。こうすれば、反逆者が外部の者のために何かを示したり、敵から何かを受け取ったりしにくくなろうからである。

　8　城壁のどこに、どのような者たちと夜いるように計画されているか人々が予測できず、知らないようにすべきである。昼に見張りをした者は夜には見張りをすべきではない。各人のなすべきことをあらかじめ知っているのは適当ではないからである。

　9　実際の見張り番は城壁の持ち場から次のようにして実際の見張りをす

XXII

べきである。各持ち場から見張り当番ごとに1人が次の持ち場まで実際に見張り、次の持ち場からその次まで同様にし、以下次々に同様にしていくのである。合図によって一斉にこうしたことがなされるよう命じられなければならない。　10　こうすれば多くの者が同時にパトロールをしており、各人は短い距離を移動することとなる。そして、頻繁に同じ者同士が一緒に居続けることはなくなるし、たいていの場合それぞれ別の見張り番同士による見張りが生ずることになる。このようなやり方がなされることとなれば、見張り番から革命が起こされることはなくなろう。

　11　実際に見張りをする者はお互いに対面して立たねばならない。このようにすれば彼らはその地からあらゆる方向が見渡せ、こっそりと近づく敵の餌食になることもないであろう。これはかつて昼間の偵察兵に実際に生じたことで、先に示したことである。　12　冬のような暗い夜、城壁の外に石を次から次へと投げ、あたかも誰かを見たように「誰だ」と問わせるのがよい。このようにすれば近づこうとする者に自動的に気づくこととなろうからだ。　13　それがよいと思われるなら、ポリスの内側にも同じことをさせるのがよい。しかし、このことが害をもたらすと主張する者もいる。暗闇に近づく敵がパトロール兵の声と投石によってそこに近づいてはならないことをあらかじめ知ってしまい、音のしない場所へ向かおうとするから、というのである。　14　こうした夜に最善の方法は、城壁の外に夜の間中犬を鎖でつないでおくことである。犬たちはより遠くから敵の偵察兵を見つけるであろうし、秘かにポリスに近づこうとする逃走者や何らかのやり方で逃走しようとしている者も見つけるであろう。また同時に見張り番についても、眠りに落ち入ってしまったときに、吠えることで起こすであろう。

　15　ポリスの中で敵の侵入や攻撃が容易なところには、最富裕の者や最上流の者で、ポリスに最大の関わりを持つ者を見張り番に当てるべきである。こうした者たちこそが快楽に向かう可能性が少なく、集中することを心得た者たちであるからである。　16　全民衆挙げての祭りの際には、ポリス中の見張り番で、同僚の兵隊たちの中で最も疑惑の目で見られ不信感を持たれている者を屯所から切り離し、家で祭りを祝うようにさせるべきである。

II 翻 訳

17 彼らは注意を向けられていると思うときには、何かを起こそうとすることもないであろう。彼らの代わりに別のもっと信頼できる人物を屯所に配するようにせよ。何とか革命を起こしたいと望む者たちは何よりも祭りやそれに類似した機会に事を起こそうとするものだからである。 **18** こうした機会に起こった災禍は別のところで明らかにされている。

19 それゆえ、こうしたことと同時に城壁への登り口を容易に通過できないものとするだけでなく、閉鎖すべきである。敵の手に引き渡したい者が城壁のどこかをあらかじめ占拠しないようにである。そして見張り番は諸君自身で選び、強制的に城壁の上にずっといさせて下へ降りないようにさせるべきである。ポリスの外からこっそり登った者が素早く城壁からポリス側へ降りるには、高いところから飛び降りる危険を冒さなければならず、気づかれずにいることも人より早く行動することもできないようにすべきである。こうした登り口についての注意は僭主の城塞にも当てはまろう。

20 ナクソスでの海戦後、陰謀の標的となっていた駐留軍長官ニコクレスは登り口を閉鎖し、城壁には見張り番を配して、ポリスの外は犬とともにパトロールをさせた。陰謀は外からくるものだからである。

21 （市民が）一体となっており、誰も疑いを持たれる者がポリスにいないなら、城壁の屯所において夜はランプに灯火を灯し、敵対的な何者かが近づいた際は、ランプを掲げて将軍に示すようにすべきである。 **22** 地勢が妨げてランプが将軍に見えないときには、別の中継者がランプを取り上げて将軍に示すようにさせよ。将軍は判明したことを別の見張り番に、ラッパか飛脚伝令のうちいずれか都合のよい方で知らせるようにせよ。 **23** このようなときは、見張りについてはそのまま続けさせ、残りの一般住民には（以下のように）命令を下せ。合図がなされたら、誰も外に出るな、もし誰かが何らかの用事でどうしても外に出ざるを得ない場合は、パトロールしている者に遠くから見えるようにランプを持って出よ、 **24** 音が見張り番を惑わさぬよう、職人も職工も仕事をしてはならぬ、以上のようにである。

夜が長くなったり短くなったりするのに応じて、平等共通に全員に見張り番がある方法として、全体にわたって水時計に従って見張りがなされねばな

らない。この水時計は10日ごとに調整されるべきである。　**25**　しかし、よりよいのは時計の内部に蜜蠟を塗っておくことである。夜が長くなっている間は蜜蠟を減らしより多くの水が入るようにし、短くなっている間は分厚く塗ってより少なく入るようにすべきである。見張りの平等化については以上で十分であろう。

　26　危険が差し迫っていないときには、登録された者の半分を見張り役とパトロールとに配置すべきである。こうすれば兵の半分が毎晩見張りをすることとなろう。危険が差し迫っておらず平和なときには、最小限の人間が最低限の見張りをすればよい。　**27**　将軍がパトロールを必要とする場合は、印をつけた認識棒を将軍から最初の見張り番に渡し、その者は次の者へ、次の者はその次の者へと渡していき、認識棒がポリスを持ち回られて将軍に戻るようにすべきである。実際の見張り番には認識棒を次の見張り番より先には持ち運ばぬようにあらかじめ言っておかねばならない。　**28**　もし行って見張り番のいない場所を見出したなら、認識棒を渡した者に再び返し、それによって将軍が、受け取らず見張りを放棄していた者を知ることができるようにしなければならない。　**29**　見張り役の任務がありながら配置された持ち場に現れなかった者については、その者の隊長が直ちに見張り役を、いくらになろうと売りに出し、彼の代わりに見張りに就く者を任命せよ。ついで後見人が見張り役を購入した者に自分の金から支払い、連隊長は次の日にこの者に定められた罰を科すようにせよ。

XXIII
〔秘密の夜襲〕

　1　近くに陣取っている敵軍に夜間秘かに急襲をかける者は、以下のことをあらかじめ注意しておくべきである。まず、〈誰も〉逃亡しないよう見張ることである。次に灯りが外にはないようにすることである。都市の上の大気がほかより明るいことから企てていることが漏れないようにである。　**2**　犬の吠え声や鶏の鳴き声を立たせないように、身体のどこかを焼いてしばら

く音を立てさせないようにすべきである。なぜなら、これらの動物の鳴き声が夜明け前より以前に立てられると企てが明らかになってしまうからである。

3　ある者たちは以下のような企みをめぐらし実行した。すなわち、自分たちの中でさも内乱が起こったかのように装って、機をうかがい、不意を突いて敵を急襲攻撃して成功したのである。

4　かつて攻囲されたある者たちは、次のようなやり方で急襲を敢行した。彼らは敵たちが見ている中で城門を壁でふさいだ。ついで、敵を最も攻撃しやすい箇所を小帆で覆い、しばらくして引き上げた。敵たちは最初は驚いたが、後にはしばしばそうしたことがなされるので無関心となった。　5　ある夜、市内に住む人々は必要とする大きさに城壁を破壊した上、代わりの建造物を用意し帆を広げた。そして、好機をうかがい不意を突いて敵たちを急襲し攻撃した。そのことをなす間、彼らは誰かが逃走しないよう見張っていた。それゆえ、こうしたことの何ひとつも見過ごしてはならない。

6　夜間に考えもなしに群れをなして外に出てはならない。この機会にも陰謀を企む者たちが、国の内からであれ外からであれ、企みをめぐらすからである。人を連れ出そうと望む者は、次のような偽計を凝らす。何か烽火の合図をしたり、ドックや体育練習場や公共の聖地を燃やしたりし、それによって非常に多くの人々を、重要な人も含めて、外に誘い出そうとするのである。それであるから、こうしたことにも用心して安易に受け入れないことである。

7　役人による以下のような作戦も明らかにしておこう。農牧地で騒ぎが起こるようあらかじめ準備し、農地から市内へ簒奪者の陰謀があると伝わるようにした。それによって市民は急いで救援に赴こうとした。　8　このことが起こると役人とその協力者は市民を救援のために召集した。市民の多くが武装して城門に集められたとき、彼らは以下のように企みをめぐらした。　9　役人たちは集まった者に対して3部隊に分かれ市内から遠からぬところで待ち伏せするようにと命じた。彼らは自分たちの計画に沿ったことを命じたのであるが、それは聞く者に疑いを抱かせなかった。　10　そして、部隊を連れ出すと侵入した敵を待ち伏せするのに適した地点に彼らを置いた。

XXIV

　一方役人たち自身は、企みに関与している同調者の兵隊を連れ、報告を精査して、ほかの者たちに先駆けて危険に身を曝そうとするかのように先に進んだ。逃げる振りをして、敵を待ち伏せ地に引き込むためであるかのように見せかけたのである。　11　しかし実際は、秘密裏に海上を運んできて、あらかじめ用意しておいた傭兵隊のいる場所へ行き、彼らを受け取ると気づかれぬうちに別の道を通って、先に出ていった市民を再び連れ戻したかのようにして、彼らを市内に引き入れた。そして、この傭兵を使って市内を占拠したのである。待ち伏せをしていた者たちのある者は逃げ、ある者は町に受け入れられることとなった。

　それゆえ、こうした報告はすべて疑うべきであり、無思慮に夜多くの者で敵へ急襲をなすべきではないのである。

XXIV
〔合言葉〕

　1　合言葉を与える場合、軍の出身ポリスや種族が雑多である場合には、気をつけて一つの意味を表すのに二つの言葉があるようなものを選んではならない。たとえばディオスクロイとテュンダリダイのような言葉は、一つの意味を二つの異なった言葉が表しており、与えると曖昧となろう。　2　そのほかに、アレスとエニュアリオス、アテナとパラス、刀と短剣、灯りと光、その他これらに類似のものである。これらはそれぞれの種族の通常の用法と異なっているため記憶しにくいし、もし全員に共通の言葉でなく方言で言われたなら、損害をもたらしもする。　3　それゆえこうした言葉をさまざまな人の入り交じった傭兵や、異なった種族からなる同盟軍に与えるべきではない。

　こうしたことは、オレオス出身のカリデモスがアイオリス地方で、イリオンを以下のようなやり方で占拠した際に起こった。　4　イリオンの役人には分捕り品を求めて外に出ていくことを繰り返す召使いがいた。とりわけ夜に出ていっては、その度ごとに獲得品を持ち帰ってきた。　5　あるときカ

II 翻 訳

リデモスは、こうしたことをしていると知って彼と親しくなった。そして密談すると、決めた日の夜に分捕り品を求めて外に出るよう納得させた。城門が開けられるよう、馬を持って外に出るよう彼に命じ、さらにいつものように小門やくぐり戸を通らずに中に入るよう命じた。　6　外に出ると彼はカリデモスと話を交わし、彼の軍から30人の、鎧を着け短剣と楯を持ち、先端の尖った戦闘帽をかぶった傭兵を受け取った。　7　そして彼らにぼろ服を着せて武器を隠し、捕虜のようにさせ、さらにやはり捕虜に似せた女と子供とともに夜に連れ帰ると、馬のために開けられた城門から中に進んだ。　8　中に入るとすぐ仕事に着手し、門番を殺したりその他の傭兵のやり方を駆使して城門を制圧した。するとすぐに、そこから遠くないところにいたカリデモスの連隊がやってきて中枢部を占拠した。　9　その後彼自身も全軍を率いて中に入った。それと同時に以下のような措置をとった。　10　すなわち、その地に援軍がくるのではないかと考え、軍のいくつかの部隊を待ち伏せさせたのである。そしてそれは起こった。インブロス人のアテノドロスが遠からぬところに軍とともにいて、このことを聞くとすぐにその地を救援しようとしたのである。　11　しかし彼もまた賢い人物で、何かあるのではないかと彼の方でも疑い、待ち伏せされている道をイリオンまで進むのではなく、別の道を夜間気づかれぬまま行進して城門へといたった。　12　彼らのあるものは、カリデモス軍の混乱に乗じて一緒に市内へと入った。　13　しかし、より多くの者が中に入る前に合言葉から知られてしまい、ある者は追い出され、ある者は城門の辺りで殺されたのである。彼らには合言葉として「テュンダリダイ」が伝えられたが、カリデモス側のものは「ディオスクロイ」であったからである。　14　その夜、アテノドロスによって直ちに市内が再占拠されなかったのは、このためであった。

　それゆえ合言葉は記憶しやすいものにすべきであり、できる限り行われようとすることと関係のあるものにすべきである。たとえば以下のようなやり方である。　15　狩猟に行く者たちにはアルテミス・アグロテラ、何か盗みに関わる作戦にはヘルメス・ドリオス、暴力沙汰にはヘラクレス、あからさまな試みには「太陽」と「月」、できる限りこれと類似した、誰もが共通し

XXV

て使う言葉がよい。　**16**　イフィクラテスは、同じ合言葉をパトロール兵と見張り番とで使わず、それぞれに違った合言葉を与えるよう命じている。まず誰何された者が「ゼウス・ソテル」――そうした言葉だと仮定して――と答え、他方が「ポセイドン」と答え返すといった具合にである。こうすれば敵によって打ち倒されたり、逃亡者によって合言葉が漏れたりする可能性が最少となろう。

　17　見張り番にその他の者と離ればなれになることが起こったら、口笛を用いてお互いに知らせ合うべきである。それはあらかじめ取り決めておかねばならない。知っている者を除いて、その他の者には、ギリシア人であれバルバロイであれ、無意味だからである。　**18**　ただし、あらかじめ犬に注意し、口笛によって犬が不都合を起こさないようにすべきである。口笛はテバイでもカドメイアを占拠したときに使われた。占拠した者たちは、夜にばらばらになり互いがわからなかったが、口笛によって呼び集められたのである。

　19　合言葉はパトロールしている兵によっても、実際の見張り番によっても同様に尋ねられるべきである。一方が尋ねるだけでは適切ではない。敵もパトロール兵のふりをして尋ねるからである。

XXV
〔第二の合言葉〕

　1　ある者たちはパニックを防止し味方を見分けるように、第二の合言葉を用いている。　**2**　第二の合言葉はできる限り明解なもので、敵には最もわかりにくいものでなければならない。第二の合言葉は、以下のようなものであるべきである。

　暗い夜に合言葉を尋ねる者は、何らかの声をも出すか、もっとよいのは音を立てることであり、尋ねられた者は合言葉を答えた上で、その他にあらかじめ決められた声を出すか音を立てるべきである。明るいときには、合言葉を尋ねる者は帽子を取ったり、もし手に持っているならかぶったりすべきで

ある。　3　あるいは帽子を顔まで持ってきてまた上げたり、　4　さらに近づきながら槍を地面に突き刺したり、左手に持ちかえたり、手に持って上に上げたり、取り上げたりすべきである。尋ねられた者は合言葉を答えるとともに、これらの何かあらかじめ決められたことをなすべきである。

XXVI
〔パトロール〕

1　危険に陥った際には、まずアゴラに集まった隊の中の2隊によって、お互いに反対側から城壁の下でパトロールがなされねばならない。彼らは通常の武器と第二の合言葉を持つべきである。遠くから互いにはっきりと認識できるようにである。　2　第一見張り当番にパトロールする者は、夕食をとらずにパトロールせねばならない。なぜなら、食事したばかりで第一見張り当番に実際の見張りをする者は、普段以上に気安くなり、放漫になるからである。　3　パトロールは、ひどい嵐や暗いときでなければ、ランプなしになさねばならない。そうでない場合は、ランプは（何かで覆いをして）上の方を照らさず、地面と目の前だけを照らすようにすべきである。　4　馬を養っている国で馬に適したところでは、冬の間は騎兵によってパトロールすべきである。そうすれば、寒く、ぬかるむとき、また夜が長いとき、パトロールがより早く終わろう。

5　もしこれらと同時に城壁の上もパトロールするのなら、ある者たちは城壁の外を監視し、別の者たちは中を見張るように〈……すべきである〉。
6　パトロールする者は暗い夜には、城壁の外を石を次から次へと投げるべきである。しかし、先に書いた理由でこれに賛成しない者もいる。　7　お互いに疑惑を持っている場合は〈……〉、パトロールは城壁の下で行うべきで、パトロール隊は見張り番を除いて登らないようにすべきである。

また戦いに負けて軍が意気消沈していたり、多くの者が傷から死亡したり、同盟国の離脱やその他の何らかの不幸によって元気を失い、士気が低下していた場合、敵が近くにいて危険な状況のときは、先述のことを見張りに

ついてなさねばならない。　8　こうしたとき、パトロールは頻繁になされねばならないが、パトロール中に実際に見張りをしている者の中の誰が眠さや疲れから怠惰になっているかを見つけ出すことに熱心になるべきではない。そのような状態になっている軍の士気をさらに落とさせること——恥ずべきことを見つけられたとき気を落とすことはありそうなことである——は無益だからであり、むしろ自分自身の治療と回復とに向かわせねばならない。9　そうしたときのパトロール兵は、見張り番に近づきつつより遠い距離から何か声を出して、来ることをはっきりさせ、もし実際の見張り番が寝ているなら起こし、尋ねられる合言葉を答えられるよう準備させるべきである。10　最善は、そうしたときには将軍自身が選抜された同じ人々とともに、それぞれのパトロールをなすことである。これとは正反対の状態に軍があるときには、急いで見張り番の精査を行うべきである。　11　また、将軍は定まった時間に巡回してはならず、絶えず時間を変えるべきである。兵士たちがはるか前から将軍の到着を予想して、特にその時間の見張りをしっかりやるといったことがないようにである。

　12　ある者たちは以下のようなことも受け入れ、それを主張し命ずることもある。国家長官が、何らかの恐ろしさと弱さのためにパトロールすることを望まないながらも、それぞれの見張り当番の際にちゃんと見張りをしていない者を知りたいと望むなら、以下のようにすべきである。　13　あらかじめ城壁の上にいるすべての見張り番と、それに応えて実際の見張り番全員が（ランプを）掲げることとなるランプ（の合図）を取り決めておく。そして、城壁の上にいる見張り番の全員が見られる場所から（その合図を）掲げさせるのである。　14　もしそうした場所がなければ、できるだけ高いところを用意させればよい。ついでそこからランプを掲げさせ、それに対してそれぞれの屯所ごとに一つずつ（ランプを）掲げさせるのである。そしてその数を数えれば、実際の見張り番全員が掲げているか見張り番の誰かが残っているかがわかるであろう。

II 翻　訳

XXVII
〔パニック〕

1　市内あるいは陣営で、夜であれ昼であれ突然混乱と恐怖が生ずることがある。それはある者たちによって「パニック」(ペロポネソスの、とりわけアルカディアの言葉である)と呼ばれる。それを止めたいと思うなら、以下のことが求められる。　2　市内にいる者たちと見ればわかる合図をあらかじめ取り決めておく。そして、以下のようにすればパニックが起こっていることがわかろう。火(の合図)によってあらかじめ決められた何か(パニック)が、市内にいる者の全員が同様に容易に見られる地点で起こっていると気づくであろう。　3　最善策はあらかじめ命じておくことである。兵士たちの間に恐怖が起こったときは、その場で騒がずに合唱歌を歌うように、あるいはパニックにすぎないと言い、それを聞いた者は近くの者に次々と伝えるように、とである。　4　軍のどこが唱和しないかで、そこに恐怖が生じていることがわかる。もし将軍が恐怖に陥っていることに気づいたなら、ラッパで合図すべきである。敵がいるとの合図をするのである。戦いがあって負けた際に恐怖が生じることが多い。時には昼に生ずるが、とりわけ夜に生ずる。5　そうしたことがより少なくなるよう、夜には全兵士に対して、彼らの周囲で何かが起こるかもしれないから、できる限り武器の横にいるように命じるべきである。　6　あらかじめ予想していれば、何かが起こったとしても、思いがけずにパニックに襲われることはなかろうし、恐怖によって突然に混乱が生じ殺されることもあり得ないであろう。

7　トラキア地方の統治官であったスパルタ人エウフラタスは、彼の軍の中でしばしば夜に恐怖が生じたとき、ほかのやり方では止められず、以下のような命令を夜について下した。　8　何らかの混乱が起こった場合は、直ちに寝所で武器の方に起き上がるが、立ち上がってはならない。立ち上がっている者を見たなら、その者を敵と見なせ、と彼は全員の前で命じたのである。　9　命ぜられたことへの恐怖のために、誰も忘れる者はいないだろうと彼は考えた。その上、命令が本当に恐ろしさを持っているように、混乱が起こった際上流の人間の1人は死にいたらないまでも殴られたし、下層民の

40

XXVIII

ある者は殺されさえしたのである。　**10**　このことが起こると人々は命令に従うようになり、気をつけて混乱が起こらないようになったし、恐れからベッドから逃げ出すこともなくなった。

11　以下のようにしてもパニックは止められた。夜に混乱が起こった陣営で触れ役が「静粛」を命じた後、混乱が引き起こされる原因となった馬を放った者を情報提供した者は……と宣告したのである。

12　何かこうしたことが夜、軍に起こったなら、見張り当番ごとに隊あるいは連隊それぞれの側面と中央に人を配せねばならない。その者たちは眠りから何かに気づいたり、その他のやり方で混乱を起こしている者に気づいたりしたなら、すぐに最も近くにいる者が取り押さえ直ちに阻止するのである。**13**　その他の者たちについては、それぞれの食事仲間の1人が警戒すべきで、もし何か恐怖が生じたら、その者は意味のない恐怖であることを知っているから、それぞれが自分の仲間の兵を鎮めることとなろう。

14　諸君自身は、夜に飼育中の若い雌牛とその他の家畜に鈴をつけ、酒を飲ました上で敵陣に放って、敵の軍を混乱に陥れることができる。

〔起床〕

15　朝になったら、見張り番は屯所からすぐ離れてはならず、外が見えるようになり、敵がいないことが明らかになってから離れなければならない。そうして見張り役から離れるが、全員が一緒ではなく一部ずつ離れ、つねに屯所に誰かがいるようにしなければならない。

XXVIII
〔門の番について〕

1　都市が恐怖に陥っているときには以下のことにも気を遣うべきである。城門は一つを除いてすべて閉じること。開ける一つは市内に最も近づきにくいもので、そこを通って近づこうとする者が遠くから見える門であるべきである。　**2**　そこにおいてもくぐり戸のみを開け、人々は1人ずつくぐ

41

り戸を通って出ていくなり入ってくるなりするようにすること。こうすれば、秘かに逃走することも偵察兵が入り込むことも、門番が思慮深いなら、最も少なくなろう。　3　〈門全体を〉家畜や荷車や商品のために開けるのは危ない。もし穀物なりオリーブ・オイルなり酒なりその他の類似品なりを、荷車や多くの人間で緊急に運び入れる必要がある際は、最も近い城門から〈……〉運び込むべきである。それが最も早く最も簡単な運び込みであろう。

4　一般的に朝早くに無思慮に城門を開けるべきではない。もっと遅くに開けるべきである。市域周辺の様子を調べるまで、誰も外に出してはいけない。さらに船を城門の辺りに停泊させてはならない。もっと遠くに停泊させるべきである。それはかつて昼日中であっても、両側の門扉が開いているときには、多くの作戦が以下のような企みや口実に基づいて行われてきたからである。一つの事実からほぼ同じような多くの試みを知ることができよう。

5　クラゾメナイ人のピュトンは、市内にいる何人かを同志として、昼の最も静かになるときをねばり強く待ち、酒壺を運ぶようしつらえられた荷車によってクラゾメナイを占拠した。城門に荷車を止め、それによって、秘密裏にあらかじめ市内から遠くないところに用意しておいた傭兵が、ある者は市民に知られず、ある者は市民に先んじてそこを通過することができたため、内部の協力者の助けを得てポリスを占領したのである。

6　アビュドス人イフィアデスはヘレスポントスでパリオンを占拠したが、夜に城壁に登るための準備を秘密のうちにし、荷車に薪とイバラを満たして城壁に送った。すでに城門は閉じられていたが、パリオン人の荷車であるかのようにして城門へと近づき、敵を怖れているかのようにして、そこで夜を過ごした。　7　しかし、然るべきときにそれらに火がつけられることとなっていた。城門が燃え消火のためにパリオン人が殺到する間に、彼は別の場所から中に入るようにである。

こうした話を集めたのは、どういうときにどういうことを用心するのかを明らかにすべきだと私には思われるからだ。人がお人好しに何でも受け入れることがないようにである。

XXIX
〔武器の密輸入〕

 1　中に何か秘密のものを入れて市内に運び込まれ、それによってポリスやアクロポリスが占拠されたことのある入れ物や貨物について、これから明らかにしよう。　2　外からであれ内からであれ何か恐ろしい事態があるようなときに、よく注意を払い、考えもなしにそれらを扱わない責任は、とりわけ門番が担うべきである。それは運び込まれるものすべてに適用されなければならない。　3　例として作戦達成のために実際に行われたことを示そう。全民衆挙げての祭りの際に、内部の協力者に助けられて、ポリスが以下のようなやり方で占拠されたことがある。

 4　まず、将来を見越してあらかじめ市内にいた外人兵と、市民の中の武器を持たない協力者とに、亜麻製の鎧、革製胴着、戦闘帽、楯、脛当て、サーベル、弓、矢を運搬用の木箱に入れ、服やその他の商品のように見せかけて運び入れられた。　5　それらを港湾金徴収官が開けて調べ、服だけだと見て封印し、輸入者の目録申請を待った。　6　そしてそれはアゴラの近くに置かれた。さらに葦編みやムシロや半織りの帆に包まれて小ぶりの槍や投げ槍が運び込まれ、疑われることなくそれぞれが必要とされる箇所に置かれた。軽装楯と小さな小型楯はもみ殻や羊毛のずた袋の中で羊毛やもみ殻に隠されて、その他のよりかさばらないものは干しぶどうやイチジクで一杯になった籠に、短剣は小麦や干しイチジクやオリーブの壺の中に入れられて運び込まれた。　7　短剣は抜き身のままウリの中でウリの底から種まで突き刺した状態でも運ばれた。陰謀を企んだ当の指導者は外部から薪を入れた貨物の中で運ばれた。　8　夜がきて襲撃者が集まると、各人は市内中の者がいつもの祭りの場合のように酒を飲んでしまうときを待った。まず積荷が解かれると、そこから指導者が現れて用意を整えた。彼らのある者は槍や小ぶりの投げ槍を手に取ろうと葦編みをほどき、別の者はもみ殻や羊毛のずた袋を〈……〉、またある者は籠を切り開け、またほかの者は木箱を開けて武器を取り出し、またある者は短剣を急いで手にするために壺を粉々にした。9　これらの準備は一斉に、また互いに遠くないところで、市内からの、密集隊

のためになされるような合図によって進められた。　10　各人がそれぞれ相応しい武器で武装すると、ある者は塔と城門を占拠するために急ぎ、そこからほかの者たちを受け入れようとし、また別の者は役所とその向かいの家を、その他の者もそれぞれの場所を占拠した。

　11　語られたのと同様の作戦において、ある者たちは楯を必要としながら、その他のやり方では中に持ち込み用意することができなかった。そこで大量のヤナギと同時にヤナギ細工師を中に導き入れた。　12　明るい間はほかの入れ物を編み、夜になると武器である戦闘帽や楯を編み、楯の周りには革製や木製の持ち手をつけた。

　さらに海上で夜であれ昼であれ近くに碇泊しようとやってくる大きい船にも小さい船にも不注意であってはならない。港湾監督官と派遣監督官は自ら船に乗り込んで積荷を見るべきである。その際、シキュオン人はこうしたことに不注意であったために大きな災難を蒙ったことを心にとどめておくべきである。

XXX
〔武器の輸入について〕

　1　売却のために輸入され、アゴラや店や市場に置かれた武器についても注意しなければならない。〈それらは〉集められれば相当な数になろうから、それが革命を起こしたいと望む者の手に渡らないようにすべきである。　2　到着した人間から武器を取り上げながら、アゴラや共同宿舎には小型楯の箱や短剣の収納箱が集められているのは愚かしいことである。それゆえ、輸入され集められた武器はアゴラで展示されてはならないし、それがたまたま置かれたところに夜の間中置かれていてはならない。見本品を除いてその他の大量の商品を展示する〈前に〉、公的に許可を得なければならない。

XXXI
〔秘密の手紙〕

1　秘密の手紙についてはあらゆる種類の送り方があるが、送り手と受け手との間で前もって個人的に打ち合わせておく〈必要がある〉。以下のようなやり方が最も気づかれることのない方法である。

　手紙は以下のようにして送られる。　2　荷物や装備品に書物またはその他の何らかの書き付けを、大きさや古さはどのようなものであれ、入れ込む。その書き物の中に〈1行目〉あるいは2行目あるいは3行目の文字に印――小さな点で受け手以外には見えないような――をつけて手紙が書かれている。ついで書物が目的の者に届くと、印のつけられた文字を1行目2行目と順次同じように並べていって解読し、書かれた内容を知るのである。　3　短い手紙を送りたい場合は、これと類似の以下のようなやり方もできる。何かについて手紙を大っぴらに完全な形で書く、この手紙に同様のやり方で文字に印をつける、これによって何であれ諸君が望むことを明らかにできよう。印は長い間隔を空けた点であったり、長い文字の線であったり、できる限りわかりにくいものとする。これによって、他人には何一つ疑いを持たせず、目的の者には手紙が伝わることとなる。　4　〈あるいは〉、何らかの知らせやその他の秘密ではないことについての手紙を持った者が送られるようにし、その者が出発しようとするとき秘密裏に靴の底の隙間に書状を入れて縫い付けるのでもよい。その場合、泥や水に対するため薄くのばした錫の板に書き、水によって書かれた文字が読めなくならないようにしなければならない。　4 bis　彼が然るべき者のもとに着き、夜に休んだとき、靴の縫い目をほどいて書き付けを取り出し読むのである。そして、まだ寝ているうちに秘密裏に返事を書いて中に縫い付け、その者に公の返答なり何なりを持たせて出発させればよい。　5　こうすれば使者もその他の者も気づかないであろう。ただし、靴の縫い目は目立たないようにしなければならない。

　6　エフェソスへは、以下のようなやり方で書き付けが運び込まれた。葉っぱに書き込んだ手紙を持った男が送られた。葉っぱは男の向こう脛の傷の上に巻き付けられていた。　7　文書は、イヤリングの代わりに鉛製のま

るめられた〈金属板〉を女性の耳につけても持ち込まれた。

　8　反逆についての手紙が、反逆しようとする者によって、対峙する敵たちの陣営に以下のようにして運び込まれた。敵陣への急襲徴発のために市内から出た騎兵の1人の鎧の草摺の下に、書状が縫い付けられていた。この騎兵には、もし敵が現れたら不本意ながらも馬から落ちたふりをして捕虜となれ、そして敵陣に着いたら目的の者に書状を渡せ、と命令が下されていた。この騎兵は兄弟に対するようにこの命令に奉仕した。　9　別の者は派遣した騎兵のくつわの手綱に書状を縫い付けた。

　手紙について以下のようなことが生じた。市域が包囲された際、手紙を持った者が市域内に入ったが、目的として来た反逆者や〈その他の者〉には渡そうとせず、国の役人のもとに行き、情報提供者となって手紙を渡した。9 bis　これを聞いた役人は、もし本当のことを情報提供しているのなら、その手紙を運んできた目的の者たちに渡し、それらの者からの返事を自分に持ってこいと命じた。情報提供者はそれを実行した。役人は手紙を受け取ると当事者を招集し、指輪の印を示してそれが当人のものであると認めさせると、その書状を開いて企みを明らかにした。　9 ter　さる人物から送られた手紙を奪取しなかったことが、企みを究明した巧妙なやり方に見える。受け取った者はそれを否定したり、誰かによって陰謀が企まれたと主張することができるからである。返事を持ってこさせたことで反論の余地なく証明ができたのである。

　10　以下のようにしても運び込みがなされる。書こうとすることの分量に合わせて諸君の望む大きさの油瓶と、それと同じ大きさの皮袋を用意し、それを膨らませ結んで完全に乾かす。ついでその上に何であれ諸君の望むことを糊を混ぜたインクで書く。　11　文字が乾いたら、皮袋の空気を出して圧縮して油瓶の中に入れる。皮袋の口は油瓶の口から出しておく。　12　ついで、油瓶の中にある皮袋を膨らませ、できる限り膨張させてから、油を入れる。皮袋の油瓶から出た部分を切り、できる限り見えないように瓶の口につける。そして、油で一杯になった油瓶を大っぴらに運ぶのである。油瓶の中に油があるのははっきりしているし、その他中には何も見えない。

XXXI

13 目的の人のもとにいたったなら、油を出し、皮袋を膨らませて読むのである。そしてスポンジで字を消し、同じやり方で同じ袋に文字を書いて返事を送ればよい。

14 かつてある者は書き板の木の部分に文字を書き、蜜蠟を上にたらした。そして、その他の文字を蜜蠟の部分に書き入れた。然るべき人のもとに着くと、蜜蠟を削り落とし内容を読んだ上で同様に書き入れをして送り返したのである。ツゲの板に最上級のインクで書いて乾燥させ、その後白く塗って文字を見えなくすることも可能である。目的の人のもとに着いたら、その者はツゲの板を水につける。すると水の中で書かれたものすべてが鮮明に現れるのである。 **15** 英雄の絵馬に諸君の好きなことを書いてもよい。ついで白く塗り乾かした上、灯り持ちの騎兵やその他何か諸君の好きなものを描くが、人物の着物は白く馬も白くする。そうできない場合は黒以外のほかの色でもよい。ついで誰かに与え、市域のそばにある聖地に祈りの品であるかのように捧げる。 **16** 書かれたものを読むべき人物は聖地に赴き、何か先に決めておいた印によってその絵馬を知り、家に持ち帰って油の中に入れる。すると書かれたものすべてが明らかになるのである。

すべての中で最も秘密性の高い、そして最も骨の折れる文字を使わぬ送信法が今から私によって説明されよう。それは以下のごとくである。

17 よい大きさの骨さいころに24〈の穴〉を空ける。骨さいころの各面に六つずつである。そして骨さいころの穴は〈文字を〉表すものとせよ。 **18** アルファがどの面から始まるか、各面に書かれた文字が何であるか、〈覚えておかねばならない〉。そうした後、諸君がそこに文を書きたいと思ったなら、糸を通すのである。〈たとえば〉糸の行路でΑΙΝΕΙΑΣを示したいと思ったとすれば、アルファのある骨さいころの面から始め、〈糸を通すと〉その横に書かれた文字をイオタが書かれている面にいたるまで通過していき、再び糸を通す、またニューが現れるまでその横の文字を通っていき〈糸を通し〉、またエイ（エプシロン）があるところまで次の文字を通っていき糸を通す〈……〉、ちょうど今われわれが作った単語のように、言葉の残りの文字を穴に糸を通しつつ書くのである。 **19** そうして骨さいころの周りにできた

47

II　翻　訳

糸の玉を送り、解読者は穴から明らかになった文字を書き板に書いていって解読する。糸のほどきは逆から生ずる。しかし、文字を逆から書き板に書く必要はあまりない。どちらでも読解の妨げにはならない。ただし、書かれたことを認識する苦労はそれを書く苦労よりも大きい。　**20**　よりやりやすい方法としては、1スパンほどの木材に文字の数だけの文字穴を空けるやり方もあろう。そうしておいて同様の方法で糸を穴に通していくのである。同じ文字を2度続けて書かねばならないなど、同じ穴に2度通す必要が生じた場合は、糸を木材の周りにもう1度回してから通せばよい。また、以下のようにしても達成される。　**21**　骨さいころや木材の代わりに、木製の円盤を磨き、24の文字分の文字穴を順番にまるく周縁に空ける。疑惑を持たれないように円の中心にも別の穴を空け、文字穴に続けて糸を通していくのである。　**22**　同じ文字を2度書くことが生じた場合は、真ん中の穴を通してから同じ文字へ通す――私の言う「文字」とは「穴」のことである――。

23　かつてある者たちは、手紙ができるだけかさばらないように、非常に小さなパピュルス片に小さな文字で長い文を書いた。そしてそれを上着の肩の下に入れ肩のところで上着の一部を折り返した。上着を着てこのように運ぶと、手紙の運び込みは何の疑いも引き起こさないように見える。

24　証拠は、陰謀に基づく運び込みは防衛しがたいことを示している。実際イリオンの辺りの……人々は、かのときからいかなる努力をしても彼らのもとにロクリス人少女が運び込まれないよう見張ることができていない。彼らの見張りはとても熱心なものであるにかかわらずである。秘密裏に実行しようと心を砕く少数の者が、長年気づかれずに少女を持ち込んでいるのである。

25　より古くには、以下のような企みもめぐらされた。ティモクセノスがアルタバゾスを頼ってポテイダイアから反逆しようとしたとき、前者は市内のある地点を、後者は兵の陣営を、まずお互いに約束し合い、　**26**　そこにお互いに知らせたいことを何であれ矢で撃ち込むこととした。以下のような企みであった。すなわち、矢の刻みのある尻の部分にパピュルス片を巻き付け、羽根をつけてあらかじめ合意された地点に撃ち込もうとしたのであ

る。　**27**　しかし、ティモクセノスのポテイダイアに対する反逆は明らかになった。アルタバゾスが合意されたところに撃ち込んだ矢が、風と安い矢羽根のせいでその地点を逸れて、ポテイダイア人の男の肩に当たったからである。戦争では起こりがちなことであるが、群衆が傷ついた者の周りに駆け寄った。直ちに矢をとった者たちが将軍たちのもとに持っていき、このようにして作戦が明らかになったのである。

28　ヒスティアイオスがアリスタゴラスに〈反乱せよとの〉合図を送りたいと思ったが、道は見張られ、書き付けを秘密裏に持っていくのは容易でなく、確実に示すことができなかった。彼は奴隷の中の最も信頼のできる者の頭を剃り、入れ墨を入れて髪が生えるまで待った。　**29**　〈髪が生えるや〉直ちにその奴隷をミレトスに送った。奴隷にはただ、ミレトスのアリスタゴラスのもとに着いたら、頭を剃って見てくれとだけ言うように命じていた。入れ墨には彼がなすべきことが示されていた。

30　また、以下のような書き方もある。あらかじめ母音を点で表すよう取り決め、それぞれの文字が何番目にくるかによって、文書の中でそれだけの印を書くようにするのである。　**31**　たとえば以下のようである。「ディオニュシオスは美しい Διονύσιος καλός」Δ：：：・Ν：：：Σ：：：・：ΣΚ・Λ：・：Σ、「ヘラクレイダスを来させよ Ἡρακλείδας ἡκέτω」：・Ρ・ΚΛ・・：：Δ・Σ：：Κ・Τ：：：・、といった具合である。その他のやり方もある。母音の代わりに何かを置くのである。そして以下のごとくである。送られた書き付けはある場所に〈……〉受け手には、人が市内にやってきて何かを売ったり買ったりすることで、自分に書き付けが来ており、あらかじめ言われた場所に置かれたことが明らかになる。このようなやり方で、持ってきた者には、誰のために書き付けが運ばれたのか、また受け取る者が受け取ったのかわからないこととなろう。

エペイロスではしばしば犬が次のように用いられている。　**32**　鎖につけて家から引き離し、首の周りに革紐を巻き付けるが、その中に手紙を縫い込む。ついで、夜であれ昼であれ解放すると、必然的に引き離されたところに戻ろうとするのである。このことはテッサリアでも行われている。

33　到着した通信板はすぐに開かねばならない。ランプサコスの僭主ア

II 翻 訳

ステュアナクスには、彼が殺されることとなる陰謀を情報提供した文の書かれた手紙が届けられていたが、それをすぐに開いて読むことなく無視し、ほかのことを優先したため、手紙を指に絡めたまま殺されたのである。　**34**　同じ失敗から、テバイにおいてはカドメイアが占拠されたし、レスボスのミュティレネでも同じようなことが起こったのである。

　35　大王の海軍提督グルースは、大王のもとに登壇した際、パピュルス片に覚書を書いて大王の前に立つことができないので(彼には多くの重要な報告すべきことがあった)、手の指の間に言わねばならないことを書いた。

　門番はこうしたことを配慮するよう心を砕き、武器であれ、書き付けであれ、何事も秘密裏に市内に運び込まれないようにしなければならない。

XXXII
〔対抗装置〕

　1　機械や兵隊による敵の攻撃に対しては以下のように対抗する。

　まず、櫓（やぐら）や帆柱やその他これらに類似のものから飛び越えてくる飛び道具に対しては、飛ばされてくるものがそれを越えなければならないような〈帆を〉、何か裂けなくなるようなものを塗って巻き上げ機できちんと据え付けなければならない。さらに火を燃やし、できるだけ炎を大きなものにして多くの煙を上げるべきである。　**2**　対抗して木製の塔や、その他砂や石や煉瓦を満たした籠からできた背の高い構築物を造らねばならない。飛び道具は、葦をたてよこ縫い合わせた葦編みでも止められる。

　3　対胸壁の機械である衝角やそれに類似したものへの防御を準備しなければならない。もみ殻を満たした布袋や羊毛の入れ物、膨らましたか何かそうしたもので満たした雄牛の新皮の袋を前に吊るすべきである。　**4**　城門や城壁の何かを打ち壊そうとする際は、投げ縄によって突き出た部分を引き上げ、機械による突撃ができないようにすべきである。　**5**　荷車一杯になるほどの大きさの石を解き放って落とし、穿孔機に当てるように準備しなければならない。石を大型はさみではさんで突き出した梁から放つのである。

XXXII

6　運ばれた石が穿孔機を外さないように、下げ振りをあらかじめ落とし、それが穿孔機に落ちたときに直ちに石を解き放たねばならない。

7　城壁の打ち壊しに対する最善策として以下のような準備もある。城壁のどこに近づいてくるかを諸君が知ったときには、そこに内側から対抗衝角を準備し、敵が先に気づかないように、外側の煉瓦の部分まで城壁をくり抜くのである。敵の打ち壊しが近づいたなら、内側から対抗衝角によって衝突させる。対抗衝角ははるかに強力であろう。

8　大きな機械に対して──すなわち、多くの兵隊をその上に搭載して運んで来ると、その兵たちが飛び道具を弩弓や投石機で発射して、萱葺き屋根の家に火つきの矢を撃ち込むこととなる──そのような機械に対しては、まず市内にいる者たちが秘密裏に機械の接近してくる道の地下に穴を掘り、機械の車輪が掘った穴に落ち込み沈むようにしなければならない。ついで、内側で利用できる砂や石を満たした籠で防御物を構築し、これが機械を凌ぎ、敵からの飛び道具を無益なものとするようにしなければならない。　9　これと同時に分厚い幕か帆を、中に飛んできた飛び道具の防御のために、前に垂らすべきである。（城壁を）越えて飛んできた飛び道具はこれによって捕らえられ、容易に集められよう。そしてどれも地面に落ちないであろう。

10　城壁のその他の、飛び越してきた飛び道具が任務に就いている者や通過している者を、妨げたり傷つけたりする恐れのあるところにも同じことをすべきである。

11　城壁のどこであれ、「亀」をもたらすことで城壁をくり抜いたり壊したりできるところは、それに対抗措置をとるよう準備しなければならない。

12　城壁のくり抜かれた部分には火を激しく燃やし、損壊部分には内側に溝を掘り、侵入できないようにすべきである。その他に防ぎようがないなら、くり抜かれつつある部分の城壁が壊れる前に対向壁を同時に造るべきである。

XXXIII
〔発火〕

1　敵によってもたらされた「亀」にピッチをたらし、麻屑と硫黄を浴びせた上、縄で結び合わせた火のつけられた束を「亀」に投げるべきである。こうしたものを城壁の先に出して、進んできた機械に投げるのもよい。それらを焼くには以下のようにしなければならない。

2　スリコギのような、しかし大きさははるかに大きい木材を用意せよ。木材の尻の部分には大小の鋭い鉄鋲を打ち込み、その他の部分には上にも下にもそれぞれ非常に火のつきやすいものをつける。形は描かれた雷のようにするのである。これを前の方にきた機械に落とすのであるが、その形状のおかげで機械に固定されやすく、一たび固定されるとずっと火種を保とう。

3　市域に木製の塔がいくつかあったり、城壁の一部が木製であったりするなら、敵によって火をかけられないように胸壁にフェルトか革を置くべきである。　4　もし城門に火をかけられたなら、木材を持ってきて投げ入れ火が最大のものとなるようにし、その間に内部に溝を掘り、諸君の手持ちの材料で素早く代わりの建物を建てるべきである。手持ちの材料がなければ、最も近い家を壊して持ってくればよい。

XXXIV
〔消火〕

1　もし敵が火のつきやすいものを使って着火しようとしたなら、それを酢で鎮火すべきである。再び発火しにくくなるからである。むしろ前もって塗っておくことである。そうすれば火がつかない。　2　上の方から消そうとする者は顔の周りを防御すべきである。炎が彼にめがけて上がってきて面倒を起こさないようにである。

XXXV
〔火のつきやすいもの〕

　1　諸君自身が火を激しいものとし、消えないようにするには以下のようにすべきである。ピッチ、硫黄、麻屑、乳香の粉、松のおが屑を入れ物に入れて火をつけてから、諸君が火をつけたいと望む敵の物にそれで着火するのである。

XXXVI
〔梯子据えつけへの妨害〕

　1　梯子の据えつけに対しては〈以下のように〉対抗すること。据えられた梯子が城壁の高さを超えているなら、登ってくる者が一番上に達したとき、その男と梯子を木の刺叉で突き落とすべきである。その他のやり方では、下から浴びせられる矢のために妨げることはできないであろう。　2　梯子が城壁にきっちりの高さなら、梯子を突き落とすことはできないから、乗り越えてきた者を突き落とさねばならない。それが〈不可能だと〉思われるなら、厚板で戸のようなものを作っておき、梯子が据えつけられようとするときに、その梯子より前にその下に置くべきである。梯子が戸にくっついたなら、戸の下にあらかじめコロとなるものを入れておけば、梯子は寄りかかっていることができなくなって、必然的に後ろに退き落ちるであろう。

XXXVII
〔地下道掘削の発見と妨害〕

　1　地下道を掘削する者を以下のように妨害すること。地下道が掘削されていると思われたなら、（城壁の）外にできるだけ深く壕を掘るべきである。そうすれば、掘削されている地下道が壕に達し掘削している者が見えることとなろう。　2　諸君に資材があるなら、その壕の中にできる限り硬く大きな石で壁を造ることである。もし石で壁を造るだけのものがないなら、木の

53

屑を運び〈……〉　3　壕のどこかに地下道が現れたなら、そこに木材や屑やその他を投げ入れて一杯にして火をつけるのである。煙が坑道に入り、地下道にいる者を害しようし、さらには煙によって彼らの多くを殺すこともできよう。　4　かつてある者たちは、スズメバチや蜜蜂を坑道に放ち地下道にいる者を傷つけた。　5　どこかで地下道を掘削していることに気づいたなら、対抗して地下道を掘削して迎え撃ち、坑道にいる戦闘部隊に火をかけるべきである。

　6　昔の話として語られているところによれば、バルケを包囲していたアマシスは、地下道を掘ろうと試みたときに、〈……〉　ということである。バルケ人はアマシスの企てを察知したが、彼が誰にも知られず先回りしないようにするにはどうしたらいいかわからなかった。しかしついに、金属細工師がどうすべきか考え出した。城壁の内側で楯の青銅面を持って回りながら、それを上にして地面に向けたのである。　7　その他のところでは向けた青銅に対して音はしなかったが、地下道を掘削しているところでは反響した。バルケ人は対抗の地下道を掘り、掘削している者の多くを殺した。このことから、どこで地下道を掘削しているかを知ろうとする者によって、今もなおこの方法が夜に使われている。

　8　これで敵たちの企みに対抗して防御すべき方法について明らかにされた。一方、地下道を掘削しようとする者にとっては、以下のようにすれば最強の掩護物が得られよう。　9　二つの荷車の轅(ながえ)を一つにして結び、車のもう一方の側を支点に一緒に広げるようにする。轅を同じ方向に傾けて高くに上げるようにするのである。その上で別の木材やムシロやその他覆いになるものを上に置かねばならない。そうすればこれを車輪によって望むところに引いたり戻ったりすることができよう。この覆いの下で地下道を掘削することができる。

XXXIX

XXXVIII
〔補助軍〕

　1　敵たちの機械や兵隊による城壁への攻撃の際は、市内の戦闘員は3部隊に分けるべきである。戦う者、休む者、準備する者で、城壁にはつねに新しい者たちがいることとなる。　2　さらに選ばれた者たちがより多くの数で将軍とともに城壁の周りを回り、苦境にある部隊を助けねばならない。追加された者を敵たちはすでにその場にいる者よりも怖れるものだからである。こうしたときには犬はつないでおかなければならない。　3　武装して市内中を走り回る人間の騒音や見慣れぬ光景のせいで、襲いかかったりして犬は邪魔になるからである。

　4　城壁で戦っている者たちそれぞれに言葉をかけねばならない。ある者は励まし、ある者はなさねばならないことを助言するのである。それらの人の誰に対しても怒りを持って近づいてはならない。意気阻喪が生じるからである。　5　不注意であったり秩序を乱したりで誰かを怒らなければならないときには、最富裕の者で国において権力に最大限与っている者をそうすべきである。こうしたことについて他者の模範となるからである。こうしたことを見逃すべきそれぞれのときについては、『口伝集』の中に書かれている。

　6　時機を逸して砲弾を投げさせてはならず、昼に投げたものを夜に以下のようにして回収すべきである。　7　回収する者を籠に入れて城壁から降ろす。砲弾を回収した者は、吊るされたイノシシまたは雄鹿用の網あるいは葦縄で作った梯子で城壁を登る。　8　こうした用具は、回収する人間と同じ数だけ用意し、もし誰かが苦境に陥った場合、素早く登れるようにすべきである。夜に城門は開けてはならないからで、こうした類の梯子か諸君の望む何かを用いなければならない。

XXXIX
〔計略〕

　1　包囲された者は以下のような企みもめぐらすべきである。城門と内側

の部分に溝を次々に掘っていき、周りに側道は残しておく。ついである者たちが外に出て遠くから攻撃をしかけ、敵をおびき寄せ共に市内に走り込むようにする。　2　市内から外に出た者たちは市内に逃げ込み中へ中へと残された側道を走って行く。一緒に走り込んだ敵たちは当然ながら、前もって溝のことを知らず——さらに隠してあればなおさら——、その中に落ちて市域内にいる者に〈よって〉その場で殺されよう。彼らの中の何人かは小路と城門の落とし穴の近くの場所に配置されるべきである。　3　もしより多くの敵が入り込み、制圧することを諸君が望むなら、中門の上から落ちる、できる限りしっかりした木製の門を用意し、それに鉄をかぶせておかねばならない。　4　諸君が入ってくる敵たちを断ち切りたいと望むときは、それをすぐに落とすことである。落とされた門そのものが何人かを殺そうが、敵たちが中に入るのを阻止しよう。また同時に城壁の上にいる者に城門の辺りにいる敵たちを倒させることである。

5　敵が味方とともになだれ込んだ場合、市内のどこに集まるかを味方といつも打ち合わせておかねばならない。場所から味方を見分けられるようにである。武装したうえけたたましい音とともに敵味方入り乱れてなだれ込む味方を見分けるのは容易ではないからである。

6　かつて、自信過剰になって、夜や昼に、適正な距離以上に城壁に近づいた敵に対して、網を——昼は隠され、夜は隠されなかった——準備したことがあった。遠くからの攻撃でおびき寄せ、中に入った敵をその網で引っ捕らえたのである。　7　網はできる限り強く作り、引っ張る部分の2ペーキュス分は鎖とすべきである。切られないようにである。引っ張り部分以外は縄でよい。網全体を綱あるいは梃子を用いて内部から吊るしたり引っ張り上げたりしなければならない。敵がもし網を切ろうと試みるなら、それに対して内側の者たちは再び梃子を用いて下に落として、切られないようにしなければならない。鎖はこうしたことを防衛するには大変な労力を伴うし、扱いにくく、また同時に費用もかさむからである。

XL
〔ポリスの防衛〕

1　ポリスが大きく、ポリスの中にいる人間が周囲を巡回するには十分でない状況で、諸君が手持ちの軍勢でそれを守りたいと思うなら、ポリスのどこであれ容易に近づける城壁を手持ちのもので高くすべきである。敵の誰かがこっそりとあるいは力づくで登っても、無経験のため高いところから飛び降りることができず、降りる方法がなくて戻るようにである。高くされたところのこちら側とあちら側を手持ちの人員で見張らせ、高いところから飛び降りてくる者を殺すようにせよ。

2　ディオニュシオスは支配下に置いたポリスを占領したいと欲したが、ポリスの住民は死んだり、逃げてしまったりしており、少数で見張りをするには大きすぎた。　3　彼の認めた少数者とともに何人かを管理官に〈据え〉、国で最大の権限を持っている者たちの召使いを主人の娘や妻や姉妹と結婚させた。これによって主人にはひどく敵対的に、自分にはより忠実になると考えたからである。

4　シノペ人がダタマスと戦っているとき、危険に陥ったが人が足りなくなり、女性たちの中で最も適する身体をしている者たちを武装させて男のふりをさせた。楯と戦闘帽の代わりに、広口壺やその他類似の青銅製のものを与え、敵たちに見えるように城壁の周囲を回らせた。　5　彼女たちには投げることを認めなかった。遠くからでも投げる姿で女性とわかるからである。投げさせて逃走者が報告しないよう用心したのである。

6　もし城壁のパトロールがより多く見えるようにしたいと諸君が望むなら、2人を横並びにさせ、1列目は左肩に、2列目は右肩に槍を持って回らせるべきである。こうすれば、横並び隊が4組あるように見えよう。　7　3人に巡回させるなら、最初の男は右肩に槍を持たせ、次の者には左肩に、その他の者も同様に持たせるのである。こうすれば、1人が2人に見えよう。

8　穀物のないときの糧食、攻城戦の際の欠乏、水を飲めるようにすべきことについては、『戦争準備論』の中に明らかにされている。それらは語られたので、艦隊の隊形について語ろう。

57

II 翻 訳

艦船の装備については二つのやり方がある……

III 註 解

凡　例

1. 日本語訳の順番に註をつける。これはギリシア語原語の順番と必ずしも同じではない。また、文章全体あるいはそれ以上の部分への註は、個別の単語よりも先に掲載する。
2. 同じ節に同じ単語があって註解をつけたい部分がはっきりしない場合、前か後の語をカッコをつけて示す。カッコ内の語はその註解においては関係がないことを了解されたい。
3. アイネイアスの本作品については、ローマ数字とアラビア数字との組み合わせだけで表示する。例：II 2, III 4
4. Hunter/Handford, Budé, Whitehead, Schoene と名前だけで頁数を示さない場合は、当該部分の註釈箇所を示す。
5. 研究文献は、研究者の名前と使った版の年号をもって示す。その詳細は解説6.の使用文献を見られたい。また、その研究に続けて言及するときには研究者の名前だけを示す。
6. 「アイネイアスの全18用例」といったことを言う場合、それはBarendsの*Lexicon Aeneium*を踏まえている。アイネイアス以外の用例の探索には*TLG*を適宜利用している。
7. 言及する訳語などの使用箇所については、特別の言及のない限り、索引を参照されたい。

序　章

表　題
包囲された者がどのように防衛すべきかについての戦術論的覚書：この前に「アイリアノスの」という語があったことについては、解説1.A参照。

序　章

序章：Hunter/Handfordは、この序章は特別の注意を払って書かれているように見えるとしている。文学的様式を達成しようとする意思がほかのところより顕著で、文章も語句や節の対応やバランスに配慮して注意深く作られている、というのが理由である。これはギリシア語原文を読む者には容易に首肯できる指摘であろう。また、防衛を重視する姿勢に、前5世紀とは違った考え方を見出すことができるかもしれない、Ober 1985, 69 (Oberの指摘する前4世紀の考え方の例は、Dem. XIV 10-11)。しかし、アテナイでこそ考え方が変わったかもしれないが、たとえばトゥキュディデスの伝える中小国の軍事に対する態度などを見れば (Thuc. 1. 99)、彼らに軍事に対する強い意欲が前5世紀前半にあったとは思われない。ペロポネソス戦争中のアテナイ・スパルタ両大国の中小国への強硬姿勢は、'*si vis pacem para bellum*'(「平和を欲するなら戦争を準備せよ」)の思いを強めたであろうが (cf. Whitehead)、ここから生まれるのはむしろ防衛重視の態度であろう。そこに変化があったのではなく、状況の変化に応じた対応があっただけのように思われる。

1　**国土…農牧地…都市** χώρας ... χώρα ... πόλις：これらの訳語については、補論1. B参照。

2　**つまり聖地、祖国、両親、子供、その他** ἱερῶν καὶ πατρίδος καὶ γονέων καὶ τέκνων καὶ τῶν ἄλλων：「妻」が現れないことは現代人の目のみならずおそらく古代人にとっても印象的であった、とWhiteheadは註している。しかし、こうした大切なものを人々の前で挙げるとき、公的なものから私的なものに進むのが説得力の点でも好ましかろう。神、ポリスときて「家」が次にくる公的価値であるとすれば、「家」は彼らの価値観からすれば先

代の両親と次世代の子供で表象されるものであったろう。「妻」という私的領域に属するものがここに現れないのは不思議ではないように思う（したがって、ある人物の私的領域での重要さを示す場合には「子供」とともに「妻」が語られている、V 1）。むしろ、「聖地」「祖国」が彼らの守るべき第一のものとして挙げられることに、彼らの価値観を再認識しておくことの方が重要であろう。

攻撃しがたい δυσεπίθετους：この語はここのみに現れる唯一語hapaxの形容詞。アイネイアスに現れる唯一語については、Hunter/Handford p. lxii-lxivにまとめられている。その数は多いが、たとえば複合語の使用に関して、コイネー形成中のギリシア語世界全体における言語的発展の一環として理解されるべきとしている。

3　あらゆる種類の事実 παντοίων ἔργων：ここで「事実」と訳している 'ἔργον' という語は本書中に11箇所に現れ訳語を定めにくい言葉である。Chantraineの語源辞典によれば、'travail, œuvre' などの意とともにさまざまな個別的用法があり、ホメロスでは 'occupation, œuvre, chose' を意味している。要するに、「なすべきこと」「なしたこと」「なされたこと」が根本義で、そこからさまざまな意味が生ずるものと思われる。ここは「なされたこと」の意で、「その結果生じた状況」を表していて、「事実」と訳せばその内容をつかんだことになろう。以下、この語については根本義を踏まえつつ出現箇所ごとに訳語を考えていくが、結果として六つの訳語を考案することとなっている。詳細は索引を参照されたい。

4　ギリシア人のある者たち：ここでアイネイアスがスパルタのことを考えなかったとは考えにくいというのがHunter/Handfordの見解で、Whiteheadはそれを受け入れつつも、最悪の状態からの復興という事績はわれわれが認識している以上にありふれていたのかもしれないとしている。確かに、アテナイ、プラタイアなど、そうした例はいくつか浮かぶから、アイネイアスはスパルタのことだけを念頭に置いていたわけではなかろう。なお、スパルタは前370-前369年と前362年にテバイによって侵略され被害を受けている。後者のときのことについてはII 2で触れられている。

I

I

1　**兵隊の組織** σωμάτων σύνταξιν：σώματα を「軍隊」「兵隊」の意で使うのは、ほかではあまり見られない用法。アイネイアスの全18例の中には、「肉体」「身体」(e.g. III 2, XI 14, XL 4, cf. XXIII 2)、「人間」「人」(e.g. XXVIII 2, 3)、「軍隊」(e.g. XXII 16, XXXII 1, 8, XXXVIII 1)の意が混在している。ただし、「軍隊」の場合も「肉体」「人間」の意をいくらか引きずっているようで（最もよい例は、XXXII, XXXVIII の「機械」との対比)、「軍隊」ではなく「兵隊」と訳すようにした。また、アイネイアスの使う 'σύνταξις' (2例) は、戦争を目的とする人々の「組織」や「配置」、それによって出来上がった「体制」を、動詞形 'συντάττω' (6例) はそうした状態を作り出すことを、意味している。

ポリスの大きさ μέγεθος τῆς πόλεως： 'πόλις' という語は、分析すればいくつかの意味が見出される (*Inventory*, 39-46)。アイネイアスの用例も、「領域」「都市（中心市)」「政治組織」の三つの中のどれかに入れて理解できよう (cf. *Inventory*, 43)。本箇所については、すぐ次に「中心部」が現れ、これは中心市と重なる都市部を表すであろうことを考えれば（**次註**参照)、「都市」の意味は除外されようが、あと二つの意味のうちどちらに入れればよいかはわからない。領域としての「国」の大きさか、政治体としての「国家」の大きさ（人口の多さ）か、おそらく両者を含んで観念されているのであろう。πόλις という語の本書での訳し方については補論A2を参照されたい。

中心部のあり様 διάθεσιν τοῦ ἄστεος： 'ἄστυ' の意味については、*Inventory*, 47-48.「都市」を表すが、*Inventory* の集めた用例によれば (Index 6)、ポリス（国家）の中心市で「ポリス（中心市)」とも呼ばれ得る都市のみがこう呼ばれているという。Hunter/Handford はここが 'ἄστυ' と 'πόλις' を区別するよい例であるとして、'ἄστυ' を「アクロポリスを除いた都市居住地」とし ('ἄστυ' とアクロポリスを区別する根拠は Xen. *Hell*. VII 3. 4)、ここを 'the situation of its buildings' と訳す。Whitehead はここが 'ἄστυ' という語の本書唯一の使用箇所であることを指摘した上、それが時として 'ἀκρόπολις' すなわち「城塞」——アイネイアスはこの意味で 'ἀκρόπολις' を使っている (**XXII 19**)

III 註　解

——を除くことがあったとするが、ここでそうする必要はないとしている。'διάθεσις' も本書ではここのみに使われる言葉であり、唯一の使用例の組み合わせである本箇所でアイネイアスが何を言いたかったのか推測することは難しいが、ある程度の推測はできよう。'ἄστυ' は、市内による30人僭主側勢力をヒュレなりペイライエウスによる抵抗勢力と対比して 'οἱ ἐκ τοῦ ἄστεως' なり 'οἱ ἐν τῷ ἄστει' と言うように (Xen. *Hell.* II 4. 11, 24-29)、中心市の中でもより中心に近い部分を表す (スパルタ軍が包囲したのは、ペイライエウスも含む 'πόλις' であった、*op. cit.* II 2. 11)。そして、アイネイアスがここで配慮しているのは、都市部の中でそこがとられればポリス全体が押さえられてしまう、将軍庁や評議会場にあたる場所が占拠されないことに違いない。また、'διάθεσις' は 'διατίθημι' から発していろいろな物を置き、設置し、落ち着かせること、そしてそうして出来上がった状態を指すだろう。かくて、「中枢部を含む中心市の建物や地形の作り出す状況」というのがここで言いたいことであろう。「中心部のあり様」がうまい訳語かどうかはわからないが、ほかと重ならない言い回しとして選んでおく。また、補論 1. B も参照されたい。

パトロール περιοδίας：「パトロール」に関わる語としては、1) περιοδεία (5), 2) περιοδεύω (13), 3) περιοδία (6), 4) περίοδος, ἡ (1), 5) περίοδος, ὁ (7) の五つが本書には現れる (カッコ内の数字は出現回数)。2) は動詞で、文脈や分詞形などの形に応じて訳をいくらか工夫したが「パトロールをする」というのが基本語義で、あまり問題はない。5) は「パトロールする人」の意で一貫しているが (「パトロール隊」ないし「パトロール兵」と訳した)、アテナイではあまり使われない用法である (通常 'περίπολος' と言う)。4) の女性形は本書では1箇所のみに現れるが、本書以外ではより普通に現れる語で「回り道」などを表す ('ὁδός' は女性形)。本書の使用箇所では動詞 'περιοδεύω' の同族目的語として現れ、「パトロールという任務」といった意味で使われていると思われる (訳語としては表していない、**XXVI 8**)。この箇所は、1), 2), 5) が折り重なって現れるから、写本上の何らかのミスを想定すべきかもしれない。1) と 3) は先の 4) の場合同様、任務とし

ての「パトロール」を表していて、両者の違いは両者が混在している**XXII 26-27**あたりでも明瞭でない。むしろ、写本上のミスを疑った方がよいように思われる。

2　**敵に有利な高み** ὑπερδέξια：この語の原義は、「右側の高み」'lying above one on the right hand'ということで、兵士は盾を左に持つために右側がむきだしになっていることを踏まえた言い方である。つまり、兵士は弱点である右側を守ることが重要になるのであるが、麓を行軍する際に右側に高みがある場合はそこから容易に攻撃を受けることとなって危険である(Budé, p. 2 n. 1)。逆に言えば、「右側の高み」とは敵を攻めるに有利な土地ということになる。Pritchett IV, 76-81はクセノフォンとディオドロスにおけるこの語の用法を調べ(ヘロドトス、トゥキュディデスにはこの語は現れない)、かなり早い段階から原義を離れて「戦闘に有利な高地」を表している状況を説明している。Hunter/HandfordとWhiteheadはこれを「見晴らしの利く高台commanding heights」と訳しているが、戦闘に有利なのは「見晴らしが利く」ためではなく、上方から攻め寄せることにあるようでとりがたい。BudéとLoebは原義どおり「右側の高地hauteurs sur la droite; higher ground upon the right」と訳しているが、これも今言った経過からすればとりにくかろう。ここに並んでいるのが遠征軍にとって危険な土地であることを踏まえて、少し踏み込んで訳したのがこの訳語である。

待ち伏せに適した土地 ἐνεδρευτικά：ヘレニズム期以前には現れない語。多くのヘレニズム期の語がアイネイアスを初出とする。それについては、Hunter/Handford, p. lx-lxiiにまとめられている。待ち伏せに適した土地については、cf. Pritchett II, 187-188. そのPritchett II, 177-189は待ち伏せ攻撃を研究していて、「重装兵の戦闘における待ち伏せ攻撃がまれであることは際立っている」と言っている(185)。そしてギリシア人の戦争に対する態度が、重装兵による正面衝突を公正で高貴なものとして重視する一方で、不公平で人を欺くようなこうした待ち伏せ攻撃をも認める、アンビヴァレントなものであったことを指摘している(187)。Whitehead 1988も同様の結論に達しているが、Ober 1996, 53-71はこれを前者から後者への

時代的変化として捉え、ペリクレスの決戦を避ける戦略に変化の契機を見ている。また、Hanson 1995 は同様に時代的変化として捉えているが、変化の契機をもう少し前に置き、ペロポネソス戦争の数十年前を考えている。これに対して Krenz 2000 は、「欺し」という点からギリシアの戦争を振り返り、ホメロスの武将も古典期の軍事指導者たちも勝利のために「欺し」を用いようとする心理的態度に変わりはないことを示し、重装兵の戦争も以前のそれとそれほど変わらなかったであろうことを示唆している。彼の結論からは、条件が整えばいつでも待ち伏せ攻撃があり得たと考えることができる。ホメロスの時代から狡知・機略への憧憬が見られることを考えれば（髙畠 2014, 10）、Krenz 説は否定しがたかろう。

3　**城壁の中にいて** τὰ δὲ τειχήρη：形容詞。形容する語は 'σώματα'。XXIII 4 でこの語は「攻囲された」の意で使われているが、ここでは攻囲戦に耐えている自国の兵隊を遠征軍と対比させている（Budé, p. 2 n. 2）。Hunter/Handford と Loeb はこれを駐留軍と解しているが、ここでは Whitehead とともに Budé の見解をとる（**次註**も参照）。

市民の見張り番となる πολιτοφυλακήσοντα：この語のもとにある 'φυλάσσω' は、'keep watch' と 'keep guard' の二つの意を含み訳しにくい語である。「監視」と「保護」の観念は分かちがたく結びついている（Budé, p. 2 n. 3）。本書には 'πολιτοφυλακία' という語がこの後 1 箇所 XXII 7 に出、Arist. *Pol.* の中に 'πολιτοφύλαξ' という役職が二度出るが（1268a23, 1305b29）、いずれからもどうしたことをするのか具体的なことはわからない。Budé は Arist. *Pol.* の役職について「警察官 officier de police」とする Budé 版の解釈を挙げ、Hunter/Handford はその職務の記述として Arist. *Pol.* 1322a26ff. esp. 34ff. を挙げるが、いずれも根拠は明確ではない。おそらく言えることは、Arist. *Pol.* 1268a23 で将軍と並列されているからこれは高官であろうということだけである。Hunter/Handford は、この語に「市民の監視」の意味を読み取り、「都市のみならず市民を監視する、すべてに優る必要性が本書全体を貫く、憂鬱だとしても、顕著な特色である」と言っている。本書に市民自身への警戒と監視の必要性を訴える部分があるとしても（その箇所は、

Ste Croix 1981, 298n. 57 に挙げられている）、この語にその思想を読み取るのには若干疑問を覚える。'φύλαξ' とその派生語が名詞の後についた語は多数あるが、今アリストテレスの作品集に対象を絞って TLG を検索し、さらにそれを精査すると大体 100 種類を見出すことができる。それを調べてみるに、名詞は番をすべき場所（'δεσμοφύλαξ' 'λιμενοφύλαξ' 'τειχοφύλαξ'）や時間（'ἡμεροφύλαξ' 'νυκτοφύλαξ'）を示すことも、その対象（'θεοφύλαξ', 'νομοφύλαξ' 'οἰνοφύλαξ'）を示すこともあるが、対象を示す場合、'μετοικοφύλαξ' を唯一可能な例外として、後はすべて「保護」すべき対象を表している（かくて 'εἰρηνοφύλαξ' は見出されるが、'πολεμοφύλαξ' は見出されない）。とすれば、ここの「市民 πολίτης」も保護の対象としてのみ考えられていて、「監視」の対象とする考え方は希薄だと判定すべきではなかろうか。訳としては、「市民の番兵となる」とでもすべきであろうか。しかし、'φύλαξ' の訳に合わせてここのように訳した。'φύλαξ' という語については、補論 1. A を参照のこと。

4　役人を取り巻く者 οἱ περὶ τοὺς ἄρχοντας：Hunter/Handford は、主要な目的を役人のボディーガードの役目としている。一方 Whitehead は、ここにも——前註「**市民の見張り番となる**」の Budé, p. 2 n. 3 と Hunter/Handford を踏まえて——「監視」と「保護」の二重の観念が見られるとしている。つまり、アイネイアスは軍事的観点に立っているのであるが、その目からすれば市民の役人は以前ポリスを裏切ったことがあり（e.g. XI 3-6, XXIII 7-11）、信頼できかねる存在であった。その役人たちをこの者たち、つまり一種の「軍事委員会」（'consiglio militare' と Celato に負いつつイタリア語を引用している——筆者未見——）が監視するというのである。たしかに、ボディーガードのためなら「最も思慮に富み戦争の経験にも富んだ者たち」をわざわざ選ぶ必要はなさそうである。しかし、役人の監視のためだけにそうした者を選んでも無駄なような気もする——何もしない役人をただ黙って見ているだけなのだろうか——。以下に出る「思慮に富む φρόνιμος」はリーダーとしての資質を示している（I 7, III 4, V 1, XV 3、厳密に言えば門番としての資質を示す V 1 を除いて）。「戦争の経験に富む」のもリ

ダーとして有利な条件だろう (**VI 1「戦争の経験に富んだ者」**註参照)。とすれば、こうした者たちが必要となるのは、戦争のさなかにおける政策助言のためではなかろうか。おそらく、1年任期で戦争の経験の少ない役人に戦争遂行に関するあらゆることを助言するというのがこの者たちの役割であり、少なくとも民主政下にある中小ポリスではこうした組織によって戦争を乗り切ったらしいことを、このアイネイアスの記述は想像させる。

5 **よく苦難に耐える兵隊** σώματα ⟨τὰ⟩ δυνησόμενα μάλιστα πονεῖν：Hunter/ Handfordは兵はしばしば年齢によって集団に分けられたとし、その史料的根拠を挙げるが、Whiteheadはここで年齢が１８のごとくに基準であったと信ずべき理由はないとする。むしろこれは政治的基準によって（１６）選ばれたエリートであって、必然的に個人として機能する、としている。Whiteheadに分がありそうである。

いくつかの隊に分ける（ロコス）λοχίσαι：この語は「人々をロコス λόχος に分ける」ことを表す。ロコスの人数については、さまざまに異なった証言がある、24人 (Xen. *Cyr.* VI 3. 21)、50人 (Xen. *An.* I 2. 25)、100人 (Xen. *An.* III 4. 21, IV 8. 15)。また、スパルタではロコスは、1大隊（モラ）あたり二つある中隊として現れ、ペロポネソス戦争末から前360年代までの時期には通常の歩兵は六モラから構成され、1モラは1280人、1ロコスは640人からなっていただろうと考えられる (Lazenby 2012, 6-13)。しかしながら、前１世紀の戦術家アスクレピオドトスでは、ロコスは重装歩兵の最小単位を表し、彼はこれを16人とすべきとしている (Ascl. *Tact.* 2. 7)。ここでアイネイアスがどれくらいの数を考えていたかは断定ができないが、640人とはいかないとしても、１６の条件を満たす限り、できるだけ多くというのがありそうなことであろう。しかし、ポリスの一般的大きさを考えれば、Barendsの言う"about a hundred foot"がむしろ真実を言い当てているかもしれない（一般的大きさについては、髙畠 2015, vi-viii参照）。Whiteheadは、アイネイアスがつねに同じ規模の単位を考えていたことを自明なこととは思わないとし、この後に出る二つの 'λόχος' の使用例について (**XV 3, XXVI 1**)、それぞれ大きな数と小さな数を考えているとする。作戦の実情に応

じて必要とする数が変わる可能性があったのかもしれない。アイネイアスにはこのほかに二つの'λόχος'の使用例がある（XIII 1, XXVII 12）。前者は傭兵の「隊」のことであるが、数がわかる手がかりはない。後者については、厳密な意味で使っているかどうかはともかく、少ない数を考えていないことが確かである（同所「**それぞれの隊または連隊**」註参照）。いずれにせよここで念頭に置かれているのは、重装歩兵の最小単位ではなく、スパルタの中隊に近い位置にある集団であると考えられる。

義務 λειτουργίαν：'λειτουργία'は富裕者の負担する「公共奉仕」を意味したが、アイネイアスでは軍事関連のさまざまな「義務」を表すようになっている（「軍務」とも訳した）。

6　忠実で εὔνους：原義「よい心ばえ」というのは、多くの者がとっているように、文脈から'loyal''loyaux'と考えるべきであろう。アイネイアスにとって、ここでの最大の気がかりはポリスへの裏切りであり、そうしない性格を持った者が「よい心ばえ」の者であったに違いない。

陰謀 ἐπιβουλάς：「陰謀」と訳した'ἐπιβουλή'とその動詞形'ἐπιβουλεύω'は合計20現れ、本書のキータームの一つとなっている。要するに、（あるポリスないし指導者の転覆を目的とする）「ひそかにたくらむはかりごと」（『広辞苑』第6版「陰謀」）が中核にある意味だが、日本語の「陰謀」より意味の広がりは若干広く、そうしたはかりごとそのもの（「計画」「計略」等）からはかりごとに基づく種々の行動（「攻撃」「奇襲」等）まで表しうる。しかし本訳では、キータームの一つであることを考慮して、それがよくわかるよう「陰謀」という訳語で一貫させることとした。また、補論B参照。

アクロポリスの役割 ἀντ' ἀκροπόλεως：アクロポリスはポリス内の「城塞」「要塞」を表す（中心市 ἄστυ と区別されることがあることは、I 1「**中心市の状況**」註参照）。この語の「防衛拠点」の意での比喩的使用は、前6世紀から見られる（LSJ s.v. II）。

7　彼らの指導者や管理官は……変革が生じたとき最大の危険に陥る者でなければならない：こうした考えは、V 1, XXII 15 などにも現れる。Budéはここに註して、アイネイアスは権力の側にいる政治的人間は反対派に移

71

III 註 解

りやすいとつねに考えていた、ここに傭兵隊長としての職業的偏見を想定できるかもしれない、と言っている。しかし、V 1では貧しさやそのほかの困窮からほかの者に従わざるを得ない者に裏切りの危険性を見ているから（またその他に、cf. XIV 1）、Budéの見方は一面的に過ぎよう。おそらく、アイネイアスは上層下層を問わずどこにでも裏切りの危険性はあると考えていたのであろう。「現状に満足し」「ポリスに大事なものを持つ」者が最も裏切る可能性が低いというのが彼の見方である。

指導者や管理官 ἡγεμὼν δὲ καὶ ἐπιμελητὴς：写本には 'ἐπιμελητὴς' の前に冠詞 ὁ が書かれている。ぎこちない形になるので早くからこれを省略する校訂がなされ、Budéはじめ多くが従っている。しかし、Hunter/Handfordは**XXIX** 1の同様例（'ἐνίοις ἤδη πόλις καὶ ἡ ἀκρόπολις κατελήφθη'）から、このままにしておくことを主張している。'ἐπιμελητής' は各地で役人の名前として出、その一般性から役人を言い換える形でも使われる（「11人」を「悪事犯の管理官 οἱ ἐπιμληταὶ τῶν κακούργων」というごとく、Antiph. V 17）。本書ではここと**XL 3**とに現れるが、おそらく正式の官職名ではなく、こうした使い方であろう。

頑健な εὔρωστος：'vigorous' (Loeb), 'stout' (Hunter/Handford), 'de vigueur' (Budé), 'energetic' (Whitehead). Hunter/Handfordは、'energisch' という先人の訳語を引きつつ、しかしこの語は一般的には肉体的適格性を示しているように見えるとしている。LSJ s.v.の用例はそれを支持する。

8 残った者の中で……任命しなければならない：これまでのところをまとめれば、兵隊は以下のように分けられる。(1) 役人の取り巻き、(2) よく苦難に耐える者（いくつかのロコスに分けられる）、(3) 力強く若さにあふれる者（見張りや城壁の警備を担う）、(4) その他（夜の長さと見張りの数に応じて分けられる）。

城壁（警固）に τὰ τείχη：複数形で使われている。この語が複数形で使われるのはここのみである。おそらくポリスを囲む城壁のみならず防衛拠点である城塞も含んで指しているのであろう（cf. Barends s.v. τεῖχος）。

9 一般住民の中の τῶν δὲ ὄχλων：Hunter/Handfordはこの中に在留外人や

72

奴隷を含め、危機のときに武器を取り得た者と考えている。Whiteheadは、アイネイアスが傭兵や同盟軍を除く非市民の包含を主張している箇所はほかのどこにもないとして、これに反対し、非戦闘員を含む市民の中で貧弱な武装しかできない下層の者としている。おそらく市民の中で兵として組織された者を除く者たちで、退役者や少年兵が中心となっていたのであろう。

空き地 εὐχωρίας：空き地の重要性については、次のIIで述べられる。

II

1 **市内にある……最善である**：「集結できる場所と通信手段を敵に使えなくするというのがつねに変わらぬ軍事技術上の教えの一つであった。これらの『空き地 εὐχωρίαι』は、何もまだ建っていない空いた空間でも建物に取囲まれた空間でもよい。」(Budé)

溝を掘って ταφρεύοντα：溝（ないし壕）を掘る軍事作戦は以下にいくつか現れる（**XXXII 12, XXXIII 4, XXXVII 1-3, XXXIX 1-2**）。多くが敵の侵入をくい止めることを目的としているが、最後のものは敵をおびき寄せて捕まえる落とし穴として使っている。一方敵の方も地下道を掘ってポリスに侵入しようとすることがあった（**XXXVII**参照）。いずれにせよ掘削の技術は戦争に欠かせない技術であった。

革命を起こしたい νεωτερίζειν：しかし、以下に語られる例は外国軍の侵入への対処で、内部の「革命」への対処ではない。

最善である ἄριστον：写本には 'ἄχρηστον'（「無益である」）とあるが、欲しい意味とは反対になるので、'εὔχρηστον' とするかこのようにするのが一般である。

2 **テバイ人が侵入したとき**：前362年夏、エパメイノンダスによる侵入をアルキダモスが撃退した事件、Xen. *Hell.* VII 5. 11-13; Diod. XV83. しかし、いずれの史料にもアイネイアスがここで書いているような作戦の詳細は書かれていない。それは専門家にしか関心を引かないものだったとして、ク

セノフォンの省略から彼がアイネイアスを参考にしていたと結論を引き出す見解があるが、BudéもWhiteheadも否定的である。一方、Hunter/Handfordはこの話は目撃から得られたものに違いないとする。そして、この話が紹介される大ざっぱなやり方 casual wayは、この事件が読者にまだ新鮮なものであったろうことを暗示しているとしている。なお、この事例が、以後アイネイアスが多く言及することとなる歴史的事例の最初のものである。

積み壁 αἱμασιῶν：おそらく、石を組み合わせ積み上げていくだけの壁。cf.「多くの石を選んで集めたもの」(Hesych. s.v. αἱμασιά)。囲いとして使われたのだろう。

家の壁 τειχίων：写本は'τειχῶν'とあるが、これは城壁を指すので、BudéもLoebも指小辞のついたこの語に読みを変えている。

籠 φορμοὺς：この語については補論1. C参照。

鼎 τρίποσιν：スパルタは鼎で有名だった。前3世紀の詩人アイトリアのアレクサンドロスは「鼎の多いスパルタ Σπάρτας πολυτρίποδος」と言っている (*Anth. Palat.* VII 709. 4)。

それは数も多くしかも大きなものだった ὄντων πολλῶν καὶ μεγάλων：絶対属格が与格分詞の代わりに用いられて強調を示す例と考えるのがよさそうである (Kühner & Gerth, II 2 111, cf. Hunter/Handford)。すなわち与格の'χαλκοῖς τρίποσιν'を説明し強調している。

中枢部の τοῦ πολίσματος：'πόλισμα'という言葉はほぼ'ἄστυ'と同義で使われる (詳しくは、cf. *Inventory*, 47-48)。Ⅰ1で「中心部」と訳した'ἄστυ'と若干の区別をつけるためこのように訳した (補論1. B参照)。この語はここに二つ現れた後、**XXIV 8**にもう一つが現れる。

3 プラタイア人は：前431年早春のテバイ人侵入、Thuc. II 2-6. アイネイアスがThuc.を見ていることは確かであるが、逐語的に用いているのではなく、Thuc.の記述を省略したり、彼が語っていないことを語ってもいる。以下、該当箇所において指摘する。

彼らが多くない：その理由を Dem. LIX 99 が、激しい雨のため全軍が夜にア

ソポス川を渡り切れなかったためと説明している。

事に着手しながら適切な仕事をしていない：「適切な仕事ἔργων τῶν προσηκόντων」とはテバイ人の反抗を警戒する仕事であろう。Thuc.にはこうした文言はなく、「テバイ人が多くはないことを知り、襲撃すれば容易に制圧できると考えた」(II 3. 2)と言っているのみである。軍事技術の専門家として、アイネイアスはこうした文言を入れずにはいられなかったのであろう。また、この'ἔργον'は「なすべきこと」の意（**序章3「あらゆる種類の事実」**註参照）。

企みをめぐらす τεχνάζουσιν：歴史的現在。本書には動詞形'τεχνάζω'と名詞形'τέχνασμα'と合わせて13現れる。この語は先の「陰謀」と相俟って(**I 6「陰謀」**註参照)、アイネイアスの認識のあり方をよく示す。彼にとって警戒すべきは、敵の正面切っての攻撃のみならず、策略を伴った敵および味方の中の反逆者の仕掛けてくる企みであった。しかし、それに対しても、ここにおけるように、企みによって対抗するほかないのである。補論2.(4)参照。

4　**役人の何人かがアゴラでテバイ人と協定の話し合いをする一方**：アイネイアスによれば、これはプラタイア人の作戦の一部であるが、Thuc. II 3. 2-3によればテバイ人が多くないことを認識したのは彼らとの交渉の後である。また、交渉について語るThuc. II 3. 1に「役人 ἀρχόντων」という言葉は現れない。

5　**戦うに十分な数の人間** πλήθους ἀξιομάχου：これも Thuc. には現れない語。Thuc.は「可能な限りの準備が整うと ἐκ τῶν δυνατῶν ἑτοῖμα ἦν」(II 3. 4)。

小路や街路を τὰς μὲν διόδους καὶ τὰς ῥύμας：Hunter/Handfordによれば、'δίοδοι'は大きな通りから中に入った裏通りで、'ῥῦμαι'よりも狭い。'ῥῦμαι'はメインストリートとその枝道を含んだ観念で、全体は「街区」に近かろう。

家畜のついていない荷車 ἁμάξαις ἄνευ ὑποζυγίων：Hunter/Handfordは 'carts without horses'と訳す。これに対しWhiteheadは、必ずしも馬である必要はなく、ラバ、またとりわけ牛でもあり得るとする。

合図とともに ἀπὸ δὲ σημείου：これも Thuc.に現れない語。

III 註 解

6　それと同時に女と召使いたちは瓦屋根の上に出た：Thuc. II 4.2によれば、彼女たちは敵に石や屋根瓦を投げつけた。また、Thuc.の記述は「（テバイ人は）2度ないし3度押し返したが、ついにプラタイア人が大きな音を立てて攻め寄せると」という文の後に、「女も召使いも同時に……」と「同時にἄμα」を副詞に使って続くが、アイネイアスはその前段を省略し、'ἄμα'を前置詞に使っている。さらにその後に「テバイ人は恐怖に捕らわれ」とテバイ人の逃げる様子を描いているが、これもアイネイアスは省略し、結論に持っていっている。彼の主題にとって不必要なことを省略したのであろうが、女と召使いの話は印象的であるゆえに残したのだろう。そのために、この後に続く「その結果ὥστε」のすわりが悪くなっている。Hunter/Handfordはこの文章をカッコの中に入れ、前の文章をピリオドで止めずに、この文を挿入文として、次の'ὥστε'に結びつけようとしている。論理的にはそれが一番整合的となろう。

〈逃げ〉〈ἔφευγον〉：この種の動詞があるはずと考えられる。ここに対応するThuc. II 4.2に基づけばこの'ἔφευγον'を復元するのがふさわしいが、Hunter/HandfordはG. Murrayの示唆を受けて、あえて'ἀπέφευγον'という読みを提唱する。その背後には、次のような考え方がある。(1) アイネイアスはThuc.の語をそのまま書き写すのではなく、彼の時代に合った言い方に改めたり、自分の主張をはっきりさせるために言い直したりする (cf. *ibid.*, p. 107)。(2) 写字生がここにあったはずの動詞を落としたのは、次に出る'ἄπειροι'と混同したからに違いない。(2) についてどの程度の確信を持てるかは問題であるが、これまで丹念にThuc.との異同を追ってきた者としては(1)は当然首肯できる考えで、全体として巧妙な推論に見える。

7　この戦術 τούτοις：II 1に述べられる無用の空き地を閉鎖地化する戦術。このII 7-8は、IIとIIIとのつながりを分断しており、現代の「註」の役割を果たしていると考える者もある。しかし、むしろII 2-6をII 1の註とする考え方もできよう。

陰謀を企む者たち οἱ ἐπιβουλεύοντες：Whiteheadは冠詞の存在を重視し、この存在が当然視されていたと解している。この語が本書のキータームの一

つであり、全体を通じてアイネイアスが如何にこの存在を気にしていたかがわかるから、彼がここに定冠詞をつけるのは自然であったろう。I 6「陰謀」註参照。

8　**反対派** τοῖς ἐναντίοις：もちろん陰謀を企む者に対する反対派。

全部をとった場合にも……弱いものとなっている：楽観的な理屈づけだとHunter/Handfordは言っている。全部をとられたら、反対派が武装して結集する場所がなくなるではないかというのである。

同様に……必要である：要するに、「今書いたように私の書く原則には反対の考えもあり得るから、今後とも私の書く原則に盲目的に従ってはならない、それと反対の考えもあり得ることに心せよ」ということ。'Excellent advice'(Hunter/Handford).

誤ったもの ἕτερον：「別のもの」つまり「望んでいることと別の結果をもたらすもの」の意。

III

1　**突然** ἐκ προσφάτου：'πρόσφατος'は'new''fresh''recent'の意でアッティカ散文には珍しい語。'ἐκ προσφάτου'で'προσφάτως'の意となると考えられるが、これも基本的には'newly''lately'の意味（XVI 2）。これを「突然に」の意に解するのはここの文脈のしからしめるところである。

恐怖が襲った場合 ἐγγιγνομένου φόβου：敵軍の来襲による恐怖。小さなポリスにとって敵軍への対応の遅れは直ちに占領を意味したから、秩序立った迅速な行動が必要とされた。

籤で κλήρῳ：籤の使用から、アイネイアスが民主政のポリスのために書いているとする見解があるが、Whiteheadは体制に関係ない安全策である可能性の方が高いとする見解に賛成している。なお、本書において籤に関わる言及は、ここIII 6の「あらかじめ籤で決める προκληρόω」、XX 2の「籤 πάλος」の3箇所にある。

戦争体制に組織し εἰς σύνταξιν ... καταστήσαι：'σύνταξις'についてはI 1「兵隊

の組織」註参照。「組織し」と訳した 'καταστήσαι' はM写本の 'καταστήσοι' を校訂したもので希求法。すぐ後に出る 'ἀποδείξειεν' と作り方が異なるが、XIX 1に 'γράψαι'、XXXI 3に 'ποιήσαι' が現れることをHunter/Handfordが指摘している。

3　**同盟軍**：同盟軍は有用な存在であるが、時として警戒を要する、cf. XII 1-3。

要塞 φρουρίου：この語は通常、ポリス中心市から離れた国境地帯にある要塞を意味する。アッティカではパナクトン、オイノエなどがそれにあたる。その形状のみを述べておけば、パナクトンは涙の滴状の形をし、南北170 m、東西（一番広いところで）90 m、壁の厚さは平均1.3 m、南側の主要門は長方形の塔を両側に持つ (4.5 × 4.3 m, 5.6 × 6.2 m)。ここはペロポネソス戦争初期に建てられ、前4世紀には駐留地として使われた。オイノエは長方形をし、東西110 m、南北150 m、大体9 m^2 の四つの塔が5〜7 m壁からつきだしているのが確認できる（その他にも塔があったことが推測されている）。北東の塔は高さ5 mを超えた。ここは前5世紀後半以降使われた（以上、Ober 1985, 152-155; Hunter/Handford）。

お互い ἀλλήλους：写本は 'ἄλλους'（「ほかの市民」）とある。XVII 1に基づき修正するのが一般。

城壁の各登り口ごとに……据えるべきである：XXII 19では、そうした登りやすいところは閉鎖するのがよいとしている。

ほかの誰か ἄλλος：Hunter/Handfordは 'unauthorized persons'、その他は 'anyone else' (Loeb; Whitehead), 'quiconque' (Budé)。

4　**組織しておく** συντετάχθαι：Hunter/Handfordは完了形であることに注意を喚起し、Whiteheadはそれを受けて 'already' を入れて訳す。「組織してしまっておく」はくどいのでここでは上記のように訳した。

各街路の街路長 ῥύμης ἑκάστης ... ῥυμάρχην：'ῥῦμαι' については、II 5「小路や街路を」註参照。「街路」「街路長」という言葉は、アイネイアスにおいては本箇所周辺と先の註の箇所とに出るのみである。

5　**最も近い……最も近い……最も近い** ἐγγυτάτας ... ἐγγυτάτω ... ἐγγύτατα：

同じ女性複数対格形を表すのに三つの形を用いている。Hunter/Handford は意図的であろうと判定している。そして、いずれにせよ元の写本にこうなければ、テクストに三つの異なった形が現れることはありがたかろう、としている。

空き地 εὐρυχωρίας：空き地の重要性は II に説かれていた。また、I 9 および同所「**空き地**」註参照。

6 **子供や女たちに** τέκνα καὶ γυναῖκας：この順番について、「ギリシアの成句の中で普遍的ではないが、時として顕著に非近代的順番と主張される」と Whitehead は註しつつ、しかしほとんどの著作家は現実には一貫性がないとして、アイネイアス自身の好みもさまざまであったことを、ここと V 1 とに対立する XXIV 7 を証拠として指摘している。

胸壁 χείλη：'χείλη' の意味は 'battlements'（「狭間胸壁」）であると考えられている。要するに戦いやすいように城壁や塔の上に設置した狭間を空けた胸壁で、敵と攻防戦の舞台となるところである。'χείλη' を正確にこの意味で用いた例は、ほかの著作家の中には見られないようであるが、XXXII 3 の記述をもとにこうした意味と推測されている（Hunter/Handford）。Schoene 以前は 'τείχη' と修正する読みがとられていたが、Schoene が「難しいが、はっきりと 'χείλη' と読める」としてこの読みをとって以降、写本通りの読みが続けられている。Budé は単に 'créneau'（「狭間」）と訳している。おそらくアイネイアスが勧めているのは、役人——たぶん戦闘指揮官となる者を指していよう——は、あらかじめどの集合場所の部隊を率いてどこの守備に就くか決めておけ、ということであろう。

以下のようにして ὧδε：どこにそれが述べられているのだろうか。次の IV にはそれにあたることは述べられていない。そのため Hunter/Handford は、通常のこの語の用法と違って、「上記のように」と読むべきだと考える。一方、Budé は「私が今後語るように」の意にとり、「続くこの本の全体で述べるやり方に従って指揮するなら」の意味に解する。言葉的にはこちらの方がしっくりくるだろう。Whitehead は、これが最もいらいらさせる曖昧さを示すときのアイネイアスだ、としている。

III 註　解

IV

1　**決めておかなければならない** δεῖ αὐτοῖς πεποιῆσθαι：ここにも完了形が使われている、III 4「組織しておく」註参照。なお、'δεῖ' は写本に 'δέ' とあるのを修正したもの。この 'δέ' を生かし同時に III 最後の 'ὧδε' の奇妙さを解消しようとする校訂案が、Hunter/Handford に紹介されている。一つは、「役人たち τῶν τε ἀρχόντων」以下を IV の始まりとし、'ὧδε' の後にコロンを置いて現 IV 第一文につなげるもの。今一つは、IV の表題「合図について」を地の文の中に入れ、「出発させる」の後に長い空白を想定して、「さらに、彼らが」以下現表題までを挿入文と考えるものである。いずれも文の奇妙さは解消しようが、やや大胆であり（特に後者）、テクストにはとられていない。

かつて ἤδη：アイネイアスはこの語を、「かつて」起こったこととして先例を示すために用いることが多い。その際、多くが「ある者 τινές, τίς」と結びついて過去の出来事を述べている（X 25, XVIII 12, 22, XXII 4, XXXI 14, 23, XXXVII 4）。ここと同様にどこの話かを明示している例は、XV 7 に見出される。このほかの用例箇所については、X 25「かつて」註参照。

エウリポス海峡に面するカルキス：つまり、エウボイア島のカルキス。この出来事がいつのことかについては2説がある。一つは、前7〜6世紀のレラントン戦争の際のこととするもの（cf. Jeffery 1976, 63-70）、今一つは、前357年夏のアテナイとテバイの干渉を招いた内紛とするもの（Diod. XVI 7. 2）。Hunter/Handford は、この話が詳細に語られていることなどから、後者の方を提唱している。アイネイアスの人物の問題とも関わるが、たとえ執筆時期の問題から後者が否定されるとしても、前者をとることは躊躇される。確かに、こうした詳細な記述を許すには古すぎるし、伝えられる戦争の性格とも合致しないように思われるからである（cf. van Wees 2004, 134）。むしろ、ここから執筆時期の問題に迫る方がよかろう。

亡命者によって ὑπὸ φυγάδος：「亡命者」については X 5「亡命者」註参照。

2　**城門** πύλας：城門の構造については XVIII 1「城門について」註参照。

その者は行火を……受け入れたのである：ここはギリシア語の読みに問題が

あるところ。そもそも写本の'ἔφερεν πυργασρήνην'の上には'ς'状の記号が三つ打たれていて、この段階ですでに文が壊れていることを示していると考えられる。そのため、いくつかの校訂が考えられているが、いずれもすっきりと読みと意味を確定することができない状態である。Whiteheadは'a notorious textual crux'と言っている。ここではBudéの読みを受け入れた上で、意味をとることを試みている。

行火 πυργάστρην：LSJには載っていない言葉。しかし、'πῦρ'(「火」)と'γαστήρ'(「腹」)の合成語であることから、火を中に入れて保つものを表してもおかしくはなかろう。最初にこの読みをとったBehrendtは単にそのまま'Feuerbauch'と言っていたらしい。Schoeneは「小さいながら鋭い炎を持ち出すに適した道具」と言っている。Hunter/Handfordは、'ἐφήδρευεν πριστῆρα ἢ ῥίνην'と読んで「のこぎりかヤスリを持って待っていた」の意に解する（このあたりの読みの提唱者はHandfordの方である）。

それを見張っていた ἣν φυλάσσων：写本にない関係代名詞'ἣν'を補う読みはBehrendtが提唱したもののようで、Schoene以外は踏襲している。こう読んだ場合'φυλάσσω'は「守る」「大事にする」の意でとることになろう。ただし、本書で使われるこの語はほとんどが「見張りをする」と訳せるものであるから（補論1.A参照）、それを尊重して訳を決めた（本当は、'μεθ' ἧς'とするなり'ἔχων'の位置を変えるなりして、「……をもって見張りをしつつ、ある夜……」と読みたいところである）。一方、Hunter/Handfordは前註に紹介した読みに続けて、ここについて'which (sc. a saw or file) he kept ready'とややわかりにくい訳をつけている（「のこぎりかヤスリ」を研いで待っていたのだろうか）。横木を切るのがよいのか、焼くのがよいのか、ギリシアの環境を考えても適切な判断は下しがたい。

横木を燃やして μοχλὸν διαπρήσας：横木については城門について解説した**XVIII 1「城門について」**註解参照。この読みは写本を尊重した読み。この'διαπρήσας'('burnig through')を尊重した場合に、前註の「行火」等の読みが出てくる。しかし、(Hunter/)Handfordは横木を燃やすなどとはばかげていると批判する。そして、'διαπρίστας'('sawing through')の読みを提唱

III　註　解

する。つまり明瞭なのは、横木をのこぎりなり何なりの道具で切ることだというのであり、それに応じて前註に紹介した読みも出てきている。Handfordはさらに彼の読みが支持できる根拠をいくつか述べている。Whiteheadは、横木を燃やすのは、たとえ荒涼とした場所だとしても危険な企てであることは明瞭で受け入れがたいとし、Handfordの読みを受け入れている。しかし、荒涼としたところで何かを燃やして外の仲間に合図をするという可能性は、アイネイアスが別のところで注意しているように (**X 26**)、あり得ることだろう。むしろそうした方向で校訂を考えるべきなのかもしれない。たとえば、'μοχλὸν'の後に'χαλάσας καί'を補うだけで様相は変わるだろう (「閂を緩め、そして燃やし」cf. Ar. *Lys.* 310)。なお、これまでのHandfordの読みを受け入れた場合のあり得べき訳を探れば、「……その者はのこぎりかヤスリを持って通い、昼も夜も見張りを続けた。そして、ある夜横木を切ってそこから兵士を受け入れた」となろうか。現段階では、これが一番理にかなった訳かもしれない。

3　**2000人ほどの人間** ὡς δισχιλίων ἀνδρῶν：本書中この種の数としては最大の数 (Whitehead)。

お互いを認知できなかったために：つまり、合図が決められていなかったために、お互いを認知できなかったのである。

敵陣に加わった ἐτίθεντο ... τὰ ὅπλα πρὸς τοὺς πολμίους：原義「敵の方に武器を置く」は、Pl. *R.* 440Eに類例が見出される成句的言い方で、'ὅπλα'は比喩的に使われている。

4　**1人か2人ずつ** καθ᾽ ἕνα καὶ δύο：要するに集団で戦うことなく、1人2人と孤立して死んでいったということ。

5　**何らかの作戦で** ἐπί τινα πρᾶξιν：'πρᾶξις'は動詞 'πράσσω' (「なす」「行う」) から発した名詞で、一般的には何らかの目的を成就するための「行動」を示す。アイネイアスは、本書の性格上、戦争や陰謀の目的のために行う「行動」を表すためにこの語を用いることが多い。そうした場合日本語訳として――日本語に限らないであろうが――わかりやすいのは、その目的を示すことである (ここを「何らかの行動で」と訳してもわかりにくかろう)。

IV

かくて「作戦」ないし「企て」といった訳語を用いることとなる。しかし、その場合も力点は「行動」にあって目的にはないことを銘記しておく必要がある。また、軍事以外あるいは軍事を含みながらそれ以上の目的があると解すべき例も現れる（そうした場合、「用事」と訳した）。さらに、行動のあり方に力点を置いた使い方も現れる（「やり方」）。以上の5語が本書に現れるこの語の18箇所に対して用いることとなる訳語である。詳細な箇所は索引で確認されたい。

夜でも昼でも συσσήμων ... καὶ ἡμερινῶν καὶ νυκτερινῶν：原義は「昼用合図によっても、夜用合図によっても」。この時代軍事技術の上で昼と夜との違いは大きく、それぞれ異なった方策が求められた。**VI 1「昼間の偵察兵」**註参照。

6　**こうしたことを知る** τοιαῦτα ... ἰδῶσιν：すなわち、近づきつつある軍が味方（帰還中の遠征隊）か敵かを知る。'ἰδῶσιν'（原義「見る」）を'εἰδῶσιν'（「知る」）に変えようとの意見があるが、Hunter/Handfordは偵察兵は都市の軍の「目」と見られたろうという反論を述べている。

7　**それらを** ἅ：先行詞'τῶν ἤδη γενομένων'を受けて複数を使っているが、次に挙げられる例は一つだけである。付け加えるにふさわしい例をBudé p. 9 n.1が挙げている。Thuc. III 112（ドリス方言に欺されて敵を味方と思ったアンブラキア人）、Thuc. VII 44（混乱の中、敵味方の区別ができなくなったアテナイ人）。

8　**ペイシストラトスがアテナイ人の将軍であったとき**：ここで述べられている事件が起こったのは前560年代のことと考えられている。

エレウシスでテスモフォリア祭を祝っているアテナイ人女性たち：テスモフォリア祭は女だけで祝われる祭り。秋のピュアネプシオン月（大体10月）11日〜13日に2泊3日で行われる。女たちはプニュクスの丘の南側と想定されているテスモフォリオンに集まり、そこで簡易小屋を造って寝泊まりしながら祭りを祀る。実はこの2日前のピュアネプシオン月9日にも女だけの祭りステニア祭が祝われた。さらに10日にもハリムス区のコリアス岬（中心市から約8マイル南方）でテスモフォリア祭が祝われ、富裕

83

な家の女性たちはそこに赴いた。5日連続での女の祭りは、その期間のアテナイに特別の雰囲気を作り出していただろうと思われる（以上、Parke 1977, 82-88）。この事件と同じものと考えられる出来事を Plut. *Sol.* 8 が述べているが、それによれば事件の現場はコリアス岬であり、主役となるのはソロンでペイシストラトスは脇役的役割しか果たしていない。Hunter/Handford によれば、アイネイアスの記述が最も信頼ができるとの結論に達した研究もあるらしいが、こと場所に関して言えば、エレウシスでのテスモフォリア祭というのは確認できない。しかし、女たちの祭りで祀られるのはエレウシスに関係の深いデメテルとペルセフォネであるから、エレウシスを祭りの場とする間違いが生まれてもおかしくはない。また、Polyaen. I 20.2 にもおそらく Plut. を踏まえてこの話がとられている。

11 〈……〉：「ペイシストラトスは攻撃の命令を下した」といった意味の文が欠けていると考えられる。しかし、残っている部分をそのまま生かし、ぴったりと合った補いを考えるのは難しいようで、これまで満足のいく案は提唱されていない。

そしてそれが実行された：要するに合図を取り決めていなかったため、船から下りてきた者を敵か味方か区別できずに参事を招いたというのがここで言いたいこと。それを言うために、長くその背景を語ったということになる。類例は、**XXIV 3-14**。

V

1 **門番の任命** πυλωροὺς καθεστάναι：都市を囲む城壁の門番は、アイネイアスにとって、重要な意味を持っている。たとえば、**XVIII, XXVIII** は全体が門番に関わっているし、そのほか **XXIV 8, XXIX 2, XXXI 35** にも現れる。

運び込まれるものには……あってはならない：Ste Croix 1981, 298 は、アイネイアスの中に資産家層の革命への恐怖が現れているとし、こうした箇所を根拠の一つに挙げている（n. 57）。しかし、アイネイアス自身の意識が奈辺にあったのか——資産家層の側にあったのか——は、こうした箇所か

らはわからないとすべきであろう。彼に一貫して現れているのは、ポリスに対する裏切り阻止の工夫であって、階層的な見方ではない（17「彼らの**指導者や管理官は……変革が生じたとき最大の危険に陥る者でなければならない**」註参照）。その註で触れたBudéの見方の逆の側からの行き過ぎと言えるだろう。

疑いを抱かずにはいられない μὴ ὑπονοεῖν μὴ δυναμένους：こうした形の二重否定はギリシア語にはまれであるが、写本は'μὴ ὑπονοεῖν μηδυναμένους'となっているから、これが最も写本に忠実な読みということになろう。こうした読みをとるなら、訳のような意味合いにとるほかないであろう。しかし、文が壊れている可能性もある。Hunter/Handfordは巧みな復元によって、こうした形になった経緯を推測しているが、あくまでも推測にとどまる。最低限の操作でギリシア語らしさを保持するのは、Hunter/Handfordがその他の修正の中で最善と認め、Loebが採用しているMeinekeの'δὴ ὑπονοεῖν δυναμένους'というものであろう（「疑いを抱くことができる」）。

資産持ち εὐπόρους：'well off' 'wealthy'の意での'εὔπορος'は本箇所とXIII 1（εὐπορωτάτοις）とに現れる（ほかの2例は'easy to pass' 'easy to get'の意、**XXII 19, XXXI 28**）。その他のところでは「富裕者」の意では'πλούσιοι'が用いられている（XI 7-13 passim, XIV 2）。両者にどのような違いがあるのか（あるいはないのか）直ちにはわからない。しかし、少なくとも該当部分での使われ方から見れば、'πλούσιοι'は「民衆 δῆμοι」に対立する語として現れるが、'εὔπορος'の方はむしろ「資産のあること full of resources」の意が強く現れているように見える。

2　ボスポロスの僭主レウコン：黒海北岸ケルチ海峡を中心に広がったボスポロス王国の王。在位前389/8-前349/8年。穀物輸出でアテナイとの関係が深く、Dem. XX 30-33では、こうした功績ある人間の特権も奪うこととなると、弾劾相手レプティネス提案の法を批判している。アイネイアスと同時代人で、彼自身がこの者と知り合っていた可能性も否定できない（Budé p.10 n. 2）。紀元後2世紀のPolyaen. VI 9にも彼の戦略にまつわるいくつかの話が紹介されている。

III 註　解

駐留兵からさえ καὶ τῶν φρουρῶν：'φρουρός'という語はここのほかにはもう1箇所 XII 3 に現れる。そこでは「駐留軍 φρουρά」に属する人々を表している。おそらくここもそうした意味で、外国に派遣する駐留兵からさえ負債者を閉め出したのだから、もっと重要な門番にそうした者を入れないのはもちろんだ、という論理になるのであろう。Hunter/Handford も Whitehead もこれを 'bodyguard' と訳しているが、とりがたい。

排除していた ἀπομίσθους ἐποίει：ここに使われている未完了過去から、レウコンが死んでいた（それゆえ、ここに執筆の最下限を認められる）と考える必要はない、と Hunter/Handford は主張している（et p. xii）。彼らは "used to" と訳しているから、過去の慣習ととっていようが、'φρουρός' を 'bodyguard' ととりつつ、ここを過去の慣習とするのは、彼らの主張からすれば、やや奇妙であろう。ここからも 'φρουρός' を「駐留兵」とする方がよいように思う。

VI

1　昼間の偵察兵 ἡμεροσκόπους：この語の Hdt., Thuc., Xen. における使用例を調べると、Hdt. においては三つ（VII 183. 1, 192. 1, 219. 1）、Thuc. にはなくて、Xen. には一つ（*Hell.* I 1. 2）である。いずれも敵状を監視して報告する役割を果たしている。しかし、こうした役割の者はホメロス以来知られていて、'σκοπός' とか 'ἐπίσκοπος'（後には 'κατάσκοπος'）と呼ばれている。これらの者は昼でも夜でも活動している（e.g. ドロンが偵察に赴いたのは夜明け前であった、*Il.* X 299–327, cf. 251–253、昼の 'σκοποί' への言及は、*Od.* XVI 365–366）。とりわけ「昼間の」という言葉をつけるようになったのは、昼と夜とでその行動が違うからだろう（**IV 5「夜でも昼でも」**註参照）。しかし、こうした者があまり機能しなかったらしいことは、Pritchett I, 127–128 に挙げられている例が示している。なお、*ibid.* 129–131 は「偵察兵」にあたる言葉についての研究だが、上記ドロンの箇所は考慮されていない。

高いところで ἐπὶ τόπῳ ὑψηλῷ：高いところの効用は、e. g. Xen. *Hell.* III 2.

14-15, Polyaen. V 39. また、先の Hdt. において「昼間の偵察兵」が置かれたのは「高台に περὶ τὰ ὑψηλὰ」であった (VII 183. 1)。

最低3人 τρεῖς τοὐλάχιστον：3人以上いることの効用について、アイネイアスは直接に述べてはいない。Hunter/Handford は、それは明瞭だとして、終日とどまり続け、交代者なしに監視を続けられるし、合図を送ったり受けたりする際にも3人が最低の効率的人数だとしている。Whitehead はたくさんいることのもう一つの理由として、裏切りのための結託の阻止ということを挙げ、根拠として Polyaen. V 33. 6 を挙げる。しかし、該当箇所は互いに顔を知らない者同士を偵察兵にするということで、たくさんいることの効用を述べたところではない。

戦争の経験に富んだ者 ἐμπείρους πολέμου：Budé p. 11 n. 1 は、たとえば経験に富んだ将軍は敵の武器の観察から正確な情報を引き出す、として敵の槍や頭の動きから敵の性向を読みとったアンフィポリスにおけるブラシダスの例 (Thuc. V 10. 5) を挙げる。また、Hunter/Handford は無経験な偵察兵の同様の例として Xen. *Mag. Eq.* VII 14-15 を挙げる。クセノフォンのこの部分はおそらく文が乱れていて、正確な意味を掴むことは難しいように思うが、「見張り兵 φύλακες」が、少数の敵兵を見るとそれが自分の役割と考えてその敵を追い（そして敵の術中にはまって捕まるという）、容易に欺される場合のことを言っている。

2　**労働や行動** ἐργασίας καὶ πράξεις：'ἐργασία' はアイネイアスにはもう1箇所現れ (**X 20**)、他者の命令によってなされる「行動」で共通する。これに対し 'πρᾶξις' は自発的意思に基づく「行動」である (**IV 5「何らかの作戦で」**註参照)。

4　**中継者** διαδεκτῆρας：中継者については、**VII 2, XXII 22** にも出る。この語はアイネイアスにのみ現れる語である。

5　**足の早い者** ποδώκεις：ホメロスでアキレウスやドロンの枕詞として使われた詩的単語。Hunter/Handford は、「多かれ少なかれ専門的用語としてみられるべきだろう」という H. Richards の言葉を引用している。

6　**馬に適した場所である場合** ἱππασίων ὄντων τόπων：これに対する反対論

として、とりわけ「馬に適した」平地では、騎馬兵のいる前哨地を隠すのが大変になろうということをHunter/Handfordが述べている。

騎兵が取り結ぶ ἱππέας συνείρειν：写本の'συνιμείρειν'をこのように読んだのはCasaubon。Hunter/Handfordは'συνημερεύειν'という読みをとる。「騎兵が共に日々を過ごす」つまり「騎兵を駐留させる」の意になろう。

7 〈しかし、市内のそれとは異なった〉：写本には5文字分の空白が確認される。これをもっと長い空白の、つまりもっと長い部分の写し落としがあった証拠と考えた場合に、こうした意味の文の欠落が考えられる。Hunter/Handfordは、むしろ'μή'という否定詞を別のところに補う校訂を考えている。そうすれば、単純に「ポリスと同じ一つの合い言葉を持つべきではない」という意味になる。

自発的であれなかれ μήτε ἑκόντες μήτε ἄκοντες：'ἑκών'と'ἄκων'との対比はアイネイアスにおいてはここにのみ現れる。'ἄκων'をもっと重く「不本意であれ」と訳し、拷問による強制を読み取ることもあながち不可能ではなかろう。Hunter/Handfordは、**X 23**に描かれる目的で人質を用いようとする者が、合い言葉を言わせるために捕虜の拷問をためらうとは思われないとしている。しかし、この言葉が必ずそうしたことを含意しているということは言えないであろう。

合図を時々掲げるよう：つまり、何事もないということを知らせるためである。

烽火担当者 πυρσευταί：この名詞はアイネイアスにしか使われていないが、動詞'πυρσεύω'はXen. An. VII 8. 15をはじめいくつか現れる。

VII

1 農牧地が収穫を……多かろう：そうしたことを裏づける例が、ブラシダス到来時のアカントス (Thuc. IV 88. 1)、エパメイノンダスの騎兵派遣時のマンティネイアに見られる (Xen. Hell. VII 5. 14)。

農牧地が収穫を迎えるときに ὅταν δὲ ἡ χώρα ἐγκάρπως διακέηται：原義は「農

牧地が収穫の状態にあるときは」。'χώρα' は「中心市 πόλις」に対立する意味で周辺の農牧地帯の意で使われる。詳細は補論1. B参照のこと。また、都市と農牧地との居住形態については、cf. *Inventory*, 74-79。

2　**中継者によって** ὑπὸ διαδεκτήρων：Whitehead は、この合図はIVやVIの純軍事的な目に訴えるものと違って、音によるものであったろうとする Barends s.v. διαδεκτήρ の示唆に価値があるとする。音による警報はそれを予想していない者の注意も引きつけるであろう。またそれは、次のVII 3に出る二つの近い距離での合図——たぶんラッパでなされた——にはより多く当てはまろうとしている。

それによって……入って来るようにである：敵の来襲が予想される非常時に市民の全員を中心市に集めようという作戦。テバイ人侵入の際のプラタイアで考慮されたように (Thuc. II 5. 4)、外に出ていた者たちが人質にとられるのを防ごうというのが最大の目的であったろう。ポリスの人間が人質にとられたり、殺されたりするのは、そのポリスにとっては損害を、それをなしたポリスにとっては戦果を意味したから、この合図は命令の意味を持っていただろう。また、中に入れられた者たちのどれくらいが中心市に住居を持っていたかは、ポリスの状況に応じて異なるであろう。原理的なことを言えば、ポリスが大きくなればなるほどその数は少なくなるであろう。Xen. *Hell*. V 4. 3 に語られる、メロンとその仲間が畑から戻ったかのように見せかけて、仕事から帰る最も遅い人々が戻る時間に城門に行ってそこを抜けた、という話を、Whitehead は農業で働く者の多くが都市に住居を持っていたことを支持する史料として言及する。しかし、ここからは城門が夜間閉められていたことが読み取れるだけであろう。一方、Budé はこの話をもとに、この合図によって、全員がほぼ定められた時間に中心市に戻るようでき、メロンのような企みを阻止できたろう、としている。

3　**食事を用意するように** δειπνοποιεῖσθαι：なぜこのような合図がなされるのだろうか。一つは、帰らないと思っていた者が帰ってくるのでその用意をしろということだろう。今一つは、中心市に住居のない者に炊き出しを用意しろということではなかろうか。そうした制度の存在をこの単語から

想像することは許されるであろう。

見張りに行き、位置につくよう合図すべき σημαίνειν εἰς φυλακὴν ἰέναι καὶ καθιστάναι：Hunter/Handford は 'καθιστάναι' を 'σημαίνειν' の従属語ではなく等位語ととるべきだろうとし、'the signal ... should be given ... for mounting guard, whereupon the watch should be duly posted' と訳している。これは 'φυλακή' の意味を「保護」と「監視」の二つの意味に分けることから可能になる読みであろう（補論1.A参照）。しかし、ギリシア語においてこの二つの意味ははっきり分かれていないのであるから、この読みは素直ではなかろう。

4　**どのように松明信号を掲げるか、『戦争準備論』の中で詳述した**：『戦争準備論』Παρασκευαστική という本は失われたが、松明信号の掲げ方についてはPolyb. X 44にアイネイアスの考え方が残されている。それはおおよそ

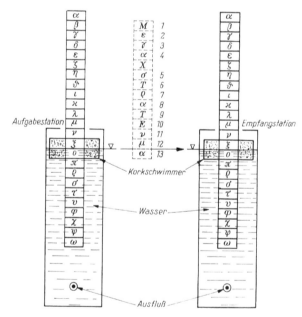

図VII-1：アイネイアス考案の合図法
(Wilsdorf 1974, Bild 25 による)

VIII

次のような工夫である。同じ大きさの瓶を二つ用意し、それに瓶の口径より少し小さいコルクの栓をして棒を立てる。棒は等間隔に分割してそれぞれの箇所に戦争中に起きそうなこと「騎兵が来た」「重装兵が来た」等を書いておく。瓶は同じだけ水が流れていくように下に穴を空けておく。そして別々の場所に運んで、同じだけの水をはった上で、松明の合図とともに双方で水を流しはじめ、次の松明の合図で止める。浮いていたコルク栓が下に下がって止まるが、止まったところの所定の位置の棒に書かれた情報が伝えたいことである（図VII-1参照）。なお、以上のやり方を紹介した後、Polyb.自身はこれはまだ不完全であると批判している（解説1. A参照）。なお、Polyaen. VI 16. 2にはカルタゴ人がシケリアと本国との通信に同様のやり方を用いたことが述べられている。

松明信号 φρυκτούς：松明信号は、ペロポネソス戦争期にはすでに広く使われていた、Thuc. II 94. 1, III 22. 7-8, VIII 102. 1。「敵軍来襲」「援軍要請」などいくつかの意味があったらしいことが確認できる。古註に基づくHunter/Handfordによれば、松明信号には「友好的なもの φίλιοι」と「敵対的なもの πολέμιοι」との2種類があり、味方の接近の場合は松明を掲げた後そのままにしておき、敵の場合は掲げた後投げ上げたとされる。友好的なものについてはPolyaen. II 28. 2, III 9. 55, VI 19. 2に見られ、逆に敵を偽る手段として使われている。

VIII

1　**その次に** μετὰ δὲ ταῦτα：この語（「その後」の意）によってうまくつながるのは直前のVIIではなく、VIであろう。おそらく著者の意識としては、偵察の話の後敵が侵入してくる場合のことを述べようとしていたのであるが、合図の話から先に詳述したことのある近郊にいる市民を集めるための合図のことに回り道し、ここで本筋に戻ったということなのであろう。Hunter/Handfordのように、単に話題の転換を示しているのであろうと考えるよりも、そう考えた方がわかりやすかろう。

III 註　解

川 τοὺς ποταμούς：Whiteheadは、「川の存在を、土地の重要な特性として、当然視しているように見える」としているが、Budéは、十分な大きさの川の少なさのゆえにペロポネソスの多くの地点では採用できない非常に一般的な教訓を述べている、と考えている。アイネイアスの表現は、川の存在を当然視しているようには読めないように思う（**2「上陸してきた」**註参照）。「もし川があれば」の意を含んだものとみるのがよさそうで、後者の方に分があろう。とすれば、この 'ποταμός' には「壕」や「分水路」などが含まれていると考えるのがよいのであろう。

攻撃しにくく δυσεπίβολον：このあたりには 'δυσ' を冠した4語が並んでいる。'δυσστρατοπέδευτον' 'δυσπροσπόριστον' 'δυσδιαβάτους'（「野営しにくく」「食糧徴発しにくく」「渡りにくく」）。

水嵩を増す πλείους：Xen. *Anab.* II 3. 13に、小アジアにおいてクレアルコスが灌漑の時期でもないのに「壕 τάφρος」に水が満ちているのを見て、大王が平野に水を流したのではないかと疑ったことが描かれているが、そうした戦術が考えられよう。堤防を決壊させたり、流れをせき止めたりすることによってなされたと思われる。

2　砂場や岩場に：ギリシアは海岸線が長いから、港以外にも上陸のできるところはいたるところにあった。

上陸してきた ἀποβάσεις：'ἀποβαίνω' は原義 'go away, depart' であろうが、船から軍が上陸することを表してよく使われる語。この箇所をもとにアイネイアスがポリスにおける「海」の存在を当然視していたとする見解がある。しかし、先の「川」の場合同様、アイネイアスがポリスにこうした存在がよくあるものと考えていたと言えるとしても、ここから彼の生地を引き出そうとするのは無理があるように思う（**1「川」**註参照）。

計略 δολώματα：どのような計略か興味あるところだが、それは語られていない。Hunter/Handfordは、砂地の地帯での穴、岩場の海岸での崖からの岩の投げ落としを挙げている。

障害物 φράγματα：たとえば、シュラクサイ人はニキアス麾下のアテナイ軍が出られないように港湾の出入口を三段櫂船や商船を並べて封鎖した

(Thuc. VII 59. 3)。また、前429年クネモスとブラシダスのペイライエウス襲撃の企てに驚かされたアテナイは、「港湾の閉鎖 λιμένων κλήσει」などにより警備を強化した (Thuc. II 94. 4)。XI 3 に現れる「港の防材 τὸ κλεῖθρον τοῦ λιμένος」もこの目的で作られるものだろう。

3 **意図的に** ἑκουσίως：これを「意図せずに ἀκουσίως」に変えようとする見解がかつてあったが、Schoene が不必要とし、「図らずも」の意ではなく、意識的に放棄して残してきたものを問題にしている ("agitur de rebus quas non inviti, sed dedita opera in agris reliquerunt") と説明して以来、このままの読みが定着している。

4 **破壊しない場合は……隠す** ἤ 〈μὴ〉 φθείροντα ἀφανίζειν：'μὴ' の挿入を考えず、前から続けて「無用にし完全に破壊する」の意で読もうとする考えが提案されていた。しかし、同様のことを主張しているとみられる XXI 1 との比較から、'μὴ' を挿入し本訳のような意で読もうとする考えが出てきた。ギリシア語としてややぎこちない感じがするけれども、底本に従い、その読みをとっている。

……すべきか δεῖ 〈……〉：Schoene がここに空白があることを提唱し、以後それが受け入れられている。実際、「食べ物……あらゆるもの」をどうするかの帰結文が見当たらないから、これは容易に受け入れられよう。

たまった水 τὰ στάσιμα ὕδατα：流れる「川」に対比して使われる言い方。湖、池、井戸、貯水池などを表す。Loeb は「よどんだ stagnant」水ではないと、わざわざ註記して LSJ の挙げる語義を否定しているが、そう言い切る根拠がどこにあるかは不明である。Xen. *Oec.* XX 11 の用例（「この水の中にある土が堆肥となる」）を見る限り、LSJ の語義を否定することは難しかろう。

どうやって飲めないものとすべきか ὡς ἄποτα δεῖ ποιεῖν：毒その他の異物の投入が考えられる方法である。Hunter/Handford は、それはギリシアの戦争の精神に反することだとして、アンフィクティオニア同盟の誓いを例として指摘する（「戦時であれ平時であれ流水を止めることはしません」Aeschin. II 115）。同様の内容はプラタイアの戦いを前にしたアテナイ人の誓いにも現れる (Tod, 204, *ll.* 37-38)。後者の対象は「スパルタ、プラタイ

アイ、その他共に戦った国々」(*ll.* 34-36) であるから、特別の連帯を示すときにこうした誓いが現れると考える方がよいのではなかろうか。すなわち、そうでない場合は水に対する攻撃も戦争の通常の一手段だった、と考えた方が実情に合っていよう。Hunter/Handford自身、アテナイに疫病が流行り始めた際、ペロポネソス軍が溜め池に毒を入れたとの噂が囁かれたことと (Thuc. II 48. 2)、キラの川に毒草を入れたソロンの計略とを (Paus. X 37. 7)、彼の原則に反する例として挙げている。Whiteheadはさらに、アテナイがクセルクセスのために中心市を放棄した際、自らの水を意図的に汚したらしいことを指摘している。

5 **このことまで語って、あまりに長くならないようにするためである**：Whiteheadが註するように、繰り返しを避けようとするアイネイアスの思いはたびたび失敗している。それは、**VII 3**と**XVIII 1**、**VIII 3**と**XXI 1**、**X 15**と**XXII 23**の繰り返しを見れば明らかである。

『戦争準備論』：**VII 4**で註したように、この本は失われている。本書の中では4箇所においてこの本について触れている (**VII 4, VIII 5, XXI 1, XL 8**)。そこからこの本の内容が大まかに明らかになるが、それはそれぞれの箇所で確認することとしたい。これまで明らかになったのは、**VII 4**における松明信号のあげ掲げ方と本箇所における敵の侵略に備えてとるべき対策とである。

IX

1 **諸君に**：突然に二人称が現れる。そのため本章をアイネイアスの真作とみない見解もある。Hunter/Handfordは同じ問題を提起する**XVI**との検討から、いずれもアイネイアス自身が書いているが、経験を積んだ後に自らの議論の改訂をはかって挿入したもので、そのため無意識のうちに異なった文体が生まれたと考えられる、としている。さらに、どうしてここに挿入したのかという問題については、Fisher (*Quaestiones Aeneanae*, pp.24-27) の解釈を引用しつつ、要するに本章の措置ははったりbluff——つまり、

実際に軍を動かさない企み——にすぎないのであるが、VIIIで想定されている敵の侵入が予想される際、Xに述べられる行動がとられる前にやってみる価値のあることとしてここに入れられているのだ、という解答を与えている。そして、こうした助言は人間の心理を知り尽くした経験を積んだ兵士の特色を示すものだとしている。

集会を開き ἐκκλησιάσαντα：公的なものであるが、Thuc. II 22. 1が 'ἐκκλησία'（「民会」）と対比して 'ξύλλογος'（「軍事集会」）と言っている集会にあたろう（cf. Hornblower 1, 275-276）。「自らの兵士あるいは市民」という言い方からは下層市民中心であるように見える。

2　敵の陣営や国に伝えられることによって：自軍の集会の内容が敵軍に知られることを前提としている。敵軍の省察兵の存在か、自軍の裏切り者の存在を前提としているごとくである。

諸君は敵が企てようとしている試みを阻止できる：そうした例として、Polyaen. III 9. 20に語られる、テバイ人のアテナイ急襲の計画を知ったイフィクラテスが、市民をアゴラに集めてテバイ急襲を説き、テバイ人を自国防衛のために撤退させたことが挙げられる。なお、Hunter/Handfordは 'δύνασαι' と二人称単数に読む校訂に対して、主語は「使者 οἱ ἄγγελοι」など文脈から補われるとして 'δύνανται' とある写本の読みをそのまま維持しようとしている。

3　何かを試みつつも恐れを見せない諸君：防衛が強固であることを示して敵の襲撃の意欲を削いで防ごうとする考え方については、cf. Ober 1985, 72。

X

1　以下の命令も καὶ τάδε：話の続き具合から見て、ここが接続するのはIXではなくVIIIであろう。

命令も下されて παρηγγέλθαι：現在完了の意を重視して 'already' を入れて訳すのは、Hunter/Handford と Whitehead。X 3以前になされなければならず、

X 1-2とX 3との間の断絶が強調される。ともあれ誰であれ[通知]という題をX 1の前ではなく、X 3の前に入れた者にはこの断絶がそれだけ意味あるものと認識されていたのであろう。

役畜や奴隷 ζεύγη ἢ ἀνδράποδα：この順番については、III 6「子供や女たち」と同じことが言えよう（同所註参照）。この奴隷は農牧地で暮らし働く奴隷で、都市にいる奴隷がまた別に存在することは5の言及からわかる。

隣人たち τοὺς προσοίκους：友好関係にありながら、今侵略してこようとしている国からは侵略される恐れのない隣国の人間、と考えるほかなかろう。

2 託すべき友人関係 ξενία παρ᾽ οὕς θήσονται：関係を表す'ξενία'を人を表す'ξένοι'の意で使っている。並行例が6に現れる（「**検閲者たち**」註参照）。

役人が τοὺς ἄρχοντας：写本にはこの前に'πρὸς'が入っている。そうすると「役人が」と主語には読めなくなり、委託される対象ということになる。しかし、市民各人が隣国の役人に託しにいく状況を考えるより、自国の役人による一括した世話を考える方がよかろう。多くの者がこの'πρὸς'の削除を指示する所以である。

公的に δημοσίᾳ：その意については、'on behalf of the state' (Hunter/Handford), 'acting in their official capacity' (Whitehead), 'at public expense' (Loeb), 'agissant au nom de l'État' (Budé)とその解釈にいくらか差があるようである。Budéは、役人が自国民の利害物を委託し、隣人が誠実であるなら、その代金が支払われるか、プロクセノスの称号を与える名誉の決議によって報われると説明している (p. 16 n. 1)。Whiteheadは公的資金からの支出を含んでいようとしながら、後者の決議による報いについては批判的である。

3 ある程度の時間を経て διά τινος χρόνου：「時折 from time to time (Loeb), à intervalles réguliers (Budé)」の意にとることもできる。しかし、Hunter/HandfordはVIIIと1-2に述べられた予防策を実施して「しばらく後 after a certain time」の意にとり、Whiteheadもそれに同調している。さらにHunter/Handfordは、こうした「通知」は戒厳令同様すべてが一度に掲示され、危険が去るまでそのままにしておかれるものだったとしている。ここ

はその解釈をとっている。

陰謀を企む者たち ἐπιβουλευόντων：II 7「陰謀を企む者たち」註参照。

自由人の身柄 τὰ ἐλεύθερα σώματα：「自由な身体」。市民も非市民も含まれていることが5から推測できる。

罰を受けることなしに ἀζήμια：この語は人にかかっているのではなく、持ち去られる対象としての「所有物」にかかっている。要するに、戦時における国内での掠取を認めているのである。

4　**祭りは市内で** κατὰ πόλιν **行うこと**：「市外でἐκτὸς τῆς πόλεως」行われる祭りで起こる恐れがあることについてはXVIIに述べられるが、それは要するに人混みが陰謀を起こすよい機会を提供するということである。ただし、XVIIの状況はここのように敵が身近にいるということではない。この規程の眼目は、農牧地にある神殿で行われる祭りを一切禁ずるということであろう。そこから、アイネイアスは宗教的儀式を単なる危険の源泉と見ていたとか (Hunter/Handford, p. xxxiv)、際立って事物に即した態度 (Whitehead) といった評言が出てき、さらに宗教を重視するクセノフォンとの対比が語られることとなる (Budé, p. 16 n. 2)。しかし、敵が身近に迫っている場合、クセノフォンがそれでも宗教的儀式を優先すべきと考えたかどうかはわからない。アテナイでは、デケレイアに敵軍が常駐を始めて以来、エレウシスの秘儀への行進に海路を使って行うようになっていた (Xen. *Hell*. I 4. 20; Plut. *Alc*. 34. 3)。宗教儀式に固執したというより、状況に応じて宗教儀式に変更を加えることを厭わなかったとみるべきであろう。「全軍を挙げて」陸路での行進を復活させたアルキビアデスの目的は、「神には敬虔、人間には名声 (を示す) ように見えた」と説明されるが (Plut. *Alc*. 34. 4)、彼の行動全般から見て後者の政治目的の方に重点があったことは確かであろう。また、アイネイアスのこの規程の背景には、敵が近い現在、祭りが陰謀の機会を一層提供する可能性が高いという考えがあったと思われるが、そこからわかるのは、彼が宗教的儀式を単なる危険の源泉と見ていたということではなく、彼が宗教的儀式を変えてしまうほど陰謀を警戒しているということであろう。それほど陰謀を現実的なものと考えていた

ということが注目されて然るべきであろう。

私的な集まり συλλόγους τε ἰδίους：友人同士の集まりや家族・親戚の集まりをいうのであろう。

どうしても必要なもの ἀναγκαίους：これが私的な会合で「どうしても必要なもの」なのか、公的な会合で「どうしても必要なもの」なのかは解釈が分かれる。しかし、前文では「私的な集まり」の一切を禁じているのであるから、ここでは公共性の強い、**IX 1** で語られている「集会」のようなものが想定されていると考えるべきであろう（同所**「集会を開き」**註参照）。それであるから、中央市庁舎や評議会場が使われることになるのであろう。

中央市庁舎において ἐν πρυτανείῳ：ポリスの象徴的中心として、ポリスの竈を持ち、迎賓館的役割を果たすのが、少なくとも古典期アテナイの中央市庁舎である。ここで考えられている中央市庁舎が、それから大きく逸脱していたとする根拠はない。

評議会場において ἐν βουλῇ：字義どおりには「評議会において」。「評議会立ち会いのもとで」の意にとれなくはなかろうが、その他は場所が挙げられているのだから、いささか奇妙な感じとなる。そのため、通常「評議会」の意味の 'βουλή' を「評議会場 βουλευτήριον」の意味で用いているとするのが妥当だろう。

予言者 μάντιν：予言者の軍事行動に対して果たす大きな役割については、Pritchett III, 49-56. ここで禁じているのは予言者が役人の立ち会いなしに予言をすることで、予言それ自体ではない。ここで含意されているのは、Pritchett III, 49 の言うごとく、予言者が人々の意見に致命的な影響力を持っていたのかもしれない、ということであろう。予言は役人、おそらく将軍の立ち会いのもとになされ、それをとるかどうかを判断するのは将軍たち軍事責任者であったと考えられる（Pritchett の同所に紹介されているDover の見解参照）。

5　会食で κατὰ συσσιτίαν：ここの女性形 'συσσιτία' は、**XXVII 13** に現れる中性形 'συσσίτιον' とは区別されるべきだとされる。すなわち、女性形は軍事的性格は持たない会食仲間を、中性形は毎回食事を囲む兵士集団を指す

(Budé p. 16 n. 3)。Hunter/Handford は女性形を 'social clubs'、中性形を 'military divisions' と説明し (id. p. 193)、ここを「クラブでの食事 club dinners」と訳す。そして、クラブでの食事は「今に劣らず前 4 世紀においても時として家人から逃れる人気ある言い訳であったことが明らか」と解説をつけている。しかし、次に結婚と葬式の宴会を例外としていることから見ても、これは定まったクラブでの食事というより、さまざまな機会に応じて親族・友人が集まる宴会と考える方がよいように思われる。

結婚と葬式の宴会 γάμου καὶ περιδείπνου：結婚の宴会は珍しく男女が入り交じって出席した (髙畠 2011, 117-118)。葬式については、古典期においてどれほど有効であったかはわからないが、ソロンによる規制がアテナイにはあり、その他のポリスにおいても規制の例が知られている (髙畠 1989, 92-94)。また、双方について前 4 世紀末のファレロンのデメトリオスの時代のアテナイでは「婦人監督官 γυναικονόμοι」が設けられて規制がなされた (髙畠 1985, 33-35)。このように結婚式と葬式が規制の対象となった例は知られるが、ここのように規制から除かれている例は珍しい。ここには二つの宴会を、社会的騒擾の芽と考えるより必要な儀礼と考える現実主義的な考えが見てとれるのかもしれない。

亡命者 φυγάδες：亡命者あるいは追放者あるいは逃亡者、要するに国外退去者は、現政権に反対するから追放されたり、自主的に退去(逃亡)したりするのであって、現政権にとって最も危険な敵であることが多かった。たとえば、エピダムノスの例 (Thuc. I 24. 5) やケルキュラ内乱の際のコリントスからの帰還者の例 (Thuc. III 70)、ミュティレネその他のレスボスからの亡命者の例 (Thuc. IV 52. 2-3) など。ここは罰則を設けて自主的亡命者を防止すべきことを、次節は亡命者との接触を禁ずべきことを説いている。

6　**検閲者たち** ἐπισκόπησιν, πρὸς οὓς：2「託すべき友人関係」と同様の形態で、「検閲 ἐπισκόπησις」という名詞を人間を表す 'ἐπίσκοπος' の意で使っている。なお、'ἐπισκόπησις' という名詞はギリシア語史料全体で使用例が少なく、ここが唯一例と見られる (*TLG* の調査による)。

7　**1 組以上の武具** ὅπλα ... ἑνὸς πλείω：言葉どおりには「一つ以上の武具」で、

どんな武具であれ一つ以上のことだと考え、狩猟用の槍や剣を含めて危険性のある武器すべてを登録するとする考え方もある (*ap.* Whitehead)。しかし、戦闘目的以外のものを「武具」とする考え方がギリシアにあったようには思われない。また、ここでの目的は、陰謀を押さえ、ポリスの防衛力を確保するということであろうが、それを人間単位の把握によって行おうとしているように見える。とすれば、ここでの武具はやはり戦闘で1人の人間が使う「武具一式」と考える方が妥当であろう。

兵士を雇ってはならないし、自らが（兵士として）雇われてもならない：傭兵の存在はアイネイアスにとって当たり前のことだった。cf. **18-9, XI 7-8, 10 etc.**

8　メトイコイ μέτοικον：本書の中でこの語が使われている唯一例。13「居住外人」註参照。

割り符 συμβόλου：この'σύμβολον'については、Gauthier, 1972, 75-76 が Ar. *Av.* 1212-1215 とともに論じていて、これを割り符のようなものとし、一方は出国する者が、もう一方は役人が持っていて帰ってきたときに照合するというやり方を想定している。

9　宿の主人 πανδοκέας：前5世紀から都市の中や道沿いに宿が存在した証拠がある (*OCD* s.v. inns, restaurants)。Thuc. はプラタイア破壊後テバイ人がヘラ神殿のかたわらに「宿泊施設καταγώγιον」を作ったことを伝えている (III 68. 3)。宿にもさまざまなクラスがあったらしいが、'πανδοκεύς' 'πανδοκεῖον' は下等な存在と考えられていたらしいことが、いくつかの用例からわかる (Pl. *Lg.* 918b-c; Thphr. *Char.* VI 5; おそらく Dem. XIX 158 もそうした意を踏まえている)。それゆえに、次に出るような役人による管理が定められているのであろう。

10　放浪者 ταλαπείριοι：この語は本来 'one who has suffered much, much-suffering' の意で、*Od.* には 'ξεῖνος' あるいは 'ἱκέτης' を修飾する語として現れ、庇護すべき対象であった。しかしここでは一転、追放の対象となっている。客人歓待の観念が、戦争のゆえに歪められたと解するより、古くからあった外人忌避の考え（たとえば、'μετανάστης' について、髙畠 1984,

18-23参照）が戦争のために強く出たと解すべきであろう。

教育のため κατὰ παίδευσιν：教育に特別な配慮をしていることが注目される。しかし、ここはHunter/Handfordの註するような子供の教育が問題ではなく、むしろ大人の「教育」に関わることで、勉強のためにやってくる者と、教えるためにやってくる「ソフィスト」のような者とが念頭に置かれているのであろう。

11 **陣営** στρατοπέδων：陣営にある軍指導者がポリスや僭主と並んで使節派遣の資格を認められている興味深い例になる（cf. Budé p. 17 n. 3)。

自分たちだけで ἐν αὑτοῖς：Schoeneの校訂。ただし、「望む者 τὸν ἐθέλοντα」は単数であるから、「数」の変化が起こっていると考えねばならない。M写本では 'αὐτοῖς'。この読みをとれば、前の 'πρεσβείαις' という女性形を受け、'πρεσβεῖς' の意味で使っていると考えることになろう。「数」の変化か、「性」の変化か、いずれにしてもアイネイアスにはよく起こることである。

市民の中の……一緒に過ごすべき：使節に対する警戒の例として、開戦を決定した後のアテナイ人がスパルタ使節に対してとった行動が挙げられる、Thuc. II 12. 2.

12 **国に不足している……特典があるべきこと**：「前4世紀後半からヘレニズム・ローマ期にかけてギリシア世界中で穀物確保のための個人あるいは個人によって支援された国家の行動が知られる。私人──最初は外人、後には市民とメトイコイ双方の居住者──が、穀物が不足し価格が高騰しているときに、無料または通常の価格で穀物を提供したり、穀物購入のために無利子または低利子の貸付をなしたりするのである」という M. H. Jamesonの言葉を、Whiteheadは引用している。

利得をあらかじめ定めておくこと：危険を冒して包囲下のポリスに必要なものを運び込んだ者に、通常より多くの利益を約束する一方、あらかじめ利益を定めて暴利をむさぼるのを抑制しようとする二つの意味があったと考えられる（Loeb）。

引き上げと引き下ろし ἀνολκὴν καὶ καθολκήν：専門用語であろうが、これの正確な意味はわからない。それまでの通説であった「港湾税」という解釈

III 註 解

を改め、船の陸への引き上げと海への引き下ろしと考えたのはLoebで、以後その考え方が有力となっている。

13 **居住外人** ξένους τοὺς ἐνδήμους：8ではメトイコイと言っていたが、ここでは「居住外人」と出る。同じ者を指していることは明らかであろう。ここから、メトイコイが軍に入れられていないことがわかる。軍の外人は傭兵か同盟軍かということになろう。

14 **彼らに対し交易所と購入所は** τούτοις τὰ ἐμπόρια καὶ πρατήρια：この代名詞のもう一つの解釈は、「彼らの（持つ）交易所と購入所」で、外人が交易所と購入所を運営していることを窺わせると考える。

15 **ランプを持っていくこと** μετὰ λαμπτῆρος βαδίζειν：同類の規定のある**XXII 23**によれば、その目的は「パトロールしている者に遠くから見えるように」であった。

16 **亡命中の君主や将軍や有力者** μονάρχῳ ἢ στρατηγῷ ἢ φυγάδι δυναστεύοντι：Budéによれば、ここで考えられているのは、宮殿から追われつつも依然権力の座を狙って仲間を束ねる「王族 les souverains」や、亡命した王朝である。Budéはこれに続けて、防御側ではなく、非難される王族が依然支配している、あるいはそうした王族を追放したばかりの都市を攻めている者を念頭に置いているとすることも不可能ではないとしている。しかし、どうしてそうした特殊状況を考えなければならないのかは不明である。また、Budéは最後に、ここで考えられている都市がギリシア都市とは限らないとしているが、それは受け入れられるかもしれない (p. 18 n. 2)。

〈……〉：ここに 'ἐὰν μέν' で始まる節が欠落していると考えられている。内容は、「そうした者を殺したならば、その者は何々の報奨金が与えられる」といったことであるはずと考えられる。次の**17**に現れる規定、および僭主殺しに対して与えられる報奨の例からそれが推測される (Andoc. I 96-98; *OGIS* 218, § 1, etc.)。

何かが起こったなら τι ... πάθῃ：「死んだら」の婉曲的言い方。

17 〈……〉：「あらかじめ定められた（金）τῶν προκειμένων」の前に空白があると推測したのはHercherで、その後「いくらかを τι」(Graux)、「半分を

102

τὸ ἥμισυ」(Schoene) などが提唱されている。しかし、Hunter/Handford は これをそのまま部分属格となし得るとし、**X 20** などの並行例を指摘して 空白を認めていない（同所⟨……⟩註参照）。確かに、このあたりに多くの 空白を想定するより、アイネイアスの（あるいは彼の時代の）ギリシア語 の使い方の問題とする方が、話をすっきりさせるかもしれない。

18 **傭兵の** ξενικῷ：原義は「外人兵士の」。**X 7「兵士を雇ってはならないし、 自らが（兵士として）雇われてもならない」**および **X 13「居住外人」**註参照。

静粛を求めた後に ἀναγγείλαντα σιγήν：何らかの宣言の前に静粛を求めるの が通例であった。cf. Eur. *Hec.* 529-534.

19 ⟨……⟩：ここに欠落を想定したのは Schoene で、帰還者に課せられる 罰とその罰が奴隷化である犯罪の記述がくると考えている。しかし、 Hunter/Handford は欠落を想定せず、「その後は不満分子は直ちに奴隷とし て売られる」と解している。Loeb, Budé, Whitehead はいずれも空白を認め、 後二者は⟨かくかくの場合⟩といった条件がくると考えている。底本の読 みを尊重するが、ここでも Hunter/Handford の考え方に傾く。

売られるであろう πεπωλήσεται：未来完了。罰が必ずやくることを表す用法 (Hunter/Handford)。

現今の法 τὸν νόμον τὸν προκείμενον：アイネイアスにおける 'νόμος' の唯一の 使用例。これがどうした 'νόμος' であるのか（慣習か法か）、よくわからない。

罰則は拘禁である δεσμὸς ἡ ζημία：Budé は 'ἤ' と M 写本の読みを保持して「投 獄か罰金である」と解する。Loeb, Hunter/Handford は 'ἡ' と変える読みをとっ て本訳のように解する。Whitehead は、その理由を説明して、これに続く ところでアイネイアスが 'ζημία' を「罰」という広い意味で使っていること を指摘している。そちらに理ありと考え、ここでは Budé の読みをとらない。

20 **その他の連隊** τῶν ἄλλων τάξεων：傭兵の次に市民への配慮がきて、市 民兵士への言及が現れている。市民兵士にも注意が必要である。ここは要 するに「隊」一般について言っていて、「連隊」の厳密な意味での使い方で はない。**XXIV 8「カリデモスの連隊」**註参照。

一体となっている ὁμονοῦσιν：「一体性 ὁμόνοια」は市民の間の復讐を阻止し、

III 註　解

国としてのまとまりを与えると考えられた、cf. And. I 73, 76-79, 106-109, 140。

攻城戦においては ἐν πολιορκίᾳ：すなわち、「敵に攻城戦をしかけられている状況では」ということ。

〈……〉：Loeb, Budé は Köchly/Rüstow が提唱した欠落をここに認める。つまり、「抱いている者たち τῶν ... φρονούντων」の属格を受ける対格が必要だと考えるのである。Budé は「かくかくの種類の人々 les hommes de telle ou telle catégorie」とカッコつきで訳して内容を特定せず、Loeb は訳の方では「最有力者たち τοὺς δυνατωτάτους」という Schoene の読みを試みに入れて訳している。一方、Hunter/Handford は欠落を想定していない（**17**〈……〉註参照）。おそらく、Hunter/Handford のように部分属格だけを使うアイネイアスの使い方を認めた上、Whitehead のように '〈some〉 of the opponents' とカッコつきで訳すのが一番わかりやすかろう。

21　ディオニュシオス：著名なシュラクサイの僭主ディオニュシオス１世（前430年頃-前367年）。彼については多くのことが知られているが、ここに語られている話はここにしか出ない。弟レプティネスは、彼に関わってカルタゴとの戦いを中心にいくつかの活動が知られている（簡単には、*Kleine Pauly* s.v. 。*Neue Pauly* s.v. はそれの焼き直しにすぎない）。前397年にはモテュエ包囲戦の「海軍提督 ναύαρχος」であり、その際ヒメラにも拠出金支払いを求めている（Diod. XIV 47. 6）。前386年には、自分の詩を笑われて精神に変調を来したディオニュシオスによってイタリアのトゥリオイに追放され（Diod. XV 2-4）、前383年にカルタゴとの海戦で戦死している（Diod. XV 17. 1）。これらの中のどこに、このエピソードを位置づけるのかについては、意見が分かれている。一つは前397年からそう遠くない頃とするもので（Hunter/Handford）、今一つは前388年と前386年との間とするものである（Whitehead）。この話は、僭主として力の確立した頃より、彼がまだ力を確立せず自信を持っていなかったときの方がふさわしかろう。私見は前者の方に傾く。

弟レプティネス Λεπτίνην τὸν ἀδελφὸν：彼の活動が知られる最初は前397年

(Diod. XIV 48. 4、上記註**「ディオニュシオス」**参照)。一方ディオニュシオスは前406年から知られる (Diod. XIII 91. 3)。レプティネスはディオニュシオスの「弟」と考えるべきであろう。

22　**ヒメラ**：シチリア島北岸中央よりやや西寄りにあるポリス。東側北端に近いところのザンクレ人とシュラクサイからの亡命者によって前648年に建設される。前5世紀初めに僭主テリロスがアクラガスの僭主テロンに追われ、カルタゴに援助を求めたが、カルタゴ遠征軍は前480年ここで敗れた。アクラガスからは前461年に独立したが、前409年にカルタゴ人によって復讐、破壊され、生き残った3000人の男は殺害、女子供は奴隷とされた。そして土地は見捨てられた。避難民は前408年11 km西方にThermae Himeraeaeを建設し移住した。以後ここがヒメラの名前で呼ばれるが、前405年頃ディオニュシオス1世がここを配下におさめ、前383年にクロニオンの戦いで敗れるまで保持した。その後は完全にカルタゴのものとなった。cf. *OCD* s.v.; *Inventory*, no. 24.

ヒメラという名の国 πόλιν ὄνομα Ἱμέραν：この言い方は、アイネイアスの読者にとってシチリアが親しいものではないことを暗示する、とHunter/Handfordは言っている。

ある部隊は外に出し、別の部隊は戻せ τὴν μὲν ἐξαγαγεῖν, τὴν δὲ καταστῆσαι：要するに駐留軍を「再編成」せよということ。

23　**人質を差し出した** ὁμηρευομένης：'ὁμηρεύω' の通常の意味は「人質となる」で、実際本節のもう一つはこの意味で用いられている。本箇所が意味を持つためには表記の意味にとるほかないが、こうした用例はほかにない。Eur. *Rh*. 434 に 'take as a hostage' の意に解せる用例があって、その中受動相と解釈されている。

最悪の事態 τὰ ἔσχατα：人質が「最悪の事態」を蒙った例として、前307年にシュラクサイの僭主アガトクレスがウティカを攻めた際、成人の人質を攻城戦の盾として使用し、ウティカ側がそれにもかかわらず反撃をした例がある (Diod. XX 54. 3-7)。

24　次から次へと用事や義務によって、疑念を抱かせないように人々が彼

III 註　解

らの方に来るようにして ἄλλας ἐπ' ἄλλαις πράξεις καὶ λειτουργίας αὐτοῖς τὸ πλῆθος ἐπιρρεῖν ἀνυπόπτως：M写本には'ἐπ' ἄλλας'とあるが、これを19世紀にReiskeが'ἐπ' ἄλλαις'と校訂している。問題となるのは'ἐπιρρέω'（「流れる」）という自動詞的意味合いの動詞と'ἄλλας'以下の対格をどう結びつけて解釈するかということである。素直な解釈は「次から次へと彼ら（人質の近親者）に仕事が流れ込む」というふうに解することであろうが、その場合は'τὸ πλῆθος'をどう解釈するかという問題が残る。(Hunter) / HandfordはThuc. I 14.2を参照して'κατὰ πλῆθος'ないし'εἰς πλῆθος'とすべきであると考える。その場合の解釈は「疑惑を抱かせないように次々に用事や義務が多く彼らに流れ込むようにして」といったことになろう。Handfordはこれに対して前文の「最小限の仕事と作戦に参加させ」と矛盾するなどとして反対している。彼自身は'ἄλλους ἐπ' ἄλλας'と校訂して、'ἄλλους'は'τὸ πλῆθος'（「人々」）を受けていると考え、大意「人々それぞれがそれぞれの用事や義務によって彼らに流れ込む（彼らの方に来る）ようにして」と解する案を出している。おそらく意味的にはこれが最も妥当であろう。今日の校訂者はReiskeの校訂のみを受け入れて後は写本のままとしつつ、Handford的意味を読みとっている。なお、'πρᾶξις'という語と'λειτουργία'という語については、**IV 5「何らかの作戦で」**、**I 5「義務」**のそれぞれの註参照。

25　監視下に置け ὡς εἰς παρατήρησιν：M写本には'ὡσεὶ παρὰ τρισίν'とあり、意味をとるとすれば「3人くらいの下にchez trois personnes environ」(Budé)とするのがせいぜいのところであろう。しかし、それでは意味が判然としないとしてここでの読みのような校訂が主張されている。Hunter/Handfordはこれを'very clever emendation'とし、'παρατήρησις'について新しい語であるが、Polyb. XVI 22. 8に「欠陥を探すための綿密な観察」という同じ意味が見られるとしている。ここでは底本を離れてその校訂を受け入れた。

かつて ἤδη：この語の用法については、**IV 1「かつて」**註参照。先例を示すため、アオリストや未完了過去など過去系の時制と用いられるのが普通で

あるが (XV 7, XVIII 5, 12, 22, XXIII 4, XXXI 14, 23, XXXVII 4, XXXIX 6)、ここは例外的に現在形とともに用いられている（歴史的現在）。なお、このほかのこの意味でのἤδηの用例箇所は、IV 7, XIX 1, XXII 11, XXVIII 4。以下のような企みをめぐらしたからだ：夜に内通者が明かりの合図を掲げる例は、ブラシダスのトロネ攻撃 (Thuc. IV 111)、アルキビアデスのセリュンブリア攻撃 (Plut. *Alc*. 30. 4-5) とビュザンティオン攻撃 (Diod. XIII 67. 3) の際などに見られ、重要な役割を果たしているが、内通者が次に書かれるような方法で明かりを持っていったかどうかは、該当史料からは確認できない。

26　籠 καλάθοις：M写本の'ἀκολούθοις'を修正したOrelliの校訂。Orelliは'provision baskets'を示唆していたようである (Hunter/Handford)。LSJによれば、'a basket narrow at the base'である。このように読むとして、この語は本書においてここのみに現れることとなる。形状などについては補論1. C参照。

敷物 στρώμασι：Barendsが'sleeping-mat or -rug'としているように寝るため用と考えられる。

XI

XI：この章には「本の中」からとして五つの陰謀の例が語られている。すなわち、(1) キオスの例、(2) アルゴスの例、(3) 黒海沿岸のヘラクレイアの例、(4) ラケダイモンの例、(5) ケルキュラの例、以上の五つである。このうち、(2)、(3)、(5) の例は富裕者と民衆との対立の中から出てくる陰謀であり、背景にあるのは寡頭政と民主政という政体をめぐる争いであるように見える。こうした認識はこれまでに見られなかったし、これ以降も現れない。実際、「民主政 δημοκρατία」、「民衆 δῆμος」、「寡頭派 ὀλιγαρχικοί」（「寡頭政」という言葉を彼は一つも使っていない）、「（民衆に対立する政治勢力としての）富裕者 πλούσιοι」という言葉はこの章だけに現れる。Winterling 1991, 216-219は、それまで見過されてきたこの事実を

III 註　解

指摘した上さらに議論を進めて、これらの例はアイネイアス自身から出てきたものではなく、われわれの知らない別の史料（「本」と言われている）から引き写されたもので、後からテクストの中に入れられたものだと論じている。これを補強するためのWinterlingの議論と指摘はこの章の理解にとって有益な示唆に富むものである。しかし、「本」がアイネイアス自身のものでない可能性はあるとしても、単なる引き写しではなく、陰謀のあり方とその防止法について彼自身の筆が入っている可能性の方が高いように思うし、これが後からテクストの中に入れられたと考える必要もないように思う。アイネイアスの論じたいのはポリスを防衛する者が何を警戒すべきかであろうから、最初からこうしたことを書く理由は十分あったに違いない。

1　**すぐに** εὐθέως：XXVIII 7に'ἵνα τις μηδὲν εὐήθως ἀποδέχηται'という言い方が現れ、それとの整合性からここを'εὐήθως'に代えようとの考えがある。Whiteheadはこれに賛同しているが、彼自身認めるようにどちらでも成り立ち、こちらに変えなければならない必然性は見出し得ない。

2　**本の中から** ἐκ τῆς βίβλου：この前に本の題名が省略されている、したがって冠詞の後に空白があると考える者もいる。Hunter/Handfordはいくつかの補いを紹介した後、Schoeneの言うごとく、本は単に「陰謀の本 ἐπιβουλῶν βίβλος」と呼ばれていた可能性があり、そうであれば主語の「陰謀」からすぐに補うことができるゆえに、空白を想定する必要はないとしている。これらはこの「本」を、ほかに言及のない彼の本と考えているが、そうではなく、アイネイアスが本書のその他のところで言及している本の一つとする考えもある。Whiteheadは「オッカムの剃刀」を適用すれば、後者の方に可能性は傾くとしている。しかし、これは思弁の問題ではないから「オッカムの剃刀」の適用には懐疑的にならざるを得ない。この箇所がこのほかに6箇所に現れる彼自身の著作への言及の仕方と大いに異なっていることに注意する必要があろう (**VII 4, VIII 5, XIV 2, XXI 1, XXXVIII 5, XL 8**)。自分の著書に詳細を委ねるのではなく、詳細をここに書くのであるから、むしろ彼以外の作者による「本」の可能性を考えた方がよかろう (cf.

Winterling 1991, 218)。ただし、「陰謀」とその防止法について関心を集中させているのであるから、彼なりのまとめが入っている可能性の方が高かろう（「XI」註参照）。

3　**キオスで反逆が起ころうとしていたとき** Χίου γὰρ μελλούσης προδίδοσθαι：これがいつの出来事であるかは、ほかに史料がないからわからない。しかし、話の導入の仕方や詳細さから見て、著者も読者もこれらの出来事をよく知っていることが明らかで、それゆえ最近の事件と考えるべきだ、というのが大方の見解である (Hunter/Handford, Budé)。トゥキュディデスにとってキオスは、「繁栄しつつ同時に節度を保った」国であったが (Thuc. VIII 24. 4)、前4世紀になると内乱への言及が現れる (Arist. *Pol.* 1303 a34-35, 1306 b3-5; Aelian *Var. Hist.* XIV 25)。前377年にはアテナイの第2次海上同盟の成員国となっているが、前364年にはアテナイから離反してテバイのエパメイノンダスの側につき、後に再びアテナイ側に戻っている。さらにアテナイの同盟市戦争（前357-前355年）の際には再びアテナイから離反して、ロドス、コス、ビュザンティオンと同盟を結び、ついでカリア王マウソロスの麾下に入っている（以上、*Griechenland* s.v.）。Hunter/Handfordは、この出来事を前357年の離反の際のことだとしており、Budéも意見を同じくする (Loebはわからないとしている)。しかし、Whiteheadはアイネイアスの話が平和時の状況をめぐっている点にこの説の決定的な弱点があるとして、結論的にGehrke 1985, 46-47の議論に従って前355年の平和の直後とする意見に傾くとしている。このときマウソロスに支持されて政権の転覆があったのだと考えられている。なおGehrke, 46 n.30はほかの年代の可能性を否定しようとしている。同盟市戦争下に置こうとする見解については、すでにエパメイノンダスと結んだことのあった前357年段階の状況と、こうした急激な武装解除とは相容れないだろうとしている。

港の防材 τοῦ τε λιμένος τὸ κλεῖθρον：これについてはVIII 2「障害物」註参照。

索具を ἄρμενα：この語についてはXVIII 11「道具」註参照。

4　**国を防衛している者の多く** τὸ πλῆθος τῶν τὴν πόλιν φυλασσόντων：この者たちを「解雇する＝無賃金の状態にする ἀπόμισθον ποιῆσαι」というのだ

から、彼らは明らかに傭兵である。傭兵をポリス防衛のために使っている状況がここから推測できる。傭兵の保持がこのころ大きな負担であったことは、XIIIからも明らかである。

5 **（有利に）なるであろうこと** ἅπερ ἔμελλεν：M写本には 'ἔμελλον'（三人称複数）とあり、Hunter/Handfordはこれを維持しようとする。中性複数を主語とするときに複数を使う例はXVI 8にも現れ、Xen.では普通に現れるというのが理由である。ここの訳に変わりはない。

それゆえ、こうしたことを成就したいと願っている者につねに注意しておかねばならない：後世の人間なら挿入したいとは普通考えないようなところにこの文が置かれていることが、頻繁に現れるこうした注意をアイネイアス本人のものであるとする強い論拠となる、とHunter/Handfordは言っている。

成就したい τελειοῦν：M写本には 'λειοῦν' とある。B写本には 'λειοῦν' とあって、その語の前の余白に 'τε' が挿入されている。そのためC写本、Casaubon以来この読みをとるのが一般的になっている。しかし、Hunter/Handfordは 'λειοῦν' が十分適用可能で、比喩的使用として 'smooth the way' の意にとればよいとしている。

6 **雄鹿とイノシシ用の網** δίκτυα ἐλάφεια καὶ σύεια：一番丈夫な網に違いない。XXXVIII 7に出る同様の表現は、ここを参考に校訂されたもの（**同所「イノシシまたは雄鹿用の網」**註参照）。

帆 ἱστία：M写本に 'σύεια'（「イノシシ」）とあるのを数行上の語との混乱として、こう訂正するのが一般。

7 **アルゴスでは次のような方策がとられた**：アルゴスは長い間民主政体制下にあったが、前418年にマンティネイアの戦いでスパルタに敗れた後、その冬にはスパルタに友好的な寡頭政体制が樹立された（Thuc. V 81. 2）。第1回目の民衆攻撃はこのときのことを指そう——なお、この寡頭政体制は続く前417年夏には民衆派の襲撃によって潰されている（Thuc. V 82. 2）——。では、「2度目の攻撃」とはいつのことを指すのだろうか。多数説は前370年の、1万2000人を下らぬ有力者が殺されたときのこととしている

(Diod. XV 57. 3-58. 4)。Whiteheadはこの説に疑義を呈したDavid 1986を参照しつつ、アイネイアスの冷静な記述とDiod.の衝撃的な記述との差、とりわけ前者では1人の民衆指導者が事態を支配しているのに対し、後者では多くの民衆派が力を持っているという事実を指摘し、前386年から前371年の間に起こり、失敗裏に終わった寡頭派革命に関わる言及だとするDavid説に好意を示している。Hunter/Handfordは、前415年にアルキビアデスが2回目の寡頭政革命を企てており（Thuc. VI 61. 3)、Köchly/Rüstowはここをその年に比定しようとしていることを紹介するが、Hunter/Handford自身はこの反乱が実際に起こったかどうかは不確実だとして、前370年説をとっている。まず、アイネイアスの記述とDiod.の記述との差が大きいことはそのとおりで、前370年説は支持しがたい。次に「2度目の攻撃 τὴν δευτέραν ἐπίθεσιν」という言い方は、1度目の攻撃とあまり時を離れていないことをむしろ示唆するだろう。とすれば、Diod. XIII 5. 1によっても実際に起こったことが推測できる――Hunter/Handfordもそれを指摘している――、アルキビアデスの「個人的友人 ἰδιόξενοι」による（そしておそらくアルキビアデスとは無関係な）革命の試みに、この記述を比定するのが最もありそうなことのように思われる。

民衆の主導者 ὁ τοῦ δήμου προστάτης：Hunter/Handfordは、民主政下の役職への言及の際は「役人 ἄρχοντες」「同僚官 συνάρχοντες」といった曖昧な表現か、'προστάται τοῦ δήμου'といった複数形が用いられているのに対して、ここには単数形が使われていることから、アイネイアスが「アルゴスに、アテナイ同様、皆に認められているこうした官職があった」ことを知っていることを暗示すると考える。しかし、Whiteheadはこれに否定的で、そもそもアテナイにこうした官職はないし、その他のところの例も説得力がないとしている。Whiteheadは、これを一般的言及と解し、単数形は卓越した1人の民衆主導者の存在を意味するだけだとしている。'δῆμος'同様'προστάτης'という語もこの章のみに四度現れる (**7, 8, 10bis, 15**)。その他の箇所では'ἡγεμών'という言葉が使われており、本章の特異性を補強する用例ともなっている（本章冒頭「**XI**」註参照)。本章を後世の挿入と考え

るかどうかはともかく、このことは Hunter/Handford のように他章との比較からものを言うことの意味を減殺しよう。Whitehead の解釈を受け入れておく。

10bis　同様のこと：部族の中に富裕者たちを散らばらして革命を防いだ話が続く。しかし、本章の1では「市民の中の敵意を抱いている者たちに注意を払」わねばならない例を述べるとしていた。要するに、話の流れに応じて部族に焦点が移り、ついで別のやり方で革命を防止した例がきて（12）、13で最初の主題に戻るという構成になっている。

ヘラクレイア：黒海南岸のポリス。この国は、前560年頃メガラ人とボイオティア人とによって建設された。この地にはマリアンデュノイ人が住んでいたが、彼らはヘイロータイに似た地位に落とされたとされる。最初農業主体であったが、前5世紀半ば以降の黒海交易拡大に伴って経済的発展を示し、前4世紀に繁栄期を迎えた。前364/3年、プラトンの弟子であったクレアルコスによって政権が掌握され、彼は僭主となった（**XII 5「傭兵を指揮していた者」**註参照）。前353年、彼が殺されると弟サテュロスによって僭主は継承され、その後もクレアルコスの息子たちによって独裁体制は継承されて、前280年まで続いた。ここでの話は「民主政の政体をとっていたとき」のことであるから、前364年以前のことでなければならないだろう。

三つの部族と（各部族）四つの「100人」 τριῶν φυλῶν καὶ τεσσάρων ἑκατοστύων：三つの部族はドーリス系ポリスに見られる、ヒュッレイス、パンフュロイ、デュマネスの3部族のことと考えられる。これについては変更はなかった。後者の「100人」はそれと独立してあるのではなく、各部族に四つずつあったと考えられている。要するに、12の「100人」を60にしたのだから、人数的にはその名前から離れたものとなっただろう。

12　昔ラケダイモンにおいても：これは Strab. VI 3.2-3 に伝えられる、第1次メッセニア戦争の終わりに「乙女の息子たち Παρθενίαι」によって起こされた事件を指していると考えられている――第1次メッセニア戦争の年代については、前8世紀末から前7世紀初めまで議論がある、Christien & Ruzé 2007, 33-34――。ストラボンの同箇所には、シュラクサイのアンティ

オコスとエフォロスとの2人の伝えが述べられているが、両者はいくつかの点で相互に異なり、アイネイアスの記述とも異なっている。アンティオコスによれば、「（革命の指導者とみられた）ファラントスが帽子をかぶったときに」蜂起が試みられる手筈になっていたが、伝令使がそれを禁じたため、蜂起を企てていた者たちは企てが漏れたと知って逃げ出したりして蜂起は阻止された。一方、エフォロスによれば、「乙女の息子たち」がヘイロータイと共同して蜂起を計画し、「合図としてアゴラでラコニア風帽子を上げること」で合意していた。しかし、何人かのヘイロータイの通報によってスパルタ人は蜂起を知ったのであるが、ヘイロータイの数が多く結束も固いことを見て力での鎮圧をあきらめ、帽子を上げようとしていた者たちをアゴラから立ち去るように命じたため、同様に蜂起は阻止された。アイネイアスの話は、エフォロスのそれに近いが、ヘイロータイの数の多さの指摘がアイネイアスの言わんとする数の分散とどう関わるのかはよくわからない。また、Polyaen. II 14. 2 にもエフォロス風の話がとられている。

13 ケルキュラでは：Diod. XV 95. 3 に語られる、「（カレスは）同盟国であるケルキュラに航行し、その地で大きな内乱を引き起こし、多くの殺人と掠奪を横行させた。そのため、同盟国の間にアテナイに対する非難が生ずるにいたった」ときのことと考えられている。この年代は前361年とするのが一般的解釈である。

蜂起 ἐπανάστασιν：この語もまたこのXIにのみ現れる。「XI」註参照。

カレス：前4世紀のアテナイの有名な軍人で、たびたび将軍に選出されている。将軍として最初に知られる行動は前367/6年のフレイウス人に対する援助で（Xen. *Hell*. VII 2. 18-23）、そこからすると生年は前400年よりかなり後とは考えられない。一方、前324年に依然傭兵隊を率いていたとの伝えがある（Plut. *Mor*. 848e）。それを信ずるとすればそのとき70歳代であったはずで、その後すぐに死んだらしい（以上、*APF* 15292）。いずれにせよ、ここで語られているのは彼の初期の活動で、ケルキュラはこの結果第2次海上同盟を脱退することとなった。

14　**先頭を切って** ἄρχοντες：この'ἄρχοντες'を多くの訳者のように「役人」の意ではなく、'begin'の意でとるのはBarends s.v. ἄρχωに基づいている。

吸血具を σικύας：'σικύα'とは「ヒョウタン」の意味だから、「吸い瓢(ふくべ)」のようなものであろう。

XII

[同盟国について注意すべきこと]：前章とつながるのは、ケルキュラにおける同盟国アテナイの動きからである。

1　**〈……〉**：Casaubon以来、何らかの欠落があると考えられている。提案された補いは、「導き入れられた ἐπηγμένων」(Reiske)、「受け入れられた δεδεγμένων」(Hercher)であったが、Hunter/Handfordは前者よりもわずかによかろうとして「入れられた εἰσηγμένων」を新たに提案している。

皆一緒に ἅμα：Liddel-Scott s.v. II: 'together, at once, both, without direct ref. to time, ἅ. πάντες or πάντες ἅ. Il. 1. 495, al.'

先述と同様のやり方で ὁμοτρόπως ... τοῖς προειρημένοις：Whiteheadは、市民団の分離に関わる**XI 10**と**XII 11**よりは**III 3**を指していようとしている。しかし、「同じ理由」というのは「民衆が富裕者よりも多くなるがごとく、市民軍が同盟軍より多くなる」ということを指していよう。とすれば、「富裕者を分離したと同様のやり方で、同盟軍を分離せよ」の意に解するのが妥当のように思われる。

2　**傭われた外人兵と……牛耳られることとなる**：同様に、傭兵より市民兵の方が多いことが重要だと述べているものとしてXen. Vect. II 2. 3-4がある。Xen.は、その方がポリスに利益を与える——メトイコイから従軍義務を免除することにより、メトイコイはよりアテナイに好意を抱き外人がより多くやってくるようになるから、というのが文脈上Xen.が言わんとすることである——だけでなく、アテナイが外人よりも自国民に頼っていると思われて国家への勲章になる、とその理由を述べている。アイネイアスのように、同盟軍によってポリスが牛耳られることを心配していないの

は、彼らの依拠したポリスの力の違いと言うべきなのだろう。

3 **こうしたことは……送った**：文章上の不備が指摘されている。まず、〈キュジコス人 οἱ Κυζικηνοί〉という語は見えないが、次の文からこうした主語がなければおかしいと考えられる。一方、〔カルケドン人の同盟者 οἱ τῶν Χαλκηδονίων σύμμαχοι〕はM写本に見えるが、「キュジコス人」という固有名詞がなくこれだけ出るのは妙である。したがって、一番簡単な説明は、「キュジコス人」という語が読めなくなっていたため、註として「カルケドン人の同盟者（が欠けている）」と書かれていたものがその後テクスト本文に混じり込んだ、というものであろう（Hunter/Handford）。

こうしたこと οἷον：これがいつ起こったのか確実なことはわからないが、前363年と前360年の間のことと考えられる。ビュザンティオン、カルケドン、キュジコスが穀物不足から共同してアテナイ行きの穀物船を停止させる一方、キュジコス人はアテナイとの同盟国プロコネソスを包囲していた。カルケドンの包囲はそれに対する報復のために起こったのであろうと考えられる（Hunter/Handford）。ただし、この推測を支える史料［Dem.］L 5-6には、カルケドン包囲については何も触れておらず、Whiteheadの言うように状況証拠でしかないことも確かである。

4 **かくて市民によって準備できる兵力よりも大きな兵力を自らの国に導入すべきではない**：同様のアドヴァイスは、前3世紀後半のエペイロスに関連してPolyb. II 7. 12にも見られる：「思慮ある人は（自分たちより）強力な守備隊を、とりわけバルバロイの場合は決して導入してはならない」。

5 **傭兵を指揮していた者** τοῦ εἰσάγοντος τοὺς ξένους：クレアルコスのことと考えられる。**XI 10bis「ヘラクレイア」**註参照。クレアルコスは黒海沿岸のヘラクレイア出身、若いときにアテナイに赴きプラトンに学び、ついでイソクラテスの講筵にも連なった。イソクラテスは後に彼の息子ティモテオス宛の書簡で次のように言っている：「父上クレアルコスは、われわれの下にあった当時は、父上に会った誰もが認めていたことですが、学校に集まった者の中で最も自由人らしく、温厚で、思いやりのある人でした。しかし、政権をとると、かつての父上を知る誰もが驚くほど変わってし

まったようでした」(*Ep.* VII 12)。帰国後、故国を追われ、軍人としてペルシアのサトラップであったミトリダテスに使われ隊長にまでなった。一方、民主政下にあったヘラクレイアでは寡頭派の不満が募り、アテナイのティモテオス、テバイのエパメイノンダスに援助を頼んで失敗した後、ミトリダテスにすがることとなった。そして、部下であったクレアルコスが傭兵隊長として派遣された。彼は、よく傭兵の訓練が行き届いているふりをして、自分に要塞を与えるよう市民たちを説いた。それを得て立場を固めると、ミトリダテスを呼び町を占領したが、ミトリダテスを捕縛し人質として金を取ろうとした。ついで、寡頭派を裏切り自らを民衆派の領袖と宣言して僭主となり（前364/3年）、その地位を11年間保った。彼の統治のやり方の例を伝えるのはPolyaen. II 30.3で、彼は市民の多くを殺戮したいと欲したが口実が見つからず次のような方法をとった。16歳〜65歳の市民を徴集し、夏の暑い日に遠征を敢行した上、風の通らぬ水のよどんだ沼地に野営させて動かぬよう厳命する一方、自らは涼しいところに陣取った。そして兵士が疲れや病気から死ぬようにさせたのである。彼は前353年、やはりプラトンの弟子であったキオンとレオニデスの2人に殺された（以上、主としてHunter/Handfordに基づき、Whiteheadの注意書きをも考慮している）。なお、Arist. *Pol.* 1306 a22-24は、傭兵の指揮権を委ねられた者が僭主にしばしばなることを指摘し、その例としてコリントスのティモファネスを挙げている。

XIII

2　給料と糧食 τὸν δὲ μισθὸν καὶ τὴν τροφὴν：前4世紀において、この二つははっきりと区別されるものとなっていることを、Pritchett I, 3-6; Griffith 1935, 264-273が論じている（ただし、Pritchettの根拠の一つはアイネイアスのこの箇所で、ここに *misthos* と *trophe* との区別が明瞭に示されているとしている）。一方、翻訳者、註釈者の多くはこれらを一つのまとまったものと考え、次に出る 'τὸ μὲν ... τὸ δὲ ...' を 'partly ... partly...' (Hunter/Handford,

Loeb) や、'une partie ... l'autre ...' (Budé) と訳している。Whiteheadのみは Pritchettの議論を認め、さらに分配の仕方を量的ではなく質的なものとして、'τὸ μὲν ... τὸ δὲ ...' を「給料については……糧食については」の意にとろうとするPritchettの考えにも基本的に賛成している。しかし、Pritchettが「給料を富裕者が、糧食を国家が提供する」と考えるのには反対し、「給料を国家が、糧食を富裕者が」という分配を、完全にはわかりがたいとしながらも、主張している (Whiteheadは、A + Bの語順をB + Aの順で受ける、尊重されるべき例があるとしていくつかを挙げている)。

この問題については、以下のことを言い得よう。(1) 給料は、アテナイにおいては、前5世紀半ば頃、掠奪品を国家が戦費に充て、個人の利得でなくなることと代わって導入された。一方、糧食は最初それぞれの兵士が持参することが基本であったが (多くの場合3日分、その他に5日分、10日分)、国家が資源管理をしていたり食糧調達の能力があるときには糧食を配分したろうし、友好国が調達することもあったろう。糧食費の支払いのためには貨幣経済の進展と糧食を買える前提がなければならなかった (Burrer 2008, 75-77)。(2) 賃金と区別される糧食費という観念が初めて現れるのは、前400年頃のことを言っているXen. An. VI 2. 4-5においてとされる (Burrer, 75 mit n. 18)。それ以前のThuc. においては、'μισθός' と 'τροφή' が同じ意味で用いられ、糧食費を表していることをPritchettが主張していたが、Loomis 1998, 33-36はこの語が意味するのはPritchettの言うような糧食費ではなく、糧食費と賃金とを合わせた総額であることを主張している。(3) 前4世紀において給料と糧食とが区別されていることは、Griffithの挙げる [Arist.] Oec. の例が明瞭に示している (II 2.23, 24, 29、なおII 2.8についてGriffithは自らの考えに基づいて新しい読みを提唱しているが〈270 n. 2〉、必ずしも受け入れられていない〈『経済学』註 (八) (3)〉。また、これらに使われている「糧食」は 'σιταρχία, σιτηρέσιον' であって 'τροφή' ではない)。そこには傭兵を使う将軍やサトラップの支払いに関わるエピソードが語られているが、給料と糧食費とを別々に支払わなければならないことを示してはいない。(4) 給料と糧食費の支払いの実態につい

ては、さまざまなケースが見られ一般化することは難しい。給料は働いた後に、糧食費は前もって支払われるのが一般的であったようだが、給料を前払いすることも（とりわけ徴募の目的で）あった(Burrer, 77-78)。しかし、糧食の手当てをしなければ兵は戦えなくなるか逃げ出すかするであろうし、給料を払わなければ反抗が起こる可能性もあった。(5) そうした状況下で、傭兵を使う者にとって大事なのはともかくも必要な金を用意することであったろう。給料と糧食の費用を別々にして国と富裕者とがそれぞれ分担するというのはあったかもしれないが、必ずそうしなければならないというわけではなかろう。ギリシア語自体もそのように読むことを支持しないし、アイネイアスがそのような具体的手順を指示することもありそうにない。以上により、Whiteheadの考えではなく、多くの訳者、註釈者の見解に従うこととする。

4 　各人が国に払うべき税から（その分を）引いて支払わせることによって
ὑπολογιζομένοις ἀπὸ τῶν εἰς τὴν πόλιν εἰσφερομένων παρὰ ἑκάστου τελῶν：ギリシア語が拙く、意味がとりづらい。この読みでは富裕者が国に支払う税金が国が彼に払うべき返済額より多いことを想定していることになる。それは驚くべきことだとHunter/Handfordは言い（これについては次註参照）、以下のSchoeneの校訂案を紹介している。それによれば最初を'ὑπολογιζομένων'とし、多くの校訂者が'ἀπὸ'に変える写本上の'ὑπ' 'をカッコに入れて読まない。これをとれば、「各人が国に払うべき金額を考慮して（つまり、その額を彼に返済する額から引いて）」の意になる。しかしHunter/Handfordは、終わりを同化させることが多くの間違いの原因であるが（最後の'τελῶν'を考えていよう）、元来同化していた'ὑπολογιζομένων'がどうして写本でわざわざ'ὑπολογιζομένοις'に変わることがあるのか、とこの読み弱点を指摘している。Loebはこの読みをとっているが、その他は本訳のようにとっている。

返済 κομιδῇ：Hunter/Handfordは、税が富裕者への返済金より多いと考えられていることに驚きを表しているが、Budé 25 n. 1は傭兵の糧食費、宿泊費は奴隷のそれより高くないとし、この時代の傭兵への支払いは前5世紀

頃より大きくなかったと論じている。しかし、Whiteheadは自身の考えに従って、双方とも富裕者が払うのが給料ではなく、糧食費であったことを考えていないと指摘しているが、おそらく彼の考えは支持できない（「**給料と糧食**」註参照）。

以上のようにすれば οὕτω：個人への依存が大きい、非常に小さな国家以外これを忌避しようとすればいくらでも忌避できる道が開かれていたこと、富裕者たち（たとえば前4世紀のアテナイの富裕者たち）がこうしたことに協力的でなかったことに基づき、アイネイアスの計画が実現され難いものであったことを、Griffith 1935, 256-257; Ehrenberg 1969, 86 がそれぞれ説いている。Griffith はアイネイアスが包囲された都市という特別の状況を考えているとして、前396年にアゲシラオスが小アジアの同盟国で富裕者たちを徴用し、自身の代わりに馬と武装兵を提供させたことが類似例となるとしている（Xen. *Hell*. III 4. 15, *Ages*. I 24 etc.）。

XIV

一体性への εἰς ὁμόνοιαν：X 20「一体となっている」註参照。

1　先述：X 20以下において。

彼らにさまざまなやり方をなしてであるが ἄλλοις τε ὑπαγόμενον αὐτοὺς：字義どおりには、「彼らをその他のやり方にも導いて」。'ἄλλος' が対比されるものの前にしばしば置かれることは、cf. Smyth § 1273。

こうした人間が最も恐ろしい控え手だからである：控え手については次の註参照。「こうした人間」すなわち負債を負った人間は、「貧しさや約束の義務から、あるいはその他の困窮から誰かに従わざるを得ない者」（V 1）であって、革命に向かいやすいというのが彼の考え方であろう。Hunter/Handfordは、Arist. *Pol*. 1305b39を指示して、アリストテレスも支払い不能の負債者の危険性を主張しているとする。アリストテレスのこの箇所は、「放縦に暮らして私財を浪費したときにも寡頭政の変革が生ずる」というのであって、富裕者の浪費を示していて必ずしも負債者のことを言ってい

るようには見えない。アイネイアスが考えているのは、貧しく負債を返すあてが見つからない者のことであろう。

控え手 ἔφεδροί：'ἔφεδρος' は原義 'sitting by, at or near' の意で、ボクシングやレスリングの試合では、その対戦の勝者と次に戦おうと待っている第三者を意味する (Ar. *Ra*. 792; E. *Rh*. 119)。その他、次を待っている者、つまり「後継者」の意味があり (Hdt. V 41)、また単なる「敵対者」の意味でも使われる (Pi. *N*. 4. 96; Xen. *An*. II 5. 1)。ここではこうした意味を受けて、「機会を狙う者」の意が含まれ、何か事があった場合突然立ち上がる可能性のある人物を意味していよう。Thuc. IV 71, VIII 92. 8 の 'ἐφοδρεύω' はそうした意味を含んでいる。

必需品について困窮状態にある者 τούς τε ἐν ἀπορίᾳ ὄντας τῶν ἀναγκαίων：「雇用」を与えるということではなく、まずは「食糧」のことが考えられていよう。Hunter/Handford は、「アイネイアスが、都市全体が食糧不足に陥る可能性を考えているのではないことは注記に価する。少数の例外を除いて、……ギリシアの戦争における包囲作戦は飢餓よりも裏切りによって決着がついた」と言っている。これに対して、Whitehead はアイネイアスの記述が包囲戦の状況だけに限定されているわけではない可能性を注意しつつも、公平なコメントだとしている。包囲戦下での食糧状況については、**XL 8** で軽く触れられ、それらについては『戦争準備論』(**VII 4** 参照) の中で詳述したと言われている。

2 『調達論』において ἐν τῇ Ποριστικῇ βίβλῳ：この本への唯一の明示的言及。Hunter/Handford は、この本は Xen. *Vect* (περὶ πόρων) に対比できるが、Xen. の方は平和時の国家財政を「より広い根拠から」扱っているとしている (p. xiii)。Whitehead は、その考えはこの本の主題の広がり——ここでは明示的に、その他のところでは暗示的に述べられている——を過小評価している、と批判している。また彼は、この本の性格は [Arist.] *Oec.* から判断できるとする説を批判して、それはアイネイアスの残っている本書に比して逸話的要素が際立っており、アイネイアスの失われた著作がそうした要素を持っていたと考えるべき理由はない、としている。

XV

1 **こうした処置がなされたとしよう** κατασκευασθέντων δὲ τούτων：これまでのことを離れて新しい主題に入る。以下『攻城論』の第2部となる。

烽火の合図がなされたり πυρσευθῇ：この動詞については、VI 7「烽火担当者」参照。合図の仕方については、VII 4「どのように松明信号を掲げるか……」参照。

2 **その場にいる人々** ⟨τοὺς⟩ παρόντας：⟨τοὺς⟩ を入れてこれを目的語にしようというのはHercher以来の読み。Hunter/Handfordは挿入を必要なしとして、'τοὺς ... στρατηγούς'にかけて「その場にいる将軍 (あるいは、将軍はその場にあって) 指揮をとる」の意に読もうとする。'συντάσσω'に自動詞的使用の例はあまりないようだが、いずれにせよここで言いたいのは、迅速に統制をとれということであろう。将軍はどこにいようと人々の間に秩序を回復させなければならない。

統制のなさ ἀταξίαν：アイネイアスにおいてこの語が現れる唯一例。アイネイアスにはこれの反対語'εὐταξία'は現れない。しかし、彼が本書の全体を通じて「統制のあること (と訓練)」を重要視していることが明らかである。これはクセノフォン、イフィクラテスの考え方と共通している、cf. Pritchett II, 236-238。

3 **1隊か2隊分** λόχου ἢ διλοχίας：「隊」＝ロコスについては、I 5「いくつかの隊に分ける」参照。

思慮に富む指導者 ἡγεμόνος ... φρονίμου：指導者が思慮に富む者でなければならないという考えは、I 7, III 4にも現れている。こうした考えはやがて、血筋よりも能力を重んずる考えとなろう。ローマ帝政期初期の、将軍は血筋や財産よりさまざまな気質や才能によって選ばねばならない、とするオナサンドロスの主張はその到達点である (Onas. I 1)。

4 **次から次へと多くの者を** ἄλλο καὶ ἄλλο πλῆθος：Hunter/Handford以来定着したかに見えるこの読みは、'κατὰ ἄλλο πάθος'という写本の読みに対するMeinekeの修正とHunter/Handford自身の補いに基づいている。

5 **使える騎兵と軽装兵** τοὺς ὑπάρχοντας ἱππέας καὶ κούφους：この表現から

III 註　解

　　Hunter/Handfordは、「前4世紀においてさえ、小さいポリスでは重装兵のほかは正規に組織された軍がないことが時としてあった」と解釈する。これに対しWhiteheadは「こうした軍を通常、ある程度利用できた」とする解釈の方がより自然だとしている。

重装兵が οἱ ὁπλῖται：写本に「市民がοἱ πολῖται」とあるのをKöchly/Rüstowが最初にこう校訂し、後の校訂者も受け継いでいる。Burliga 2012, 61-63は、アイネイアスにとって「市民」は「重装兵」だったのであり、このように変える必要はないと論じている。

6　土地の曲がり角……ようにである：Budé 28 n. 1はこの助言から、アイネイアスが傭兵を念頭に置いていることが示されるとする。一方、Whiteheadはそうした推論は保証されないとする見解に賛同している。私自身の経験から言えば、ペロポネソス半島の内陸部においては、似たような土地が多く現れるから、必ずしも傭兵のことばかりを考えなくともよいように思う。

8　トリバッロイ人 Τριβαλλοί：トラキア北部にいた部族（Hdt. IV 49.2; Thuc. II 96.4）。トラキア人、一部はイリュリア人に属す。ギリシア世界から遠く離れた土地に住んでいる者たちであるが、何度かギリシアの文献に現れている。残酷で野蛮なバルバロイの典型と意識されていたようで(e.g. Ar. *Av.* 1529, 1565-1569; その他の例についてはSommerstein on Ar. *Birds*, 1529)、たとえば不敬を繰り返す若者の集団が「トリバッロイ」を自称した例がある（Dem. LIV 39）。ペロポネソス戦争中には、オドリュッサイ部族の王シタルケスを戦闘で殺している。後にマケドニアのフィリッポス2世とアレクサンドロスが激しい戦闘の末にこれを破り、その後イリュリア人に服属することとなった。

トリバッロイ人がアブデラ人の国土に侵入したとき：前376/5年のこととされる。この事件についてはDiod. XV 36. 1-4にも違った形で語られている。それによれば、飢饉から3万人以上のトリバッロイ人がアブデラの地に侵入し掠奪を働き戻ろうとしたのを、アブデラ人が総出で襲い2000人以上を殺した。これに対してトリバッロイ人は復讐を試みたが、アブデラ人は

先の成功とトラキア人の援軍を得て高揚したまま戦闘に入った。すると、トラキア人が裏切り、アブデラ人は「ほとんどすべて σχεδὸν ἅπαντες」が殺された、というのである。ここには待ち伏せ攻撃のことは現れない。Diod. は、この危機をアテナイ人将軍カブリアスが突然現れて救ったが、カブリアスはここで殺された、としている。ところが、Diod. 自身カブリアスの死を 18 年後に語っていて（XVI 7.3-4）、その他の史料からもこちらの方が正しいとされている。しかし、Diod. のこの誤りが、アブデラ人の話全体に及ぶかは疑問である。一番考えられるのは、待ち伏せという狡知に基づく作戦が、トリバッロイ人に対するギリシア人の軽侮のゆえに（上記「**トリバッロイ人**」参照）、トラキア人の裏切りというトリバッロイ人の狡知とは関係しない原因にすり替わって後世に伝わったということだろう。

アブデラ人 Ἀβδηρῖται：アブデラはトラキア沿岸、ネストス川の東側に位置するポリス。伝承によれば、前 7 世紀半ばにクラゾメナイ人によって植民されたが、直ちにトラキア人によって追い出され、ついで前 543 年頃テオス人によって新たに植民された（**XVIII 13「テオス」** 註参照）。前 512 年頃ペルシア支配下に入ったが、ペルシア撃退後はアテナイの同盟下に入り、最初は 9 万ドラクマ、前 431 年からは 6 万ドラクマの貢租を払っている。前 410 年頃アテナイから離反するが、前 408/7 年に再び戻された。この事件の後、疲弊し保護を必要としたこの国は第 2 次アテナイ海上同盟に参加し、前 340 年頃フィリッポス 2 世によって占領されている。貢租額の高さから当時の繁栄の大きさが推測される。ソフィストのプロタゴラスや原子論者デモクリトス（そしておそらく原子論の創始者レウキッポス）の出身地であるが、「アブデラ人」は「愚か者」の代名詞と見られていた。

10 こうした大きさの一国としては ἐκ μιᾶς πόλεως, τοσαύτης γε τὸ μέγεθος：国の大きさを考慮しての比較は、Thuc. III 113.6, VII 30.3 などにも現れる。

III 註解

XVI

1 **そこで、侵入者に対するもう一つの、以下のごとき救援策の方がよかろう**：Hunter/Handford は、この章の置かれている位置ではなく、文体上の特異性から、**IX** と同様の作者問題が生ずるとしている（**IX 1「諸君に」**参照）。Hunter/Handford は先に「**XVI** は、**XV** に与えられている助言と矛盾しているようだ」(p. 126) と指摘していたが、さらに二人称が頻繁に現れるなど文体上の特色がほかの章とは違うこと、しかし内容上の違いはなくア̇イ̇ネ̇イ̇ア̇ス̇自身が書いたものではないとする証拠は何もないこと、以上を指摘している。彼らの結論は、**IX 1** の註解で見たように、経験を積んだアイネイアス自身による後からの挿入とするものである。

2 **〈夜には〉**〈νυκτὸς〉：補いは Schoene のもの。Hunter/Handford は「夜明に」'ἕωθεν' を補う。後ろに「夜明け前は πρὸ τῆς ἕω」がある限り、こうした補いがないと次の文に続かないであろう。しかし、ここで考察が「夜」に移るのは突然であり、さらにそれ以降の主張が「夜明け前」であることを前提としているかどうか不明確なところがある。家財を救い出そうとする者、危険に向かうのを恐れる者がいることは昼においても変わらないであろう。しかしながら、次の「まったく用意の整わない」者――それ以後の主張との対応から「武装準備の整わない者」の意に解すべきであろう――は、「夜明け前」の状況に合致すると考えられている (Hunter/Handford)。それを踏まえて、'πρὸ τῆς ἕω' に対する唯一の訂正案 'ἀπαράσκευοι προθέσεως'（「計画する用意もなく non parati ad capiendum consilium」）に対して――Schoene は Behrendt に基づき、この提案者として Wuensch を挙げる――、Hunter/Handford は「非常に説得的というわけではない」と判定している。しかし、夜、武器の近くに寝ている者たちが「武装準備の整わない者」となる可能性は、むしろ低いのではなかろうか。こうした3種類の人間が現れるのは「不意打ちの侵入」の場合であろう。とすれば、'νυκτὸς' の代わりに 'ἀπροσδοκήτως ἐμβεβληκότων' とでも補い、'προθέσεως' の訂正案を保持するのがよさそうに思うが、そうした案は今のところ出ていないようである。なお、Whitehead は「夜襲に対して to a 〈night〉 attack」と訳している。

Hunter/Handford に負いつつ補った内容を——言葉の意味ではなくて——考えての訳であろう。補うべき別の語を示しているわけではない。なお、夜に起こった陰謀の例をアイネイアスはこれまでにいくつか挙げてきている、プラタイア (II 3-6)、キオス (XI 6)、アルゴス (XI 8)。

まったく統制がとれておらず ἀτακτότατοι：**XV 2「統制のなさ」**参照。

大急ぎで畑から家財を救い出そうとする：先の **XV 2**「ばらばらに少数で自らの土地に出撃」しようとする者に呼応していよう。敵が攻めてきたとき、まず個人で自分の土地・財産を守ろうとするのが彼らの行動であった。

3 **恐れを取り除き、勇気をかき立て、武装をさせる**：Whitehead は、これは 2 で述べた 3 種類の人間それぞれに応じた対処法であると考えるのが自然であろう、としている。また、ここで考えられているのは、敵襲後に召集された兵に対する指導者の演説である。

4 **最強軍の隊列を……心構えている**：Hunter/Handford は、これのよい例が前 429 年のストラトス攻撃作戦に見られるとし、隊列を組み陣営まで警戒を怠らなかったギリシア人に対し、自分たちを過信して自信満々で乱れたまま突っ込んだカオネス人が、ストラトス人の襲撃や待ち伏せによって壊滅に陥った例を指摘している (Thuc. II 81)。

最強軍 τὸ ἰσχυρότατον：次の文に述べられる役割から見ると軽装兵を指しているようである、と Whitehead は考える。しかし、重装兵が敵を「待ち受け」ることも、土地を「荒し回る」こともあり得るから、重装兵と考えても悪くはないはずである。Burliga 2012, 74 は「待ち受け」ているのは「本格戦 a pitched battle」だとして Whitehead 説を否定した上、アイネイアスの基本的考えを知る貴重な句として解釈している。

〈くる〉 〈ἰέναι〉：一見動詞が必要なように見えるが、そうしたものがない例があるとして Hunter/Handford はいくつかの例を挙げている。しかし、動詞があってもおかしくはなかろう。この補いは Schoene のもの。

統制のないまま救援活動をしようとする者 βοηθοῦντας ... ἄτακτον βοήθησιν：'βοήθησις' という形はここのみに現れる。その他のところは 'βοήθεια' という形を用いている (15 例)。

III 註　解

5　**酔っ払う** οἰνωθέντες：戦争における酒の役目については、Hanson 2009, 126-131 が論じている。戦争中も食事において酒を控えるということはなかったことが明らかであるが、景気づけのための戦闘前の飲酒については、それがよくあることだったと示唆する Hanson には誇張があるとして、多くの学者は古典期には一般的でなかったと考えている (Lazenby 1991, 90; Wheeler 2007, 205)。Hunter/Handford も Whitehead も同様に考えている。

7　**撤退路** τὰς ἀποχωρήσεις：Hunter/Handford は、アルメニア王の撤退路を押さえたキュロスの作戦と対比できようとしている (Xen. *Cyr.* II 4. 22-25)。しかし、これは騎兵ではなく、歩兵を用いたものであるし、また山という地形を利用したものでもある。

選抜軍 τοῖς δ'ἐπιλέκτοις：どういう者たちかわからない。定冠詞は、これまですでに述べたもの、あるいは諸国が通常所有していたもののいずれかあるいは双方を示す、と Whitehead は考える。しかし、今までこれについての言及はない。一方、Hunter/Handford は各国に精鋭部隊があったとしていくつか例を挙げる、テバイ (Plut. *Pelop.* 18)、アルゴス (Thuc. V 72. 3)、スパルタ (Thuc. V 72. 4) 等。しかし、Whitehead も指摘しているように、ここの選抜軍は待ち伏せ攻撃をなす軽装兵であろうから、そうしたエリート部隊とは関係のない存在であろう (また、Pritchett II, 221-224 et 221 n. 52)。Hunter/Handford は同時に、14や15に現れる選抜者と同じであろうとも言っている――Whitehead は confusingly と評している――。彼らをエリート部隊とは別と考えるならば、その可能性の方が高かろうし、こうした存在は各国にあったであろうから、定冠詞の存在も無理なく理解できよう。また、この語が突然現れることから、本章の著者がこれまでのアイネイアスとは別人であるか、時を隔てての挿入であるとする証拠の一つとすることが可能かもしれない (1「**そこで、侵入者に対するもう一つの、以下のごとき救援策の方がよかろう**」註参照)。その際は他章との関連を考える必要はなかろうが、先と同様エリート部隊とは別の選抜隊との考えは維持できよう。なお、次の「その他の軽装兵 τοῖς δ'ἄλλοις κούφοις」という言い方自体は、必ずしもこの「選抜軍」が軽装兵であることを示さない

(Hunter/Handford)。攻撃の実体から、軽装兵だと考えられているのである。

密集した隊形 ἀθρόους ἐν τάξει：要するに、戦闘隊形をとらせて進ませるのである。待ち伏せ攻撃に備えるためである (Budé 30 n. 1)。

望まないときには……攻撃をかけよ ἐπιτίθεσο δὲ ... ἐν οἷς ἄκων μὲν ⟨μὴ⟩ μαχήσῃ：Budé 30 n. 2 は、この教えをアイネイアスにはまれではない、陳腐なものの一つと見たくなるとしているが、Whitehead は全面衝突の際の長引く「衝動強迫」を考えればそれほど陳腐ではないとしている。類例として、「賢い指揮官なら、敵たちより優勢であることがあらかじめはっきりしている場合のほかは、進んで危険を冒すことは決してない」(Xen. *Mag. Eq.* IV 13) が挙げられる。

8　先に述べた理由から διὰ ... τὰ πρότερα εἰρημένα：2 以降に説いていたように、統制のとれないまま救援に向かっても、用意の整った敵に返り討ちに遭う危険があるが、彼らの掠奪を許し油断を与えれば、容易に討ち取ることができる、という理由。

取られたものは……取り戻せる τὰ ... ληφθέντα ... σώζοιτο：M 写本には 'σώζοιντο' (三人称複数) とある。'τὰ ληφθέντα' を主語 (中性複数) として三人称単数に改めようとする校訂は古くからあるが (Orelli)、Hunter/Handford はその必要がないとする。こうした例は Xen. に多く現れるし——特に動物に言及するとき、*An.* II 2. 15, IV 1. 13, 5. 25 etc. ——、アイネイアスにも **XI** 5 に例がある、というのが理由である (同所「**……なるであろうこと**」註参照)。訳には変わりない。

9　統制もとれぬ状態で ⟨οὐ⟩ τεταγμένοις：否定辞は Casaubon 以来の補い。Hunter/Handford は、それより 'τετ⟨αρ⟩αγμένοις' と補う方がよいとする。'τάσσω' と 'ταράσσω' との違いであるが、意味するところは同じとなる。なお、Budé はこの後 'κινδυνεύοις' の最初の 'ι' を落とすスペルミスを犯している。

10　先述のように ὡς γέγραπται：8 に述べたことの繰り返し。いささかくどい。

まず敵の行為を許した後、無防備なままの相手を襲撃することである：Budé 30 n. 3 はイフィクラテスがトラキアで敵から逃れた後、とって返し

て掠奪後の敵を襲撃して掠奪物を奪った話を（おそらく前389年のこと、Fron., *Str.* I 6. 3）、この教えをよく示す例だとして挙げている。また、ペリクレスがアルキダモスの徴発に出撃させなかったのも同じ原則からだとしている（Thuc. II 19-24）。しかし、Whiteheadはこちらはもっと複雑だとしている。確かにペリクレスは、アルキダモスを無防備にして襲おうとはしなかったのだから、この例にはならないであろう。

12 夕飯を準備しているときに δειπνοποιουμένοις：同様の助言がやはりXen. *Mag. Eq.* VII 12にある、「陣営が朝食をとっているとき、夕飯の準備をしているとき、また寝床から起きたときに襲うのがよいときもある。これらのどのときにも兵士たちは——重装兵はより短く、騎兵はより長く——無防備になるからである」（また **7「望まないときには……攻撃をかけよ」**註参照）。こうした例は数多く見つかる、シュラクサイ軍のアテナイ軍攻撃（Thuc. VII 40）、アイゴスポタモイでのスパルタ軍のアテナイ軍攻撃（Xen. *Hell.* II 1. 27-28）、イフィクラテスの例（Polyaen. III 9. 53）、その他にHdt. I 63, VI 78; Dem. XXIII 165。

13 船がある場合には ὑπαρχόντων γε πλοίων：海上からの作戦の有利さを説いたものに、[Xen.] *Ath. Pol.* II 4-5がある。また、Hunter/Handfordはこの目的のために艦隊を使う例としてXen. *Mag. Eq.* V 12「海の近くにある者には、船の準備をしつつ歩兵で攻撃することと、歩兵で攻撃するよう見せかけながら海から攻撃することとの、二つの策略がある」を挙げている。しかし、兵の「元気 νεοκμής」を考えているこの箇所とはあまり関係がないようである。関係のあるのは、再び海軍のことが語られる **21** である。

14 キュレネ人、バルケ人 Κυρηναίους καὶ Βαρκαίους：いずれも北アフリカのリビア以東のポリス。キュレネに関しては、前631年頃テラ人が植民する際の市民間の取り決めを定めた著名な碑文が残っている（Meiggs & Lewis, 5）。その他のところからも植民者はやってきたらしく、またリビア人との混淆も早い段階から一般的であった。人口は急速に伸び、前4世紀には人口30万人を数え、当時では最も人口の多いギリシア・ポリスの一つであった。最初王政をとっていたが、前440年頃倒れ、以後は民主政的

政体がとられていたらしい。一方、バルケはキュレネの王と対立する王族の1人によって植民され、キュレネとは異なる政治的立場をとった。前6世紀末、ペルシア遠征軍によって包囲攻撃され9ヶ月耐えたが、ペルシアの奸策によって破られ、多くの市民は奴隷とされた (Hdt. IV 200-202)。政体についてはほとんど知られていないが、古典期においては寡頭政的政体をとっていたと考えられている (以上、*Inventory* no.1025)。

2頭立てあるいは4頭立ての馬車 συνωρίδων καὶ ζευγῶν：ここで'συνωρίς'が2頭立ての、'ζεῦγος'が4頭立ての馬車を表すことについては、cf. Budé 31 n. 2。

と言われている λέγεται：この言い方からアイネイアスはこれらの国についてよく知らなかったことが示唆されよう。Hunter/Handford は、彼は南と西には遠くまで行っていないとしている（西に関してはシケリアについてあまり知らないことを指摘している、**X 22「ヒメラという名の国」**註参照）。しかし、'λέγεται' の使われているその他二つの例（**XV 10, XXXVII 6**）をみれば、誰かの著作に基づいてものを言う場合にこの語を使っていると考える方がいいように思われる（特に後者の例は同じバルケについてHdt. に基づいている）。この語から、アイネイアスの行動範囲を推測するのは勇み足の感がある。

適切なところまで運ばれ……敵に襲いかかるのである：こうした馬車の使用法はホメロスに出てくる使用法に似ている。しかし、ホメロスに出てくる戦車とその使用法については、それが歴史的事実かどうかについて議論があり、まだ定まった見解はない (cf. Wheeler 2007, 193-194)。Whitehead は、ここを根拠にホメロスの戦車の歴史性を証明しようとする見解を紹介しつつも、両者の関係を決定づけるものは何もないと論じている。

15 荷車 αἱ ἅμαξαι：この語は通常 'of the whole wagon' (LSJ s.v.) を表すとされる。しかし、この語の使用をもって、アイネイアスが先に馬車と言っていたのは荷車のことだとすることはできないであろう。ここの話は、救援軍の話から敵が侵入してきた緊急時へと焦点が移っており、おそらく**II 5**の知識を踏まえている。要するに、言いたいことはあらゆる種類の車ということで、それをこの語をもって表したと言えよう。したがって、ここか

129

III 註 解

らも、ホメロスの戦車の歴史性の問題に何らかの解決をもたらすことはできそうもない。

16：これまでは侵入した敵に如何に対処すべきかを述べてきたが、ここから突如想定はまだ侵入が行われていない状態に変わり、予想される侵入にどう対処すべきかが述べられる。

入リ口 αἱ εἰσβολαί：この語は侵入口と侵入路の双方を表し得る。本節の2箇所のほか2箇所に使われているが（**II 2, XXII 4**）、そのどれもが双方の意味を含んでいるように見える。

先述のように ὡς προγέγραπται：WhiteheadはXVI 7よりもむしろXV 1-5を指すだろうとしている。しかし、著者は先にどこかで言ったと思い込んでいるだけかもしれない。本章が後からの挿入であればなおさらそうした可能性は高かろう（**1**「そこで、侵入者に対するもう一つの、以下のごとき救援策の方がよかろう」註参照）。

松明信号 φρυκτοῖς：**VII 4**「松明信号」註参照。

19 馴染みの知識 συνηθείᾳ：ただし、**XV 6**に見るように、迷ってしまう危険も考えなければならなかった。

20 自信を失い臆病となって ἀτόλμως καὶ δειλῶς διακείμενοι：敵の動静がわからないためにそうなることを語った類例として、「警備兵がいるのは知っているが、どこにどれほどいるかわからないために、敵たちは大胆になることができず、すべての土地に疑惑を持たざるを得ない」(Xen. *Mag. Eq.* IV 10)。

諸君と敵との違いは……違いである：類例はやはりXen. *Mag. Eq.*に見出せる、「土地に精通した者と精通していない者とは、前進後退の際における目の見える者と見えぬ者とのように違っている」(VIII 3)。

21 諸君に海軍があるなら ὑπάρχοντος δέ σοι ναυτικοῦ：**13**で語られた船の効用が再び語られる（**13**「船がある場合には」註参照）。

XVII

1 **一体となっていない国** μὴ ὁμονοούσῃ πόλει：「一体性」について、**X 20「一体となっている」**註参照。また、**XIV 1**も参照。アイネイアスにとって、国の防衛の要となるのは、市民が一体となっているかいないかであった。一体性がない場合、いつ亀裂が入り蜂起が起こるかわからず、全民衆が城外に出る祭りや行列などは蜂起のための絶好の機会となるから気をつけねばならないというのが主張である。

炬火競走 λαμπάδος：「光、灯り」の意の 'λαμπάς' は時として「炬火競走 λαμπαδηδρομία」の意も持つ。炬火競走についてほとんどの史料はアテナイに関わるもので、そこではパンアテナイア祭、ヘファイステイア祭、プロメテイア祭でこの競走が行われたことが知られる（Harpokr. s.v. λαμπάς）。アカデメイアの近くのプロメテウスの祭壇を出発地として都市の中の祭壇を目指して多くはリレー形式で競走が行われた（パンアテナイア祭の場合は単独の走者）。儀式の目的は火の更新にあったから、重要な祭壇から出発した。

馬競走 ἱπποδρομίας：騎馬ないし馬車による競走。Pl. *R.* 328a ではベンディスのための祭りに、馬に乗った者による炬火競走が初めて行われると言われており、時として両者が合体することがあったことを示している。

民衆総出での犠牲行列や武装した行列 ἱεροποιίαι πανδημεὶ ἐκτὸς τῆς πόλεως καὶ σὺν ὅπλοις πομπαί：**2** には両者が結合した例が挙げられている。また、たとえばアテナイにおけるゼウス・メイリキオスの祭りや（Thuc. I 126. 6）、ミュティレネにおけるアポロン・マロエイスの祭り（Thuc. III 3.3）、スミュルナのディオニュソスの祭りなど（Hdt. I 150）に全市民が町の外に出ていたことが確認できる。行列はあらゆる祭りにつきものであったし、私的な結婚や葬儀の際にも組まれることがあった。このうちどれほどが武装した行列であったかはわからないが、護衛の場合なども考えれば武装者がいるのは珍しいことではなかったろう。Xen. *Mag. Eq.* III には騎兵隊長官が行列を見場がよくするよう努めるべきことを述べている。

全民衆挙げての船の引き上げ τὰς πανδήμους νεωλκίας：冬を迎え航海シーズ

ンが終わる際に船を引き上げドックに入れるための儀式があったものと思われる。その証拠はないが、Vegetius IV 39に航海の「誕生日 *natalis*」に、つまり春の航海シーズンの始まりに、競技会や見世物で祝われる祭りが多くの都市であったと言われていて、それが根拠に挙げられる。

葬列 συνεκφοράς：トゥキュディデスの、ペロポネソス戦争最初の年の戦死者に対する国葬を叙述した著名な記事の中に「望む者は、市民であれ外人であれ、葬列に加わった ξυνεκφέρει」(Thuc. II 34. 4)とあり、この語もここでは国葬の葬列を意味すると考えられる。

2　例を示そう ἐξοίσω：一人称単数が使われている。類例は、**XXIX 3**に現れる。

アルゴス人の：通常以下に書かれる出来事は、前418年末ないし前417年初めに起こった寡頭派による革命の際のこととされる。しかしWhiteheadは、Labarbe, 1974のこの話をアーケイック期のサモスに移そうとする考えに目を向けることを主張している。Labarbeは、アイネイアスの話とPolyaen. I 23. 2に語られるポリュクラテスとその兄弟が権力を掌握した際の話との驚くほどの類似に注意を向けている。そして、Polyaen.の方はヘラの神殿での祭りの際のこととしているが、アルゴスにもヘラ信仰が重要な位置を占めており(Hunter/Handfordはこれがアルゴスとミュケナイの間にあるヘラ神殿でのヘラの祭りのことであるのはほぼ疑いないとしている)、そのためアイネイアスは間違えてアルゴスのこととした、とするのである。Whiteheadは、よくできた議論であるが、積極的証拠を欠くことはやむを得ないとしている。

自分たちのために行列用の武具を一緒になって要求した αὐτοῖς συνῃτοῦντο ὅπλα εἰς τὴν πομπήν：Budéの採用するHunter/Handfordの読み。Hunter/HandfordはM写本の'συνηττοῦντο'に提案されているどの読みより近いというのでこの語を選んでいる。そして、'συναιτέω'はこのほかには現れないが、'to join in demanding'の意であることに異論はなかろうとし、中動相は能動相と同じように使われるとしている。さらに、この読みが認められるなら、アルゴスにおいて市民の武器はどこか公共の場に集められていて、

個人の家にはなかった、ということがわかるとしている。Hunter/Handford は自らの提唱する読みに合うよう、'αὐτοῖς' を 'αὑτοῖς' に変えてもいる。Hunter/Handford 以前、ここはさまざまな読みが提案されていたが、おそらく最も説得的なのは、Meineke の 'αὐτοῖς (sc. τοῖς ἐν ἡλικίᾳ) συνῆπτον τὰ ὅπλα εἰς τὴν πομπήν'（「兵役年齢にある者たちとともに武器を行列へもたらした」ということになろう）であろう。Hunter/Handford の修正がこれよりも勝り、市民の武器の所在についての史料として使えるという確信は持てない。なお、Loeb のとる 'αὑτοῖς συνείποντο ἔνοπλοι εἰς τὴν πομπήν' は Hertlein のもののようだが、やや変えすぎだろう。

4　**こうした陰謀に** τὰς τοιαύτας ἐπιβουλάς：この 'ἐπιβουλή' は「陰謀」から少し広がって「急襲」「襲撃」の意を強く含んでいよう。I 6「陰謀」註参照。

5　**キオス人** Χῖοι：キオスへの言及はここと XI 3-6 にある。いずれもその他の史料からは知られていないことを述べている。アイネイアスはキオスの事情に詳しいらしいことが推測される（Budé 35 n. 1）。

6　**先述の兵たち** τῆς προειρημένης δυνάμεως：これが何を指すのかはっきりしない。Budé は前節の「武装した警備兵」に結びつけようとしている。Hunter/Handford は I 4 に出てくる「役人を取り巻く者」への言及だとし、Whitehead もそれに賛成している。おそらくここは後者のようにキオスとは離れて理解すべきであろう。そのためここに改行を入れた。

XVIII

1　**合図をしなければ** σημαίνειν：合図の重要性については IV で、食事と見張りのための合図については VII で述べられている。

城門について περὶ τῶν πυλῶν：ここで城門の構造について見ておこう。主たる参照文献は、Hunter/Handford, Barends, Budé であるが、それぞれが若干違った理解を示している。しかし、Budé が言うように、城門にも多くの種類があったろうから、細かな違いにこだわる必要はないのかもしれない。実際大筋においてはどれも一致しており、それを取り出せば以下のよ

III 註 解

うになろう。

(1) 城門には二つの「扉 σανίδες」があり、それらは内側（都市側）にしか開かない。二つの扉は「横木 μοχλός」によって止められ，横木は壁に開けられた収納用の穴に保持される。

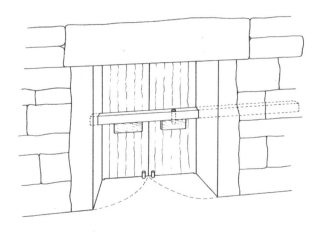

図 XVIII-1：Budé の考える城門
☆ Budé は支え木を扉につけ、そこに留め具受けを設け横木を固定する方法を考えている。
（Budé, Fig. I による）

(2) 横木を固定する工夫があり，横木に開けられた「留め具受け βαλανοδόκη」に「留め具 βάλανος」を落とし、支え木ないし壁に固定するやり方か、横木を通す箱形のものを扉に取りつけ、箱の上に開けた留め具穴から留め具を落とし、横木を動かないようにするかであった。

(3) 留め具は鉄製で、その名のとおり「ドングリ」状をしていたと考えられる（'βάλανος' の第一の語義は 'acorn'）。その場合、殻斗のないものとあるものとの2種類があったと考えられる。留め具を一度入れるとそれを取り出すには道具が必要となる。要するにそれが鍵であるが、2種類あり、一つは全体を掴んで引き出す 'βαλανάγρα'、もう一つはニッパーのようにはさんで取り出す 'καρκίνος' または 'θερμάστιον' である（鍵の図は後掲）。

XVIII

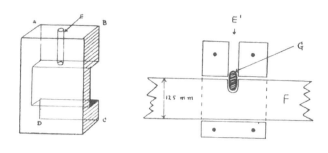

図 XVIII-2：Barends の考える箱形の鍵
☆ G が留め具。
(Barends, 164 Diagram 2 による)

図 XVIII-3：Barends の考える 2 種類の留め具
(Barends, 164 Diagram 2 による)

気を配る必要がある。留め具に関わって κλείωνται· καὶ γὰρ περὶ τὰς βαλάνους：M写本には'κλείωνται'の後に 5 文字ほどの空白があって'περὶ'が現れる。B写本周縁部に'γὰρ'が書かれているというのが'γὰρ'が現れる理由で、'καὶ γὰρ' は Oldfather の読み。Casaubon は'περὶ γὰρ'と読み、Hunter/Handford はそれをとる。ここでは後者を念頭に置いて訳している。

留め具：前掲「城門について」註参照。ペロポネソス戦争前夜、テバイ人がプラタイアに侵入した際、逆にプラタイア人に追われることとなり都市から逃れようとした。その際唯一開いていた城門をあるプラタイア人が槍の「石突き στυράκιον」を留め具の代わりにして門を閉めたという話がトゥキュディデスに語られている (Thuc. II 4. 3)。'στυράκιον'は通常の石突きを表す'στύραξ'の縮小形であるから、やや小ぶりのものと想像されるが、留め

135

III 註　解

具の大きさを想像させるだろう。

怠慢 μαλακίας：Hunter/Handford は訳しがたい語として、"Reluctance to go out after dinner and in bad weather is implied, as well as mere carelessness" と解説している。

2　**門を閉めに** κλεῖσαι：'ἐλθών' と結びつけて目的の意味にとるのだろうが、やや珍しい用い方。しかし、例がないわけではない、cf. Smyth §2009。

門番 πυλωρῷ：門番の選出について注意すべきことはすでに V で語られていた。VI「門番の任命」註参照。

3　**留め具が外にとどまって穴の中に入らないようにした**：砂で留め具受けを満たし、留め具を入れても横木の下以上に落ちないようにしたのである。

4　**留め具受けに少しの砂 ἄμμον を入れておき**：留め具が完全に下に落ちらず、周りに少しの空間ができるようにしておき、後からその空間に次第に砂を入れていくことによって留め具を浮かすのである。3 の作戦もこの作戦も、留め具を落とした後、それがしっかり固定されているかどうかを確認しないまま放置されることを前提としている。

砂を ψάμμου：2 行上では 'ἄμμος' という言葉を使っていた。前者はアッティカ方言とされるが、混在して使われていたようである。しかし、ここでの混在を説得的に説明することは不可能である。

5　**留め具を切り** ἐντεμών：Casaubon 以来留め具は鉄製と考えられている。Hunter/Handford が引用しているように Casaubon はこの語を切り傷を入れることと説明し、亜麻糸をしっかり固定するための作業と解している。16 の同様表現からもそれは裏付けられる。

6　**網** γυργάθῳ：LSJ はこれを 'wicker-basket' と説明している。ここではこの意味ではあり得ないとして、Hunter/Handford はいくつかの例を挙げつつこれが 'a fine-meshed net' を意味し得ることを証明している。

押し上げられて ἀνακρουσθεῖσα：Hunter/Handford はこの語から、留め具が固定されるのは壁であると考えている。すなわち、下から穴を開け取り出すことが不可能なようだからである。

はさみ器具で θερμαστίῳ：この形状はアイネイアスのこの記事から読み取る

ほかない。それによれば、一方の側は「溝のようであり οἷον σωλῆνα」、他方の側は「平らである πλατύ」。溝状の側は留め具を「下から掴み ὑπολαμβάνει」、もう一方の平らな側は「上から掴む ἐπιλαμβάνειν」のである。ここからの再構成は論者によって違いがあり、Barends と Budé の再現図はかなり異なっている。ここでは Barends の再現案を掲げておく。Barends によれば、短くまっすぐな H の方を垂直に留め具受けに入れ、留め具とその周りの木の間を曲がっていてより弾力性のある J の側で探っていき底までいたる。そして両側から留め具をはさんで引き上げるのである。

図 XVIII-4：Barends の考えるはさみ器具
☆ J が溝状の側、H が平らな側。
(Barends, 166 Diagram 3 による)

8 ……**国では**：Casaubon によって Polyaen. II 36 との類似から 'Ἡραιέων'（「ヘライア人の」）との補いが提唱されている。Polyaen. が述べているのは、アカイアの将軍ディオイタスがヘライア人の何人かを買収して、城門の鍵型をとらせて夜に侵入しヘライアを占拠した、という話である。これについては、説得的ではないと長く論じられてきたと、Whitehead は三つの点から理由をまとめている。(1) 全般的な類似があるとはいえ、二つの話は重要な点で異なっている。(2) アルカディアのヘライアはアカイアの中にはなく、近くでさえもない。(3) ディオイタスの話は前230年代のことで、アイネイアスの資料となっているその他の出来事より約120年後のことで

III 註 解

ある。その他の補いも提唱されているが、現在まだ確証はない。

9 **引き上げ用の鍵** βαλανάγραν：'βαλανάγρα' については上掲**「城門について」**註参照。

10 **筒と太針** σίφωνά τε καὶ φορμορραφίδα：'σίφων' は樽からワインを引き出すようなパイプを表わす。'φορμορραφίς' はゴザを縫うような大きな針を言う。両者が一緒になって鍵の役割を果たすのであろう。

槍の石突きのように…… στυρακίον ἦ … ：M写本にはこの後に30字ほどの空白がある。これを無視すれば、いちばんわかりやすい読みはLoebの'ὥσπερ στυρακίου ἦ τὸ στελεὸν ἐμβάλλεται'というものだろう（「そこに軸が入る石突きと同様に」）。ここで作られた鍵の想定としてBarendsのものを掲げておく。

図 XVIII-5：Barends の考える引き上げ用鍵
☆大針の持ち手の部分で留め具を引っかけ、筒でそれを押さえ確実に保持できるようにする。
（Barends, 166 Diagram 3 による）

11 **道具** ἄρμενα：アッティカ散文には現れない語。詩では船の索具として使われ、アイネイアスも別のところではこの意味で使っている（**XI 3**）。ヒッポクラテスでは外科の道具として使われ、後に道具一般を表すようになった。

12 **かつてある者たちは** ἤδη δέ τινες：「かつて ἤδη」が先例を表すために用

いられることは、**IV 1**「かつて」註参照。

13 イオニアの大国テオスは……と考えられている：この部分、M写本には次のようにある。'συμβάλλεται γενέσθαι Τημένῳ Ῥοδίῳ ἐν Ἰωνίᾳ Τέως πόλις εὐμεγέθης προειδότος ὑπὸ τοῦ πυλωροῦ.'このまま読もうとすると、まず'προειδότος'につまずく。'προεῖδον'の能動分詞単数属格形として絶対属格ととるとしても'ὑπὸ'以下とうまくつながらない。そこで'πρόδοτος'という形にしてbetrayedの意味の形容詞に読もうとする考えが現れる。この形の形容詞の用例は悲劇に現れるだけだが、多くの校訂者に支持されている。次に直接法現在中受動相の動詞'συμβάλλεται'の意味を考える必要がある。主語は主格形の3語'Τέως πόλις εὐμεγέθης'で、それに先の形容詞がかかっている。それを前提に、この動詞が不定詞をとる場合の意味として可能性があるのは、'contribute''conclude, infer conjecture''agree'の3種であろう。しかし、ロドス人テメノスに何が'γενέσθαι'することに／を「貢献する」「結論／推測する」「賛成する」のだろうか。そこで、'γενέσθαι'の前に空白を想定するH. Schoeneの見解が現れる。H. Schoeneは「政権が少数者に帰した」旨の文があったと考えているようであるが、R. Schoeneはそれを記した註の中でそれに続けて、冒頭からテオスの裏切りは完遂しなかったことを示すことが期待される、としている。かくて空白はそのままにして、「テオスはあやうくテメノスの手に帰すところだったと推測されている」というBudéの訳が現れることとなる。これに対してHunter/Handfordの行き方は少し異なっている。彼らはまず、「'συμβάλλεται γενέσθαι Τημένῳ'を'συνέβη γενέσθαι ὑπὸ Τημένῳ'の代わりに使ってテメノスの権力下に入る意を示すとヘレニズム期の学者が註している」とのCasaubonの言葉を紹介した上で、'συμβάλλεται'がそうした意味を持つことはないと批判する。その上で'συμβάλλεται'の意味を定めるためには、この試みが成功したのか失敗したのかをはっきりさせる必要があるとしてその検討に進み、成功したことを示すものはなく、逆に失敗したことを含意するものは二つあるとして失敗と結論する。その上でおおよそ以下のように議論を進める。「そうであるとすると、ここに必要なのは『テオスを裏切る合意ができた』の意

III 註 解

味だけで、'συμβάλλεται' は 'to agree upon' の意にとるべきである。そして主語を考慮すればこれは用例のある中動相での使用ではなく、受動での使用で、'Teos was agreed upon to be betrayed to Temenos' の意となるべきである。しかし、'συμβάλλεται' は現在形でそれは受け入れがたいから校訂するしかないが、現在のところどの校訂も写本の読みから離れている。結局、最も簡単なのは現在形を未完了形に変えて 'συνεβάλλετο' として、上記の意味に解釈することだ。」 以上が 'συμβάλλεται' についての Hunter/Handford の考え方である。さらに Hunter/Handford は 'προειδότος' を維持しようとする。'πρόδοτος' というまれな形容詞に変えようとする案は魅力的だと認めつつも、'ὑπὸ' を 'Τημένῳ' の前に移動させて読みを維持しようとするのである。'προειδότος τοῦ πυλωροῦ' を「門番があらかじめ知ることによって」と絶対属格に読んで 'with the complicity of the sentinel at the gate' の意にとろうというのであろうが、Barends の採録している、アイネイアスに使われるその他の 'πρόοιδα' 9 例は、いずれも「あらかじめ知る」ことに重点が置かれていて、そこから「共謀する」に発展はしていない。また、'ὑπὸ Τημένῳ' は「テメノスのもとに」の意でとりたいのであろうが、やはり Barends によって知ることのできる与格とともに用いられる 'ὑπὸ' のその他の唯一例は、「〜の下で」の意で方向性を示していない（**XXXVII 9**）。ここは話の流れからしても 'πρόδοτος' と修正し、'ὑπὸ' には手を加えない校訂の方がよいように思われる。また、'συμβάλλεται' にしても、ここの試みが失敗したとすれば、この語は 'agree upon' の意味にならなければならないとする Hunter/Handford の見解は説得的ではなかろう。前半に述べた肯定を否定できる見解とはなっていないと言わざるを得ない。以上に基づき、ここでは Schoene, Budé 的な読みをとることとした。

テオス Τέως：イオニア地方、キオス対岸約 60 km、スミュルナ南西約 40 km の沿岸にあるポリス。イオニア人の最初の 12 ポリスのうちの一つ。前 544 年頃ペルシアに占領された際はテオス人は全員トラキアに逃れ、アブデラに植民した（**XV 8「アブデラ人」**註参照）。後に戻り、前 499 年にはイオニア反乱に参加し、その後デロス同盟に加わり知られる限りでは 6 タラント

ンの貢租を払っている。ペロポネソス戦争末期ペロポネソス側についたが、前4世紀初めアテナイ側に戻った。考古学的証拠は前9世紀から城壁があったらしいことを示している。文献的にはヘロドトスによって前6世紀に城壁があったことが知られる（I 168）。これはたぶん前494年に破壊されたが、アテナイ人によって再建され、再び前411年に破壊された（Thuc. VIII 16. 3, 20. 2）。アイネイアスのこの記述から城壁が再建されていることが明らかで、最近の発掘によれば古典期から初期ヘレニズム期にかけて約80 haの領域を囲った城壁跡が確認されている（*Inventory*, no.868）。アイネイアスによってここに述べられている話の年代は特定できない。

ロドス人テメノス Τημένῳ Ῥοδίῳ：ほかに知られない。Whiteheadは、この者を前4世紀の傭兵隊長とし、ここでテオスの僭主になることを試みていると解する説を紹介しているが、それによってもアイネイアスが伝えている以上のことはわからないとしている。

14　紡いだ亜麻糸の λίνου κλωστοῦ：通常の亜麻糸をさらに紡いで撚りをかけて強くしたものと思われる。Barendsは、たぶん2 mm程度の太さで3000フィート（約915 m）前後の長さであろうとしている（s.v. λίνον）。以後、この強化糸のことを同じ'λίνον'で表したり、'σπάρτον'と言ったりしている。いずれも同様に「紐」と訳すこととする。

15　5スタディオン：ギリシアの長さは足の長さ（πούςフィート）を基本として理解されるが、その基本単位の長さがまちまちなため正確なところを知りがたい。アッティカの1フィートは295.7 mmだが、その他のところではそれ以上の長さがある。1スタディオン στάδιον は600フィートで、1フィートを300 mmとして180 m、5スタディオンで900 mである。cf. *OCD* s.v. measures.

16　留め具を切り ἐνέτεμεν：**5**「留め具を切り」註参照。

横木を動かし κινήσας τὸν μοχλόν：横木を左右に動かしてみて動かないことを確認したのであろう。

17　紐の端を τὴν ἀρχὴν τοῦ σπάρτου：つまり、先に男が「しっかり結びつけて」おいた強化糸の端。**14「紡いだ亜麻糸の」**註参照。

III 註解

19 　夜間市内に紐が〈……〉あること ἐν τῇ νυκτὶ τὸ σπάρτον ὑπάρχον 〈……〉 ἐν τῇ πόλει：写本自体に空白があるわけではない。Hunter/Handford は空白を認めない読みをとっている。Schoene は 'ὑπάρχον' の後に空白を想定し、'ἄνευ μαλλοῦ'（「羊毛なしの」）ないし同様の表現があるべきだと考える。そして、テメノスがそれを見て町での裏切りが失敗したことを知り、町に進めなくなったということが示されるべきだとしている。Budé はこれを受け入れているが、このまま読んで、来るべき人間が来ず糸がまだ町にあることに気づいたと解釈することも可能ではなかろうか。Whitehead は「町で羊毛をつけられなかったことに気づき」という趣旨の補いを考えている。

20 　国の見張り番 ὁ τῆς πόλεως φύλαξ：門番自身のこと。ここに皮肉が込められているのかもしれない。

21 　第1番目の見張り役を果たす πρώτην φυλάσσοι：この門番がいつの見張り役の担当となり、城壁のどこを、どの見張り役の一員として見張るかが重要であった。

22 　こうしたことの何かを実践する場合：ここで突然攻撃側の視点に転換する。こうした突然の視点の変化は今後いくつか現れる。以下のそれぞれの註参照、XXVII 14（「敵の軍を……」）、XXXV 1（「諸君自身が」）、XXXVII 8（「地下道を掘削しようとする者にとっては」）。

XIX

1 　横木をのこぎりで切るときには：XVIII 22 から続いて攻撃側の視点に立っている。XVIII 22 から XIX までを註にあたるものと見ることができるかもしれない。

油を ἔλαιον：X 12 に食料としての油（オリーブ・オイル）として言及されたのと同じ語。

スポンジ σπόγγος：Loeb は、油に浸したスポンジのことであろうとしている。それによって油が安定して均一に供給されるのだとしている。

XX

1 **食事をとらずに** μὴ δεδειπνηκότα：Hunter/HandfordはXXVI 2の「第一見張り当番にパトロールする者は、夕食をとらずにパトロールせねばならない。なぜなら、食事したばかりで第一見張り当番に実際の見張りをする者は、『普段以上に気安くなり、放漫になるからである ῥαθυμοτέρως τε καὶ ἀκολαστοτέρως』」を踏まえて、食事はどんな者にも混乱をもたらすと註している。おそらくそうしたことも踏まえているのであろうが、ここでまず言いたいのは、食事は城門を閉めてからせよ、という時間的順序のことであろう。

気安く他人を信じないように μηδὲ ἄλλῳ πιστεύειν ῥαθύμως διακείμενον：「気安く他人を信ずるな」という教えが、どれほど効力を持ち、どのような意義を持ったかについては、慎重に検討する必要があろう。戦争は市民の凝集力を高める効果を持ったが、同時に市民を一人一人切り離す効果も持ったことを、ここでは注意しておきたい。

2 **三つの留め具**：これは横木を通す箱形のものを長くし、そこに三つの留め具受けをつけることによって容易に達成できる（Barends, 168；XVIII 1「城門について」註参照）。それぞれに異なった引き上げ用の鍵が必要になり、城門の安全性は高まることになる。またBarendsは、アイネイアスが横木を二重にすることを提案していないことは特筆すべきことだとしている。

将軍のそれぞれが一つずつを：3人の将軍ということを前提にしているように見える。Whiteheadはドリス人の3部族制はあちこちに見られるから、アイネイアスがそれを念頭に置いていたと考えたくなるとしている。そうかもしれないが、鍵の安全性を考えることがまずあったこと——2人よりも安全で、煩雑になる手前の数——、すぐ次に将軍が3人でない場合が考慮されていることも考える必要があるのではなかろうか。

籤によって πάλῳ：この籤が安全策の一環であるのは明らかなように見える。III 1「籤で」註参照。

3 **鉄製の止め板で抑制し** ὑπὸ δὲ λοπίδος σιδηρᾶς κατέχεσθαι：これによって留め具を引き上げて計測ができなくなり、XVIII 9, 12にあったような事態がなくなる。

III 註 解

図 XX-1：Barends の考える引き上げ用はさみ
（Barends, 166 Diagram 3 による）

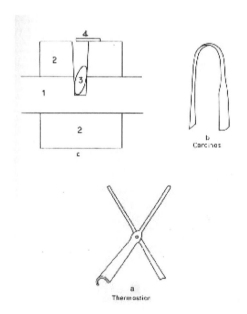

図 XX-2：Budé の考えるはさみ器具、引き上げ用はさみ、鍵の構造
　　　　a：はさみ器具、b：引き上げ用はさみ、c：鍵の構造
　　　　1：横木、2：固定された部分、3：留め具、4：鉄製の止め板
　　　　　（Budé, Fig. III による）

引き上げ用はさみ τῷ καρκίνῳ：Barends, 166-167 は、留め具が止め板の抑制で垂直方向にしか動けず、「引き上げ用はさみ καρκίνος」は狭い溝に沿って滑らせるために平たく楕円形である必要があるとし、そこから留め具は殻斗つきの形で、留め具穴には互いに向かい合う溝があるに違いないとして、図XX-1のような形の引き上げ用はさみを考えている。一方Budé, 112 は図XX-2のcのような構造を考え、同図 b のように引き上げ用はさみの形状を考えている。また、Budé ははさみ器具 θερμάστιον を同図 a のように考えている（**XVIII 6「はさみ器具で」**註参照）。

4　**アポロニア**：前610年頃ミレトス人によって植民された黒海西岸のポリス。前425/4年の貢租追加査定に名前が挙げられているから（*IG* I^3 71 IV 128)、デロス同盟に加入していたことがわかる。暦の月の名前にアテナイと同じものが確認され（ムニュキオン月）、アテナイの影響を受けていると考えられる。アリストテレスの『政治学』において、国制の変革を論ずるところで2箇所にこのポリスについて言及がある。一つは、「アポロニアにおいても追加植民者を招いたために内乱に陥った」(1303a36-38) というもので、「同じ種族でない者 τὸ μὴ ὁμόφυλον」が入ったために内乱が起こった例の一つとして言及されている。もう一つは寡頭政の変革の条件の一つとして、「放縦な生活をして私財を蕩尽させた場合にも寡頭政の変革が起こる」と言い、その理由として「そうした者は変革を望み、自らが僭主になるか、ほかの者をそうさせようとするかだからである」と言ったあとで、「そうした者たちは時として直接国制を変化させようとするし、また時として公共の財を盗んだりする。そこから彼ら自身の間で内乱が生ずるか、公共の財を盗む者に対して戦おうとする者との間に内乱が生ずる、それがアポロニアで起こったことである」(1305b39-1306a9) と言及している。これら二つの出来事を別の時代のこととするのが *Inventory* の解釈である (no. 682)。その解釈も含め、これらの出来事の際に、ここで言われる「先に述べたことの何か」にあったのかどうかはわからない。ここでわかることは城門があったことだけである。

大きな木槌によって ὑπὸ σφύρας τε μεγάλης：一体大きな木槌によってどのよ

うにして城門を閉める（そして開ける）のだろうか。この 'ὑπό' を「手段」ととるほかないとすれば、木槌で打つのは留め具か横木ということになろう。Barends, 163 n. 3 は、横木につけたペグを叩くのだとしている。
5 **アイギナでも**：これもアポロニア同様、どのような経緯があって、いつそうされたのかわからない。
合言葉と第二の合言葉 σύνθημα καὶ παρασύνθημα：合言葉についてはXXIVで、第二の合言葉についてはXXVで、詳しく語られる。

XXI

1 **『戦争準備論』において** ἐν δὲ τῷ Παρασκευαστικῷ：この書については先にVII 4, VIII 5において言及されている（それぞれの箇所における註参照）。また、この後XL 8においても言及される。本箇所からわかるのは、この書が敵の侵略に備えて土地についてとるべき対策が書かれていたということであるが、それはVIII 2-5で語っていたことで、ここは「奇妙な繰り返し a curious repetition」(Whitehead) と言えるかもしれない。なお、ここ以外の箇所では、'ἡ Παρασκευαστικὴ βίβλος' という形で言及されている。ここはたぶん 'τὸ Παρασκευαστικὸν ἐγχειρίδιον' の意であろうとHunter/Handfordは考えている。
道具類の ἀρμένων：このわかりにくい語についてはXVIII 11「道具」註参照。ここで念頭に置かれているのが「道具」か「船の索具」か直ちにはわからないが、後者に特化して考えているとは思われない。「道具一般」を考えているのだろう。
2 **『野営論』において** ἐν τῇ Στρατοπεδευτικῇ：この書はこのほかの箇所には現れない。明らかにまだ書かれてはいない段階である。野営陣の構築の仕方その他は、幾何学的知識のいることとの認識があった (Pl. *R.* 526d)。おそらくこうしたことを論じた本がいくつか作られたのであろう。ローマ軍の野営陣の作り方についてはPolyb. VI 27-31が詳述しているが、そこにはこうした知見の積み重ねの結果が現れているのだろう。詳しくは cf.

XXII

Pritchett II, 133-146。

その少しをここでも明らかにしておこう ὀλίγα δὲ αὐτῶν καὶ νῦν δηλώσομεν：以下XXIIからXXVIIにおいてそれが果たされている。

XXII

1　**危険に陥った際** ἐν μὲν τοῖς κινδύνοις：これに対応するδὲは26の'ἐν δὲ τοῖς ἀκινδυνοτέροις'に現れる。また、同じ言い回しが **5 bis** と **7** および **XXVI 1** に現れ、'ἐν τοῖς ἐπικινδύνοις'という言い方が **XIV 1** と **XX 1** に現れる。両者に違いがあるかどうかはよくわからないが、ともかく敵が近く攻めてくることが確実な状態を言っている。

ポリスや πόλει：本章で使われるπόλιςは先に挙げた三つの意味のどれにあたるか微妙なものが多い（I 1「ポリスの大きさ」註参照）。本章ではあえて「ポリス」とそのまま訳しておく。

夜の見張りがなされねばならない Νυκτοφυλακεῖσθαι：この語が冒頭に現れ、唐突な始まり方になっている。しかし、同様の例がXXVI 1にある。Hunter/Handfordによれば、この語は非人称の受動態に解すべきである。

2　**全体の指導者である将軍** Τὸν μὲν στρατηγὸν τὸν τοῦ ὅλου ἡγεμόνα：おそらくアテナイの場合同様、全体の指揮権を持つ将軍は日替わりで交代したのであろう、cf. Hdt. VI 110。

同僚 τοὺς μετ᾽ αὐτοῦ：原義「彼とともにある者たち」を、Hunter/HandfordはI 4に現れる「役人を取り巻く者 οἳ περὶ τοὺς ἄρχοντας」と同様ボディーガードだとし（同所の註参照、彼らの説によればXVII 6の「先述の兵たち」も同様である）、Loebは将軍のスタッフだとしている。しかし、ここでボディーガードのことを改めて述べる必要はないように思われる。また、Loebの考える「幕僚」のようなスタッフがこの頃存在したかは疑問であろう（Loeb, p. 28 n. 3）。おそらく最も蓋然性が高いのは、Whiteheadの考えるように「同僚将軍」ということであろう。

役所 τὰ ἀρχεῖα：LSJによれば、'town-hall, residence, or office of chief magistrates'

であって、要するにポリスを指導する者たちが執務する建物であろうが、それぞれのポリスに当てはまるように曖昧な語を用いているのであろう。

強固な防御力 ὀχυρότητος：土地の強さを表す軍事上の専門用語で、形容詞形 ὀχυρός はクセノフォンが好んで使い、τὰ ὀχυρά を壁で囲まれた土地の意味で用いている (Hunter/Handford)。

そこから ἀπ' αὐτοῦ：冗語的であるが、これを挿入として扱うには十分な理由はなく、不必要な αὐτός はよく見出されることである (Hunter/Handford)。

ポリスの (最大限を) τῆς πόλεως：Budé はこれをカッコに入れて削除を指示するが、Whitehead に従って 'ὁρώμενον' を解する場合 (次の註参照)、読んだ方がわかりやすかろう。

見通せる場所 τόπον ... ὁρώμενον：Whitehead は 'affording maximum visibility' と訳して 'ὁρώμενον' を中動相にとり、受動相ととる一般的見解に反対している ('conspicuous': Hunter/Handford; Loeb: 'celle qu'on découvre de la plus grande distance possible': Budé)。確かに、町の遠くから見えることではなくて、町の遠くまで見通せることの方が重要であろう。

3　将軍庁 τὸ στρατήγιον：将軍がいつもいる役所とするか危機の際に将軍が決めた居所とするか、どちらの意味にもとれよう。いくつかのポリスにおいて、この名の特定の建物があったことが知られている。アテナイにおいては、アゴラに都市の建物がまれであったペリクレス時代から、アゴラの円形堂 (トロス) の南隣にこの役所があった (*Athenian Agora* 1990, 24)。

ラッパ吹き τὸν σαλπιγκτήν：Krentz 1991 はラッパのさまざまな役割を確認しつつ、戦闘において使われたのは限定的であったことを結論している。しかし、その役割の中には、武装の合図、起床の合図、武装し戦闘隊形をとらせる合図、沈黙を求める合図などがある。**VII 2-3** の合図同様、こうした合図のためにラッパ吹きを待機させよということであろう (**VII 2「中継者によって」**註参照)。

飛脚伝令 τοὺς δρομοκήρυκας：古典期においてこの語が現れるのは、ここと **22** 以外には Aeschin. II 130 があるだけのようである。Aeschin. においては

XXII

フォキスの僭主ファライコスへアテナイの状況を知らせる彼の伝令として言及されている。Bengtson 1962, 466はこれはいわゆる「1日走者ἡμεροδρόμοι」のことであるとして、シキュオンからエリスまで1日で走ったフィロニデスを例として挙げている (Plinius *Nat.* II 181)。一方、Whiteheadはアイネイアスと Polyaen. V 26の例をもとに、もっと短い距離のミッション——町の領域内といった——を担ったと考えている。しかし、その根拠は確かなものとは言えないようである。

4　**入リロ** εἰσβολῶν：XVI 16「入リロ」註参照。Hunter/Handfordは、この語は通常「山道」を言うとし、ここでは広い市場に通ずる狭い道だとしている。

5　**眠りに落ち入る**：このほかに眠りに関する注意は、6, 14, XXVI 8, 9に見られる。

何らかの企て τι τῶν πρασσομένων：もちろん、国を裏切るような企ての意。

露見 ἐκφερομυθεῖσθαι：「話を外にもたらす、話を明らかにする μῦθον ἐκφέρειν」の意の珍しい合成語。

5 bis-6：ここで言わんとすることは、反対側からの言い方であれ、要するに4-5で主張したことである。しかし、アイネイアスがこうしたことを続けて言わなかったとすることはできないであろう。

5 bis　実際に見張りをしているように προφυλάσσωσιν：これまで使われてきた 'φυλάσσω' とどう違うのか (あるいは違わないのか) にわかにはわからない。'προφυλακή' を定義して LSJ は 'guard in front' と言っているが、ここの見張りが城壁内の見張りであることは明らかで、「前線での警備」という定義は適用できそうもない。この系統の語 (προφύλαξ, προφυλάσσω) はここに初めて現れた後、この後11箇所に出る (9〈3箇所〉, 11, 27, XXIV 19, XXVI 2, 8, 9, 13, 14 —— XX 10の写本における 'προσφύλαξιν' は 'φύλαξιν' に改めるのが普通——)。Hunter/Handford, p.172の紹介によれば、Casaubonは、アイネイアスがLSJが示す通常の歴史家の用法とは異なる用い方をしていることを指摘した上で、「一つの『屯所 φυλακεῖον』にいる複数の 'φύλακες' の中に1人あるいは複数の 'προφύλαξ' 職があった。彼らは前

149

線の部隊の中にあり、監視の仕事はほかの者より集中力を必要とした」と言っている。Hunter/Handfordはこれを大筋で認めつつ、さらに発展させて次のように考えた。'φύλακες'は10人ないし12人おり、そこからある数（たぶん2人）を選んで実際の見張りにあたらせ、ほかの者は眠ることが許された。そして、そのうちの実際に見張りにあたる者が'προφύλακες'と呼ばれた、とである。一方 Budé 44 n. 1は、同じく Casaubon を引きながら、Casaubonは 'προφύλακες' をエリート兵と見ているとする。しかしむしろ、アイネイアスは見張り番であることと見張りを現実になすこととを区別しているとの認識を示し、後者を 'προφυλάττω, προφύλακες' が表している、と考えている。要するに、Hunter/Handford と Budé は同様の認識を示していると言えようが、全部で93現れる 'φυλα-' 系統の語を調べてみると、必ずしもそうした区別が一貫しているようには思われない。たとえば、**XXVI 9-11**の両者の混在をこの区別で解釈しきることは難しかろう。語の区別に厳格でなかったとする方が、アイネイアスには相応しいように思う。しかしながら、そうしたことを示すためにもこの系統の語を区別して訳すことが必要かと考え、「実際に（の）」という語を前に置いて訳すことにした。また、'φύλαξ' という語については補論1. Aを参照されたい。

7-8：ここで語られる教えは、先に出た「気安く他人を信じないように」(**XX 1**) という考えと軌を一にしている。ここでは兵士同士、また指揮官と兵士との一体性、協働行為といったことは無視されている。「良き兵士たるべきすべてのことが失われている。アイネイアス的経験を持つ指揮官がこうした警戒を主張せざるを得ないことは、前4世紀の戦争についての憂鬱な証言である」(Hunter/Handford)。

7　市民の見張り役 τὴν πολιτοφυλακίαν：これについては、**I 3**「市民の見張り番となる」註解参照。

8　各人のなすべきことを……適当でないからである οὐ γὰρ ἐπιτήδειον ……：この文は完全ではないと見られていて、さまざまな校訂が考えられている。Whitehead は Loeb の示唆を受けて、前文と位置を交換する読みを試みとしてとっている。

XXII

9 **見張り当番ごとに** καθ᾽ ἑκάστην φυλακήν：あるいは「それぞれの見張りの交代時に」。

次の持ち場まで（実際に見張り） ἐπι τὸ ἐχόμενον φυλάκιον：それがどれほど離れているのか（また、持ち場の数はどれくらいあるのか）わからないが、10から見て遠くはないはずである。11においてすでに見張り番とパトロールは分けて考えられている。見張り番は動かず、パトロールは動くというのが原則的区別であろう。ここは1回の当番時に1人の見張り番が行う例外的動きということになろう。また、パトロールによって見張り番がきちんと番についているかを調べる方法については**27–28**に、また、パトロール全体については**XXVI**に、それぞれ述べられている。

（持ち場まで）実際に見張り προφυλασσόντων：写本にはこの前にτῶνがあり、分詞の属格と見ている。しかしそれを削除し、命令形に読むのが一般である。

10 **頻繁に……なくなる** οὐ θαμά：写本の'οὐδ᾽ ἅμα'をこのように変える校訂に対して、Hunter/Handfordは'ἅμα'を時間的ではなく場所的に解すれば写本の読みを維持できると主張している。ここでは底本に従っておく。

11 **実際に見張りをする者** τοὺς δὲ προφυλάσσοντας：前節の終わりからこのあたりにかけてテクストは乱れていて、いくつかの校訂が考えられている。M写本は乱れていてB写本が参考にされるが、そこには'τούσδε προφυλάσσωσιν'とあり、Budé、Loebのとっているこの校訂は簡単ではあるが、多くの変化を含み説明できないとHunter/Handfordは批判している。Hunter/Handfordは、'τοὺς δὲ ⟨προφύλακας, ὅταν μὴ⟩ προφυλάσσωσιν,'という読みの方が説明がつきやすいとし、訳においては'The patrols, when not actually on their round'としている（p. 51）。しかし、先に説明した彼ら自身の'προφύλακες'系統の言葉の解釈と矛盾しているように見える（**5 bis「見張りをしているように」**註参照）。さらに「パトロールが実際にパトロールをしていないとき」というのはどのようなときなのだろうか。彼らは先に、「見張り番προφύλακες」と「パトロールπερίοδοι」とは区別されるが、前節では'περιοδεύειν'を緩やかに「城壁の周りを移動する」の意で用いて、見張

り番について言及しているように見えると言っていたから (p. 172)、おそらくここでは「見張り番が移動しないときには」の意でとりたいのかもしれない。しかし、'προφυλάσσωσιν'を「移動」の意でとることはできないであろう。彼らの校訂を尊重すれば、「見張り番が見張りをしていないときには」の意になって、その後をそのままとする限り意味がわからなくなる。

対面して ἀντιπροσώπους：その理由は以下に書かれるもののほかに、相手が眠りに落ちたり、敵と交信したりするのを防ぐ狙いもあっただろうと、Hunter/Handfordは解している。「対面して」いるのは、Whiteheadの言うように、同じ屯所に属して組になって見張っている者同士で、ほかの屯所の者とではなかろう。

その地からあらゆる方向が見渡せ πάντῃ ἀπ᾿ αὐτῶν βλέποιντο：これが正しいテクストだとすれば、'βλέποιντο'を中道相に解し、'ἀπ᾿ αὐτῶν'を'ex loco quem occupant' (Schoene) のように解すべきなのであろう。

先に示したことである：どこでであろうか。昼間の偵察兵については、VIで述べているが、直接該当するところは見出せない。**6-7**に彼らが敵に捕まった場合のことが言及されていて、多くの註解はそこを想定している (Hunter/Handford; Budé 45 n. 1; Loeb; Whitehead)。ただし、該当箇所に伝承上の欠損があると考える者や (Loeb)、アイネイアスのその他の書の可能性を考える者 (Budé; Whitehead)、さらに**XVI 21-22**の可能性も視野に入れる者 (Budé) もあって、結局どことはっきり言うことはできない。

12　冬のような χειμεριναῖς：この語は「冬期in winter-time」を表したが、後には「冬のような、嵐のようなwintry, stormy」の意の'χειμέριος'と混同されるようになった (LSJ s.v. χειμέριος)。ここも冬期に限定せず、後者の意味でとるのがよさそうである (次註参照)。そうしたときに何かが起こるのはまれでなかった。プラタイア人がテバイ・ペロポネソス軍の包囲を抜け出す作戦を決行したのは冬期であったが、「冬のような夜νύκτα χειμέριον」のことであった (Thuc. III 22. 1)。

城壁の外に石を次から次へと投げ：ほぼ同じ言葉遣いで同じ主張が**XXVI 6**に繰り返されているが、「冬の」──前註の語をこう解するとして──と

いう条件は抜けており、またパトロール隊がなすべきこととして述べられている。

13 　音のしない σιγώμενον：Hunter/Handford p. lxxii はこれがアイネイアスに何度か現れる興味深い受動相の一つだとしている。要するに自動詞の受動態であるが、こうした使用法はギリシア語の特色であろう。その説明方法としては、cf. Kühner & Gerth II 1 126-127。

14 　犬を κύνας：犬の番犬としての使用例は、Vegetius IV 26. また、アラトスが前243年にアクロコリントスをマケドニアから奪った際は警備のために50頭の犬を同数の犬使いとともに置いている（Plut. *Arat.* 24. 1）。Whiteheadはその他に犬の使用を示す碑文史料をいくつか挙げている（with Addenda）。また、こうした使用法のほかに、包囲側が秘かに敵と内通しようとしている者を見つけようとして使う例がPolyaen. II 25に、敵を探すために猟犬として使う例がPolyaen. IV 2. 16に、それぞれ現れる。ここのほかにアイネイアスの中に現れる犬への言及は、**20, XXIII 2, XXIV 18, XXXI 31-32, XXXVIII 2-3**。このうち**20**ではパトロールに同行させている。

秘かにポリスに近づこうとする逃走者や何らかのやり方で逃走しようとしている者：要するに「敵陣営から投降してくる者も、こちらのポリスから逃げようとする者も」の意。

15 　**最富裕の者や最上流の者で、ポリスに最大の関わりを持つ者を見張り番に当てるべきである**：こうした選択の原則は、**I 5-7, V 1**に共通する。Hunter/Handfordはここから、ギリシア民主政の全体は「富の責任」の原則に基づいていたとし、さらにそれは前4世紀の貧困者たちの状況が如何に悲惨なものであるかを示唆することにもなっているとしている。しかし、Whiteheadの示唆するように、アイネイアスの貧困者に対する恐怖と嫌悪のみをここに見るべきではなかろう。**XXXVIII 5**では、戦闘での怠慢を責められるのは富裕者であるべきだとされ、**X 20**では、そうした者たちが内乱を起こす最も危険な者たちであると認識されている。

16 　**全民衆挙げての祭りの際** ⟨ἐν⟩ δὲ ταῖς πανδήμος ἑορταῖς：同じ状況下での

一般的な注意はXVIIで与えられている。次節から明らかなように、そうした機会に国家転覆の動きが起こされやすいことはよく知られていた。

同僚の兵隊たちの中で最も疑惑の目で見られ不信感を持たれている者 ὅσοι ἐν σώμασι μάλιστα ὕποπτοι τοῖς αὑτῶν καὶ ἄπιστοι：ややぎこちないギリシア語。'σῶμα'は前の'τῶν κατὰ πόλιν φυλάκων'を受けて「見張り番の兵隊」の意にとるべきなのであろう（Ⅰ1「**兵隊の組織**」註参照）。

18　別のところで ἐν ἄλλοις：XVII 2-5において。

19　登り口を容易に通過できないものとするだけでなく、閉鎖すべきである：Ⅲ3では、そこに信頼できる者を配置し、その者にほかの登ろうとする者を妨げさせるべきだとしていた。

僭主の城塞にも καὶ ἐν τυράννου ἀκροπόλει：ここに僭主が現れるのはやや唐突であろう。アイネイアスには「僭主」の語がここを含めて5箇所現れる（ただし1箇所は動詞形、XII 5）。そのうち二つは言及した人物を説明したもので（V 2, XXXI 33）、動詞形も言及した土地での出来事を指している。残る一つでは、国、軍と並んで使節団を派遣する存在として考えられている（X 11）。その僭主が国外にいることは明らかであるが、この箇所では外からの攻撃に備える僭主が考えられている。そこに何らかの意味を読み取るべきであろうか。Hunter/Handford p. xxviはシキュオンの僭主エウフロンを念頭に置いているとすればよく理解できるとした上で、この作者がシキュオンの僭主を嫌ったアイネイアスであることの証拠の一つとしている。

20　**ナクソスでの海戦後** μετὰ δὲ τὴν ἐ⟨ν Νά⟩ξῳ ναυμαχίαν：この校訂はCasaubonによるもの。cleverな校訂とHunter/Handfordは評価している。その他に'ἐν Κιτίῳ'という読みも提唱されているが、従う者は少ない。ここでも前者の読みに従う（次註参照）。この海戦は、前376年にアテナイの将軍カブリアス麾下の83隻の艦隊が、スパルタ軍提督ポッリス麾下の75隻のスパルタ艦隊に勝利した戦いであると考えられる、Xen. *Hell*. V 4. 61; Diod. XV 34. 3-35. 2; Plut. *Phoc*. 6; Polyaen. III 11. 2, 11。これはペロポネソス戦争敗戦以来初めてアテナイが勝利した海戦であり、アテナイが制海権を取り戻すきっかけとなった戦いである。

駐留軍長官ニコクレス ὁ φρούραρχος Νικοκλῆς：Casaubon は、この者はキュプロスのサラミスにおける同名の王ではなく、おそらくアテナイ人側に立つ者で都市への駐留を命ぜられた者であろうとしている。Hunter/Handford は前者については同意し、後者については外からの攻撃を防衛しているから、アテナイ側ではなくスパルタ側に立つ者であろうとしている。なお、キュプロスのサラミス王ニコクレスは、イソクラテスが『ニコクレスに与う』を書いた人物として著名で、この箇所もその者への言及と考えようとする見方もある。その場合、前註の箇所を 'ἐν Κιτίῳ' と読んで、前380年にニコクレスの父エウアゴラスがペルシア艦隊に敗れた海戦と解するのが、整合的になる。すなわち、Köchly/Rüstow の読みであるが、Casaubon の直観がそれを否定していたように、素直な読みはこの者をよく知られた人物には感じさせないように思われる。言葉的には、Hunter/Handford が言うように、この人物がよく知られた人物であるなら、'ὁ Νικοκλῆς φρουραρχῶν' といった言い回しが欲しいところである。なお、キュプロスの歴史とニコクレスの父エウアゴラスについては、阿部 2015, 221-261 参照。

犬とともに μετὰ κυνῶν：14「犬を」註参照。

陰謀は外からくるものだからである προσδεδέχοντο γὰρ ἔξωθέν τινα ἐπιβοθλήν：この文は、'ἐπιβουλή' が「奇襲」「急襲」の意を含んだものと解することで、よく理解できることとなろう。16「陰謀」註参照。

21 **一体となっており** ἐν ὁμονοοῦσι：XVII 1 とは反対の想定。おそらくその類似表現 'ἐν ὁμονοούσῃ πόλει' から考えて、ここは 'πολίταις' を補うのであろう。ただし、'ἐν' は Casaubon の補いで、X 20 のように 'εἰ ὁμονοοῦσι οἱ πολῖται' と読むことも可能であろう。また、一体性については、XVII 1「一体となっていない国」、X 20「一体となっている」のそれぞれの註および XIV 1 本文を参照。

22 **中継者** διαδεκτήρ：アイネイアスのみに現れる語。VI 4「中継者」、VII 2「中継者によって」註参照。

ラッパか飛脚伝令 σάλπιγγι ⟨ἢ⟩ τοῖς δρομοκήρυξιν：3「ラッパ吹き」「飛脚伝令」

註参照。

23 このようなとき κατὰ δὲ τούς καιροὺς τούτους：いつかについては見解が分かれる。Hunter/Handford は、すなわち 'ἐν ταῖς πανδήμοις ἑορταῖς' であるとして **16** まで戻って理解しようとする。Whitehead は、Loeb や Budé がそうしているらしいように、夜間に敵対的な何者かが近づいた際（**21**）ととろうとしている。おそらくこちらの方が蓋然性が高かろう。

24 職人も職工も δημιουργὸν 〈ἢ〉 χειροτέχνην：'χειροτέχνην' を 'δημιουργόν' の説明句として読んで 'ἢ' の挿入を必要なしとする可能性を Hunter/Handford は述べている。

夜が長くなったり短くなったりする：Pattenden 1987, 170 によれば、北緯40度の中央ギリシア辺りで夜は真夏で9時間、真冬で15時間であり、見張りが4交代制だとすれば、真夏で2時間15分、真冬で3時間45分が仕事の時間ということになる。

全員に καὶ πᾶσιν：'καί' を 'ἴσαι' に変えて「全員に等しい（見張り番）」とする G. Murray の示唆する読みを Hunter/Handford はとっている。この方が意味がはっきりしよう。

方法として、全体にわたって…見張りがなされねばならない ὃν δ' ἂν τρόπον ... γίγνοιντο 〈πάντως〉...χρὴ φυλάσσειν：'γίγνοιντο' の後に空白があることを H. Schoene は想定している。'〈πάντως〉' という R. Schoene の「最低限の補い」をとるのが Budé、Whitehead で、ここでもそれに負っている。Loeb はここにアイネイアスのほかの著作への言及があったと考え、それは **XXI 2** が示唆するように『野営論』であったろうとしている。Hunter/Handford は 'γίγνοιντο' を 'γίνοιντο' にした上、この後にコンマを打つだけで次に続けている。それで十分に意は通じよう。

水時計に κλεψύδραν：この水時計の形状については Arist. *Pr.* 16. 8 に詳しく述べられている。図 XXII-1 のような形状をし、底には多数の穴が空いていて、水槽につけるとその穴から水が中に入ってくる仕組みである。それとともに重さで水の中に沈んでいき、どれくらい沈んだかで時間が計れるようになっている。

XXII

図 XXII-1：水時計
（アリストテレス『問題集』574 頁による）

この水時計は10日ごとに調整されるべきである ταύτην δὲ συμμεταβάλλειν διὰ δεχημερίδος：ここのギリシア語については多くの者が頭を悩ましてきた。M写本自体には、'ταύτην δὲ συμβάλλειν διαδοχῇ μερίδος'とある。Hunter/Handfordはこの読みを保持し、「水時計を交代兵の連続に対応させねばならない」の意に読もうとする。すなわち、「見張り番の長さに合わせて水時計が終わるようにしなければならない」の意にとろうとするのである。この場合、通常'μέρος'が表す意味を'μερίς'という語が示していることになる。しかし、'μερίς'は通常時間・空間の「部分」を表し、人間を表さないということが言える。最初の改変の試みはHercherのもので、'ταύτην δὲ μεταβάλλειν διὰ δέχ᾽ ἡμερῶν'と読み、「10日の間にそれを変える」といった意にとろうとした。この読みは古代技術の研究者でもあったH. Dielsを刺激し、彼は'ταύτην δὲ συμμεταβάλλειν διὰ δεχημερίδος'という読みを提案した。「10日の間に同時に変化させる」の意で読もうというのであり、この読みがBudéやLoebがとっている読みとなっている。ここでも一応それに従っている。しかし、この箇所の抜き書きを作った紀元後2世紀初めのキリスト教徒の哲学者Julius Africanus Sextus——ここは彼のアイネイアスの抜き書きの中で、最も早い箇所である、cf. Hunter/Handford Appendix I 48——は、'συμβάλλειν'を使っている。とすれば、少なくとも彼の時代のテクストに（そしておそらく元のテクストにも）'μεταβάλλειν'、さらには'συμμεταβάλλειν'があった可能性は少ないものと考えられる。一

方、Pattenden 1987 は、次に出る蜜蠟の問題とも絡めてこのテクストを論じ、ここで言わんとしているのは「水時計を四つの（夜間の）見張り番時それぞれと一緒に合わせよ」ということだとし、元のテクストを 'ταύτην δὲ συμμεταβάλλειν τέσσαρας μερίδας' と復元している。そして、このテクストがM写本の読みに変わった理由を推測し、数字の書き方（アルファベットによるか、記号によるか）に原因があったとしその変化の過程を示している。これに対し Whitehead は、この推測はテクストとして確定するにはあまりに推測にすぎるとし、結局 Diels の読みが依然好ましいとの考えを表明している。しかしながら、Diels の読みにも先ほど見たように欠陥があるのは確かであり、その欠陥は Hunter/Handford や Pattenden よりむしろ大きいようにも思われる。

25　夜が長くなっている間は蜜蠟を減らし……短くなっている間は分厚く塗って……：水時計の形状が先の 24「水時計に」註に述べたとおりだとすれば、蜜蠟（ワックス）を減らし穴を多くした場合入ってくる水は多くなり、同じ時間に沈む量は多くなる。つまり、規程のところ（交代の時間）まで沈む時間は短くなるから、これは夜が短くなっているときに適った処置となる。同様に蜜蠟を分厚くするのは穴を少なくして沈む時間を長くするのであるから、夜が長くなっているときに適ったやり方である。ここの叙述は矛盾しているといわねばならない。Pattenden 1987, 170 の指摘する、この矛盾を解決するよい方法は見つかっていない。Whitehead は、Pattenden が蜜蠟の用途について、ほかの註解者の一般的考え――すなわち時計の水の容量を調整――をとらず、穴の数の増減だと疑問を持たずに考えていることを、まず問題にすべきだとしている。しかし、水時計の形状を先のように考えるとすれば、この時計は中に溜めた水の容量ではなく、入った水の容量で時間を計るのであるから、このことを問題にしても解決策には到達しないであろう。むしろ、時計の形状を別のものと考えることによって解決をはかるべきなのであろう。たとえば、アテナイの裁判で使われた、容器に溜めた水を下の方に空けた穴から放出させる型の時計が適合的であるが、ただしアテナイから発掘されたものは6分しか計れなかっ

見張りの平等化については以上で十分であろう περὶ μὲν οὖν φυλακῶν ἰσότητος ἱκανῶς μοι δεδηλώσθω：原義「……については私によって十分に明らかにされたとせよ」という命令文。

26　**登録された者の** τῶν προγεγραμμένων：Budé、Loeb、Whiteheadはこうした意に解している。Hunter/Handfordは、「先述の」の意にとり**5 bis**に述べられた「できる限り多くの者」との結びつきを考えている。

27-29：ここに述べられていることが、平和時（**26**）のみに関わる注意か、それとも一般的な注意か、にわかにはわからない。改行の仕方から見て、BudéとLoebは前者と考え、Hunter/Handfordは後者と考えているようである。Whiteheadは以上のことを指摘した上、独自の見方として**26**の最低限の見張りについての文章はカッコに入るものとし、この箇所が**26**冒頭の「危険が差し迫っていないとき」に続くものとする見方を示している。

27　**認識棒** σκυταλίδα：'σκυτάλη'がスパルタにおいて暗号伝達のために使われる棒であることは知られている。丸い木の棒で、これに細長い革を斜めに巻き付けて文を書き、この革のみを出先に運んで別の同じ形状の棒に巻き付けて指令を読み取るというものである。ここも同様の木の棒であろうが、スキュタレーよりは小さく、表面に何か印が書かれてほかの者が認識できるようになっているのであろう。これに似たものとして、ローマ軍の使う「小さな木札 ξυλήφια βραχέα」（Polyb. VI 35. 7）や、ギリシア人の間で確認される「鈴 κώδων」（Thuc. IV 135. 1）がある。

最初の見張り番に τῷ πρώτῳ φύλακι：単数が使われていることに注意しておく必要があろう。

29　**隊長** ὁ λοχαγός：この語は**XIII 1**に現れている。また、「隊 λόχος」については、**15**「いくつかの隊に分ける」（ロコス）註参照。

いくらになろうと売りに出し ἀποδόσθω, ὁπόσον δ'ἂν εὑρίσκῃ：ここから、見張り番が傭兵であったということがわかる。では、どういう手続きがとられているのだろうか。まず、見張り番任務にやって来ない傭兵がいる場合、隊長は緊急に代わりを探すのであるが、事態は急を要するから通常よりも

III 註　解

高い代金を提示して傭兵仲間に意向を聞くのだろう。傭兵たちはもっと高い値段がつくまで応諾しないこともあろうが、金が欲しくて他人との競争でその値段より安く請け負う者が出てくることもあろう。「いくらになろうと」というのは「いくら高くとも」の意と解せる。ともかく、そうして値段が決まって急いで見張りの任務を果たしにいくことになる。そして後に、怠けた見張り番の後見人になっている市民が彼にその代金を支払うのである。Hunter/Handford と Budé は、ここの「売るようにさせよ ἀποδόσθω」という語から傭兵の方がその仕事を請け負うためにいくらかの金を支払うように解している。これを批判し、上記のような流れを考えたのは Gauthier 1972, 52 n. 124 であり、Whitehead はそれを受け入れている。

後見人 πρόξενος：アイネイアスに唯一現れる 'πρόξενος' の例であるが、傭兵を雇い面倒を見ている市民のことをいうと解するのがよさそうである（つまり、Gauthier 1972, 52 n. 124 の言う 'répondant'）。すなわち、先の現れなかった見張り番を雇っている後見人をここでは指していると考えられる。Loeb p. 118 n. 1 は傭兵を斡旋するエージェントがあって、このエージェントが傭兵の代理人、つまり 'πρόξενος' にもなったのだと考えている。しかし、そうしたことへの言及はどこにもない。むしろ、傭兵の保持について述べた XIII と合わせ読んで、最富裕な者たちがこれに当たっていたと考える方がよかろう。

自分の金から ἐξ αὐτοῦ：Budé の 'ἐξ αὐτοῦ' という写本どおりの読みではなく——「彼（＝傭兵）の金から」の意になろう ——、Hunter/Handford, Gauthier 1972, 53, Whitehead などのとるような校訂で読む。後見人になった者に責任を負わせようとするのが、傭兵自身に払わせようとするよりありそうなことであろう。

連隊長 ταξίαρχος：この語は、アイネイアスではここに唯一現れる。「連隊 τάξις」はいくつかの「隊 λόχος」を束ねたものと考えられる（Belyaev 1965, 245 は、XV 3 に言及されている 2 隊分の指揮者だとしているらしい、ap. Whitehead）。隊の大きさについては、**15「いくつかの隊(ロコス)に分ける」**註参照。連隊長は、隊長と将軍との間に位置する役職である。

この者 αὐτόν：誰であろうか。任務を怠った傭兵自身か、彼を雇った後見人か、議論がある。Hunter/Handford は、たぶん前者としながら、傭兵がやって来なかった場合は後見人が罰金を支払わなければならなかったろうとしている。しかし、Whitehead は「罰」は罰金よりも投獄であった蓋然性が高いとして（次註参照）、後見人にまで罰が及ぶことはありそうもないとしている。後見人は前の日に通常より高い傭兵雇傭料をすでに払っているのであるから（「**いくらになろうと売りに出し**」註参照）、この規定は軍事的懲罰の問題だと考えるのである。

定められた罰 τῇ νομιζομένῃ ζημίᾳ：'ζημία' には「罰金」の意もあるから、多くの者はこれを罰金と考えている。しかし、Whitehead は **X 19** の読みとも絡めて（同所「**罰則は拘禁である**」註参照）、罰は拘禁、投獄であったと考えている。その方がよいように思える。

XXIII

1　**近くに陣取っている** προσκαθημένοις：この語は **XXII 1** にも出たが、必ずしも包囲戦が始まっていることを示さない、と Whitehead は注記している。**XXII 1** に言うように「ポリスや陣営の近くに陣取っている」敵軍を指そう。

〈誰も〉逃亡しないよう μή ⟨τις⟩ ἐξαυτομολήσῃ：写本には主語が現れない。話の流れからして自軍の中の逃亡者、敵軍への密通者への警戒であることは確かであろう。

2　**身体のどこかを焼いて** ἐπικαύσαντά τι τοῦ σώματος：Hunter/Handford は「プラトンが苦痛を感ずる動物は鳴き声を立てないと言っていることが正しい」という Casaubon の言葉を引用し、さらに Julius Africanus, Κεστοί, IX が、馬の尻尾をきつく結びつけて苦痛でいななくことを防ぐパルティア人のやり方を記録している事実も参照せよとしている。また、Loeb は今の Julius の例のほか、フランスにいるアメリカ軍所属のラバが単純な外科的手術によって鳴き声を立てないようにされているとの記録に言及してい

る。しかし、Whiteheadはアイネイアスが言っているのは結びつけることではなく焼くことであるとして、「口στόμα」をどうにかして声を出すのを止めるのが理解しやすいのではないかとしている。そして'σῶμα'と'στόμα'は混同されやすいとし、ここもその例とする意見に従うとしている。いずれをとるべきか判断は難しいが、そもそも口であれ身体であれどこかを焼かれ苦痛で鳴き声を出せない動物がその後使いものになるのだろうか。ここでは底本に従って読むことにした。

夜明け前より以前に ⟨πρὸ⟩ ὄρθρου：夜明け前に鳴く鶏は敵に怪しまれないであろう。したがって「夜明け前ὄρθρου」('the time just before or about daybreak')の語の前に'πρὸ'を挿入するか、'ὄρθρου'自体を変える必要がある。Hunter/Handfordは'ἀθρόον'(「一緒になって」)という校訂を考えている。ここも判断がつきかねるので底本に従っている。

3　さも内乱が起こったかのように装って στασιασμοῦ προσποιητοῦ μετὰ προφάσεως εὐλόγου γενομένου：原義「ありそうな装いを持った偽の内乱が生ずることによって」。ここから内乱が現実に起こりがちであったことと、都市内部の情報が必ず敵に伝わることがわかる、とHunter/Handford, Whiteheadは註している。しかし、「さもありそうな装いπροφάσεως εὐλόγου」がなければならなかったこと、敵が近くに陣取っている状況であること、以上2点を考慮する必要があろう。敵に内乱を信じさせるためには、目につく争いを起こすなど「さもありそうな装い」が必要だったし、間近の敵が城内での出来事を注視していることが必要だったとも考えられよう。

4　ある者たち τινες：事件が詳しく描かれるが、前段の「ある者たち」同様いつのどこの人間たちであるかわからない。

帆 ἀκάτειον：この語が小さな帆を表しているとわかるのは、Xen. *Hell.* VI 2. 27での用法によるが、大きな帆なしに単独で使われることがあるという以外詳細はわからない。また、Plut. *Mor.* 15dでは'ἀκάτιον ἀραμένους φεύγειν'(「ἀκάτιονをとって逃げる」)という言い方が現れ、素早く逃げようとする者を(おそらく比喩的に)表している。この箇所を写本の'ἀγγεῖον'

XXIV

（「袋・入れ物・容器」）からこの 'ἀκάτειον' に代えようとする一般的な校訂は、次節で 'ἱστίον' という語が現れることに基づいている。

5　**代わりの建造物** ἀντιδομὴν：ここだけに出る唯一語。これがどういった建造物か議論がある。しっかりした建造物ととる者（Hunter/Handford）、簡単なファサードととる者（Whitehead）があるが、味方が城壁を壊した後しっかりした建物を建てるのは矛盾していよう。城壁を壊した後、帆を下ろしても依然守りは堅いと見せるための軽量のまがいものであったと考えるべきであろう（Budé）。そして、隙を見て帆を上げ、その建造物を壊すなり移動させるなりして敵を急襲したのであろう。

6　**誘き出そうとする** ἔξοδος γένοιτο：以下に語られる例（7-11）のほか、たとえばアルキビアデスがビュザンティオンを占領したときの、港で騒ぎを起こして人々を港に集めた戦略などがある（Diod. XIII 67. 1-3）。

7-11：ここに書かれている事例についてBudéは、「この陰険な裏切り tortueuse trahisonについて、アイネイアスは控え目であると同時によく知っており、エウフロンの時期のシキュオンの歴史に関わっているに違いなかろう」と言っているが、Whiteheadはそれは根拠のないことだとしている。Whiteheadは、アイネイアスがここで意図的に当該地の名前を出すのを控えたとする解釈は偏向的だとし、アイネイアスのあらゆる説明を通じて場所の名前を言うかどうかについて定まった原理はないとしている。確かにたとえば、ここと同様、XVIIIで語られるさまざまな例のうち「アカイアの……」と「イオニアの大国テオス」のみ名前を挙げた理由を説明することは難しかろう。Budéの考えは、Whiteheadの言うとおり「余計な推測gratuitous speculation」であるように見える。

7　**陰謀** ἐπιβουλήν：'ἐπιβουλή' に「攻撃」「急襲」といった意味があることを踏まえて解釈すべきところである。16「陰謀」註参照。

XXIV

1　**合言葉** συνθήματα：アイネイアスはこの語を厳密に「言葉による合図」

の意で用い、あらゆる種類の合図を表す'σημεῖον'と区別している。また、XXVに出る音でも身振りでもよい「第二の合言葉παρασύνθημα」とも区別される。「合言葉」についてはVI 7, XX 5でも少し触れられている。Thuc. VII 44. 4-5に語られるデモステネスのシュラクサイ軍夜襲の際に起こった出来事が、合言葉によって引き起こされた混乱のよい例となろう。

種族 ἐθνῶν：アイネイアスに'ἔθνος'が使われるのは、この章における3箇所だけである（**2**, **3**）。ポリスと併存する国家形態としての「エトノス」については、髙畠2003「エトノス」参照。

ディオスクロイとテュンダリダイ Διόσκουροι Τυνδαρίδαι：ディオスクロイは「ゼウスの息子たち」の意で、白鳥となったゼウスがレーダーと交わり生まれたカストールとポリュデウケスをいう。しかし、レーダーはテュンダレオスの妻であり、この息子らも同じ夜に彼によってできた子とする考えもある。そのためテュンダリダイつまり「テュンダレオスの息子たち」とも言われる（髙津『神話辞典』：「ディオスクーロイ」「レーダー」）。すなわち、同じ「一つの意味」を表すのに「二つの異なった言葉」が存するわけである。

2　アレスとエニュアリオス Ἄρης Ἐνυάλιος：後者は軍神アレスの呼称の一つであるが、後代に両者は別人となった（髙津『神話辞典』：「エニューアリオス」）。ここから語られる四つの例が、「一つの意味」を表すのに「二つの異なった言葉」が存する例として出ているのか、「それぞれの種族の通常の用法と異なってい」る使用例として出ているのか、よくわからない。

アテナとパラス Ἀθηνᾶ Παλλάς：「パラス」はアテナ女神の呼称の一つ。通常女神自身を指すが、後代には別人を指す考えも出てきた（髙津『神話辞典』：「パラス」）。

刀と短剣 ξίφος ἐγχειρίδιον：'ξίφος'という語はアイネイアスにおいてはここだけに現れる。一方'ἐγχειρίδιον'は、ここのほかIV 11, XVII 3, XXIV 6, XXIX 6, 7, 8, XXX 2に現れる。用法を見れば、XXIV 6の直ちには意味の判然としない用例を除いても（同所「**短剣**」註参照）、後は「短い剣」――ウリの底から種の間に入る、ということがXXIX 7で言われている――ということで一貫している。読んで字のごとく「手に入る小さなもの」（ἐν χείρ＋指小辞）の意なのだろう。これを'ξίφος'と言う方言があったのか、あるいは両者の長さの境界が曖昧で、一般的に'ξίφος'と言ってしまうことがあったのかよくわからない。

灯りと光 λαμπάς φῶς：これについても方言の用例であるのか、戦場その他で「光」は「灯り」であることが普通であって、両者が一般的に同じ意味で用いられることがあったのか、よくわからない。

通常の用法と異なっていれば παρὰ τὰ νομιζόμενα：このように仮定的にとるのはWhiteheadの考え。その他は「異なっているので」と理由の意にとっている。理由としてとらなければならない理由はなかろう。

方言で κατὰ γλῶσσαν：「全員に共通の言葉κοινόν τι ἅπασιν」と対比されているから、ここの「言葉γλῶσσα」は「方言」ということになろう。

3　オレオス：オレオスはエウボイア島最北部にあるポリス。最初ヘスティアイア（あるいはヒスティアイア）の名前で知られていた。名前が変わったのは、前446年のペリクレスによるヘスティアイア人の追放の結果と考えられるが（Thuc. I 144. 3)、その後もしばらく両方の名前が混在していたことが知られる（*Inventory*, no. 372)。前4世紀半ばには北エウボイア全体が領域に入っていた。この世紀については、アテナイの第2次海上同盟に加入した後一時抜け、再び加入したこと、親アテナイ派と親テバイ派、ついで親マケドニア派と反マケドニア派との間に内乱があり、政体も民主政と僭主政を繰り返したことなどが知られる。

カリデモス Χαρίδημος：傭兵の隊長。前390年代初めにオレオスで生まれ、前333年ペルシア宮廷で王の側近を罵倒したことによりダレイオス3世によって殺された。傭兵の隊長としてあちこちの国を渡り歩いた。故地オレオスが彼の行動に関与し得た証拠は何もない。前357年にはアテナイの将軍カレスと協定を結び、その際アテナイの市民権が与えられたと考えられている。前351年にはアテナイの将軍に選ばれている。このときアリストクラテスが出した法令をデモステネスが言及している（Dem. XXIII 11-12)。傲慢で金銭に汚く、男女両性に対して放縦な像が伝えられるが、アテナイはその力を頼らざるを得ず、何度も彼を将軍に選んだ。Pritchett II

85-89 は彼に傭兵隊長の典型を見ている。経緯の詳細は Hunter/Handford が述べ、この事件に関しては前360年頃に置くことができようとしている。

アイオリス地方で περὶ τὴν Αἰολίδα：話の主題であるイリオンはアイオリス人都市 (cf. Xen. *Hell*. III 1. 16) であるが、トロアス地方にある。したがってこの曖昧な表現は、'When he was commanding in the Aeolian district' の意味に読むべきだと Hunter/Handford は註している。しかし、「アイオリス人」という語はトロアスのアイオリス居住者にも使われる 'regional ethnic' であるから (*Inventory*, no. 1033)、ここではイリオンを念頭にこうした言い方をしたのかもしれない。

イリオン：古代名トロイア。小アジア北方トロアス地方のアイオリス人都市 (前註参照)。ペルシアのフリュギア駐留サトラップ、アルタバゾスの支配下にあった。アイネイアスは、以下に何度か「城門」に言及しているからそうしたものがあったのであろうが、ヘレニズム期以前の遺跡からはそのような大きなものは確認できていない。また、最近の発掘成果は、後期青銅器時代の Troy VII 2層の崩壊以後ほぼ連続的に居住されていたことを示唆している。ただし、前7-前6世紀の方が前5-前4世紀よりも繁栄していたことを示している (*Inventory*, no. 779)。

以下のようなやり方で：以下4〜14にカリデモスのイリオン占拠についての話が語られるが、ここの文脈に関連あるのは13-14の話だけでしかないことは注意されるべきかもしれない。中間の話は「それ自身の効用のためだけに挿入されているが、それはアイネイアスに特色的やり方である」とは、Hunter/Handford の評言である。

4 イリオンの役人 τῷ ἄρχοντι τοῦ Ἰλίου：この役人（アルコン）は単数で現れ、イリオンの最高官だと考えられる。**XXXI 9, 9bis** に現れる「アルコン」と同様の使い方である。アルタバゾス（**3「イリオン」**註参照）によって任命されたか、あるいは少なくとも彼に忠誠であった (Whitehead)。

5 親しくなった οἰκειοῦται 。……**納得させた** ἔπεισαν：同じ話を伝えるポリュアイノス (III 14) によれば、彼は奴隷を「捕まえた συλλαβών」のであり、「大量の贈り物によって μεγάλοις δώροις」納得させた、つまり、買収した

XXIV

のである。

小門やくぐり戸 τὴν διάδυσιν ἢ τὴν ἐκτομάδα πυλίδα：'passage'とされる 'διάδυσις'は、主として Diod. V 36. 4 に基づき「地下道」と考えられていた。しかし、地下道を造る意味はないし、この文脈でほかのどこにも地下道が出てこないから、大門の横の「小門」の意にとろうとする考えが現れた。しかし、それよりこの両語は同じものを表していて、どちらかはもう一方の説明のために欄外に記した記述が紛れ込んだものと考える方がよいのではないか、と Hunter/Handford は考えている。そして、'ἐκτομὰς πυλίς'は一つの門扉に開けたくぐり戸を表すから、全体として言わんとしていることもそれであろうとしている（図XXIV-1のE）。その可能性もあろうが、先の意の「小門」あるいは城門のどこかにある裏門といった可能性も排除できなかろう。

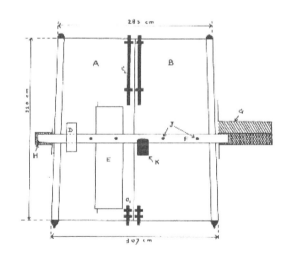

図 XXIV-1：城門内部の復元図
（Barends, 163 Diagram 1 による）

6　短剣 ἐγχειρίδια：ここの武器は、次節の記述から見て、城門の警備兵にすぐには気づかれないような武器であるべきであろう。この語の通常の意味の短い手の中に入るような武器に違いない。**2「刀と短剣」**註参照。

167

III 註解

楯 ὅπλα：アイネイアスは武器一般の意でこの語を頻繁に用いている。それゆえ、「武器、武具」といった訳語をこれまで用いてきたし、これからも用いるであろう（索引参照、索引に現れない IV 3 の用例については同所**「敵陣に加わった」**註参照）。しかし、ここと後 2 箇所（**XXIX 4, XL 4**）に「武器一般」ではなさそうな用例が現れる、と Whitehead が指摘している。ここに関しては、「鎧」「短剣」「帽子」と並ぶものとしては「楯」の方がよさそうであるし、傭兵の装備としてもその方がよさそうである。しかし、Budé 53 n. 1 はそれに反対し、ここでも一般的な「武器」の意でとろうとしている。また、**XXXIX 7** に 2 例現れる「綱」の意に解すべき 'ὅπλον' も特別例である。

先端の尖った戦闘帽 περικεφαλαίας κορυφαίας：'κορυφαίας' というのは写本どおりの読みで、Casaubon は 'κρυφαίας' ('hidden, concealed') という読みを提唱し、Budé も Loeb もそれをとっている。そう読んだ場合、これは女性形容詞の複数対格形にしか読めないから前の 'περικεφαλαίας' にかかるはずであるが、「秘密の戦闘帽」というのはわかりにくいし、次に言う「武器を隠し」ともうまくつながらないだろう。そこで、Budé も Loeb も苦し紛れに副詞に読んで、'cachés' 'secretly' と訳している。一方、'κορυφαῖος' の方はプルタルコスに 'κορυφαῖος πῖλος' という言い方でローマの神官の先の尖った帽子を表す例が見られる。そして、このピロス型のフェルト帽ないし青銅製の兜は古典期の重装兵によく見られる装備である（図 XXIV-2; Campbell & Tritle eds., 2013, 404）。こちらをとれば女性形容詞として素直に読めることとなる。Hunter/Handford はこの読みをとり、Whitehead もそれに従っている。そして、Whitehead は、不自然に危険をもたらすほどには目立たず、暗いところでは農夫の帽子と間違われたかもしれないとしている。底本を離れて、この読みをとることとした。また、**XXIX 4「戦闘帽」**註参照。

7 女と子供 γυναικῶν καὶ παιδαρίων：語順に関しては **III 6「子供や女たちに」**註参照。この女と子供は傭兵についてきた者たちであったろう、と Whitehead は註解している。

XXIV

図 XXIV-2：古典期の重装兵
（van Wees 2004, Plate II による）

馬のために διὰ τὸν ἵππον：Polyaen. III 14 は「何か冗談を言うことも必要だとすれば εἰ χρή τι καὶ παῖξαι」としつつ、これでトロイアが「馬」によって陥落した2度目だと言っている。一方、Plut. Sert. 1 は「ラオメドンの馬の故にヘラクレスによって、ついでいわゆる木馬のゆえにアガメムノンによって、そして3度目にカリデモスによって」と言っている。

8　傭兵のやり方 ξένας πράξεις：原義「傭兵的行為」とは「傭兵としての行為のあり方」を示そう。この「傭兵の」の意味について解釈は2通りで、「野蛮な barbarous」(Hunter/Handford, Loeb) と、「専門家的な de spécialiste」(Budé 53 n. 2) とである。しかし、傭兵のやり方がつねに「野蛮な」わけでもなかろうし、「専門家的」が示唆するように洗練されたものでもなかったろう。ともかく、傭兵が城門の制圧を命じられたときよくやるようなやり方をしたということである。なお、形容詞としての'ξένος'の使用例はここ1例のみである。

カリデモスの連隊　τάξεις：この'τάξεις'が「連隊」の意味の厳密な使い方でな

169

いことは確かであろう（「部隊」と訳した方がよいかもしれない）。正式な「連隊」の意味については、**XXII 29「連隊長」**註参照。

10 **インブロス人のアテノドロス** Ἀθηνόδωρος Ἴμβριος：インブロスはヘレスポントスの西にある島で、前5世紀の初めから一時の短い中断の時期を除いてアテナイの領有地であった。前4世紀にはインブロス人は完全なアテナイ市民権を持った（*Inventory*, no. 483）。したがって、この者はアテナイ市民である。一方、Dem. XXIII 12で「市民の生まれ」と言われている——そして、「市民となった」シモンとビアノルと対比されている——アテノドロスが存在する。両者は同一人物と考えられる。カリデモス同様この者も傭兵を率いてあちこちを渡り歩き、前350年代初めのトラキアの王位をめぐる争いに、当事者の一人ベリサデスと姻戚関係を結んで関わっている（Dem. XXIII 170ff.、またデモステネス『弁論集4』補註C参照）。前356年のベリサデス死去後はその息子を助け、前352年以降はマケドニアのフィリッポス2世に対抗してペルシアの支援を求め、前334年にはペルシア側に立ちサルデスで捕まるが、フォキオンの取りなしでアレクサンドロスに解放されている（Plut. *Phoc.* 18）。

12 **カリデモス軍の混乱に乗じて** ἐν τῷ θορύβῳ, ὡς τοῦ Χαριδήμου ὄντες στρατεύματος：おそらく、カリデモスが全軍を率いてポリスに入りきる前にアテノドロスの軍は到着したのだろう。そのために混乱は一層ひどいものになったのであろう。

13 **彼らには合言葉として……からである**：カリデモス側の合言葉は「ディオスクロイ」であった。それを聞き知ったアテノドロス側の兵士は、自分たちが言い慣れていた「テュンダリダイ」として伝えたのであろう。この話は、こうした合言葉を作ることの危険性を説くためのよい例にはなっていない、とHunter/Handfordは主張している。なぜなら、合言葉を作ったカリデモスは結局何の害も受けておらず、むしろ敵側の間違いによって助けられたから、というのである。確かに「一つの意味を二つの異なった言葉が表して」いたから大きな被害を免れた例であるが、アイネイアスにとっては合言葉が混乱を招いたことが重要だったのだろう。

14 **関係のあるもの** ἀδελφά：'ἀδελφός'のこうした比喩的使用は、プラトンによく見られる（Hunter/Handford）。

15 **狩猟に** ἐπὶ μὲν ἄγραν：動物の狩猟ではなく、掠奪品強奪のための急襲であろうと Hunter/Handford は考えている。Budéは、包囲軍の食糧補給のための狩猟の可能性もあることを指摘している。ここは厳密な使用を述べているわけではないし、またアルテミス・アグロテラの性格から見ても（次註参照）、どちらの可能性もあるだろう。

アルテミス・アグロテラ Ἄρτεμιν Ἀγροτέραν：アルテミスは狩猟の女神'Ἀγροτέρα'としてギリシアの多くの土地で崇拝されている。若くしなやかで、短いキトンを身につけ、少女の髪型をして弓と矢筒を持っている、というのが描かれる姿。残虐な面も持ち、血を流す犠牲獣の儀式と結びついている。スパルタでは戦いの前に山羊がこのアグロテラに捧げられる（Xen. *Hell.* IV 2. 20）。

ヘルメス・ドリオス Ἑρμῆν Δόλιον：ヘルメスは富と幸運の神として、商売、盗み、賭博、競技の保護者であった（高津『神話辞典』）。そのため、「悪賢い、詐欺的な crafty, deceitful」の意の'δόλιος'を添え名として持っている。なお、戦争における「盗み κλοπή」の心理については、Whitehead 1988 が分析している。

「太陽」と「月」 Ἥλιον καὶ Σελήνην：Budéは、「太陽と月」として一つのまとまった合言葉と考えている。Whitehead は、昼と夜との企てそれぞれに割り当てられた言葉と考えるのが自然な考え方だとして、二つの別々の合言葉と考えている（Hunter/Handford, Loeb もこちらの考えをとっている）。ここまでの話はすべて一語の合言葉であったから、二つと考える方がよいのではないかと思う。

16 **イフィクラテス** Ἰφικράτης：アテナイ出身の将軍。前395-前355年頃が活動期。前393年コリントス戦争中に弓兵を率いてスパルタ軍の重装兵を破り、名を知られるようになった（Xen. *Hell.* IV 5. 11-18）。その後、ヘレスポントスやトラキアに進出し、トラキア王の娘を娶った。また、ペルシアのサトラップであるファルナバゾスのもとでも働いたことがある。さま

ざまな戦術を考え出して勝利したことで知られている。Loebは「おそらくギリシアの生み出した最大の戦術家」と言っている。またPolyaen. III 9には63のエピソードがとられているが、これは各人物別にエピソードを集めたPolyaen. の中で最大の数である——ただし、ここに出ている話はとられていない——。前356/5年、同盟市戦争での敗戦で国家反逆罪に問われたが、無罪になった (Nepos XI 3. 3; Polyaen. III 9. 15, 29)。ここは同時代のこの著名な将軍に対するアイネイアスの唯一の言及箇所。

それぞれに違った合言葉を ἕτερον ἑτέρῳ：違った合言葉を持つことはVI 7でも推奨されていた。また、Polyb. IX 17. 9には別の合言葉を決めなかったために失敗した前3世紀中頃の「(その当時) まだ若く……未経験な」アラトスのことが言及されている。

「ゼウス・ソテル」 Ζεὺς Σωτήρ：この語が実際に合言葉として使われていた例が、Xen. *An*. I 8. 18, VI 5. 25, *Cyr*. VII 1. 10にある。

逃亡者によって合言葉が漏れたりする ἐξαυτομολοῖτο τὸ σύνθημα：'ἐξαυτομολέω' ('desert from a place') の受動相は 'to be betrayed by deserters' の意味であるとされる (LSJ s.v.)。

17 バルバロイ βάρβαροι：アイネイアスでこの語が使われている唯一の箇所である。

18 犬に τῶν κυνῶν：戦争の際の犬の使用例、およびアイネイアスにおける犬への言及箇所に関しては、**XXII 14「犬を」**註参照。

カドメイアを占拠したとき ὅτε Καδμείαν καταλαβόντες：テバイのアクロポリス、カドメイアは前382年にスパルタ人によって占拠されたが (Xen. *Hell*. V 2. 25-31; Plut. *Pelop*. 5-6)、前379年には再びテバイ人によって奪い返されている (Xen. *Hell*. V 4. 1-12; Plut. *Pelop*. 7-13)。クセノフォンの記述によれば、前者が行われたのは夏の昼日中で、夜に関しての記述はない。後者は7人の男たちによって実行されたのであるが、夜に女を装って幹部を殺し、ついで囚人たちを解放して武装させた上、夜間にテバイ人全員集合の布令を発している。話の展開からして、ここで語られているエピソードは後者の再占拠のときのことと考えた方がよさそうである。しかし、この

場合、クセノフォンを信ずる限り——プルタルコスはこの点詳しく述べていない——、カドメイアは占拠されたのではなく交渉によって明け渡されたのであって、口笛が使われる機会はなさそうである。Hunter/Handfordが指摘するように、むしろカドメイア再占拠の前にその機会がありそうである。いずれにせよアイネイアスは独自の情報源からこの経緯についてよく知っており、その中の口笛の話をここに述べているのであろう。

19 **一方が** τὸν ἕτερον：合言葉を尋ねるのはパトロール兵であることがここからわかる。敵がパトロール兵の振りをして合言葉を尋ねれば、それで敵であることがわからなくなると言っているのである。そのためにパトロール兵の側からも合言葉を言う必要があるというのが主張である。おそらく、イフィクラテスがやったようにやるのであろう (**16**)。あるいは**XXV**に主張するように「第二の合言葉παρασύνθημα」を使うのかもしれないが、言葉的にはあくまでも「合言葉σύνθημα」が使われている。

XXV

1 **第二の合言葉を** παρασυνθήμασι：これについては紀元後1世紀の戦術家オネサンドロスの『将軍職』も言及している (**XXVI**)。そこでは、第二の合図は声ではなく身振りで表すべきだと主張し、手による合図、武器のぶつけ合い、槍の傾け、刀の合図などを挙げている。これに対し、アイネイアスは夜に関して声による合図を認めている点が特色的である。

2 **何らかの声をも出すか、もっとよいのは音を立てることであり** καὶ φωνεῖν τι, μᾶλλον ⟨δὲ⟩ καὶ ψόφον ἐμφανίσαι：ここの校訂について、Hunter/Handfordは'δὲ'の挿入は難しいとして'καὶ φωνεῖν τι ἄλλο ἢ ψόφον ἐμφανίσαι'という読みをとっている (「さらなる声を出すか音を出す」)。しかしBudé、Loebはこのような読みをとり、Whiteheadもそれを念頭に置いている。写本は、'φωνεῖν τι μᾶλλον'とされており、これを生かすなら後者の読みの方がよさそうである (ただし、こうした判断は写本を実際に見なければ下せないけれども)。この読みをとれば、彼もオネサンドロス的見解 (前註

173

参照）に近づいていたと考えることができる。なお、'φωνεῖν'は人間の発声機関で出す音、咳や口笛も含んでいると解される。これに対し、'ψόφος'は前註の「武器のぶつけ合い」などが含まれよう。

明るいときには ἐν δὲ τοῖς φαενοῖς χρόνοις：「日中」の意味ではなく、先の「暗い夜」に対比して「明るい、月明かりのある夜」の意であるとHunter/Handfordは註している。日中にはそうした警戒は必要ない、というのが理由であるが、必ずしもそうは言えないのではなかろうか。ここでは「日中」の意も含んでいると考えておきたい。

XXVI

1 **危険に陥った際** ἐν τοῖς κινδύνοις：XXII 1「危険に陥った際」註参照。また、'περιοδεύειν'という動詞から突然始まる唐突な始まり方については、同所「夜の見張りがなされねばならない」註参照。

集まった隊の中の2隊 ἠθροισμένων λόχων δύο：「隊λόχος」については、15「いくつかの隊(ロコス)に分ける」註参照。そこに註したように、「ロコス」の数を100人程度だとすれば、パトロール隊の数として200人程度を確保するのは少し多いかもしれない。そのため、Whiteheadはここに最小の数を見ているのであろう。それはBarendsも共通する。しかし、1日4交代制として一見張り時あたり50人を「危険に陥った際」に投入するのは妥当にも見える。

お互いに反対側から ἐναλλὰξ ἀλλήλοις：このわかりにくい表現について解釈は二つに分かれている。Loebは'alternately'、Hunter/Handfordは'take turns'、Whiteheadは'in turns'とするが、いずれも「交代に」の意で共通している。一方、Budéは'chacune (compagnie) les (=des rondes) faisant en sens inverse de l'autre'とかなり説明的に訳している。これを理解するにはHunter/Handfordの註釈に基づくのがよさそうで、彼らはまず'gegen einander'とする訳をそうはとれないと否定する。その上で、'ἐναλλὰξ = vicissim'として全体を'quae alernis vicibus ad muros accedent'とするCasaubonの解釈を示している。要するに、'ἐναλλὰξ'を「反対に」の意にと

り、全体を「(二つの隊が)別々の道で城壁に近づく」の意で読もうとするのがCasaubonの考えである。おそらくこれを受けて「各隊はパトロールをもう一方の隊とは反対の方向に行って」の意にBudéは読んだものと思われる。ここではCasaubon、Budéの行き方をとっている。

2 **夕食をとらずに** ἀδείπνους：食事の精神に与える影響については、**XVI 5**にも見える。また、ポリスの安全を図るために「将軍は食事をとらずに自ら戸締まりと点検を」なせとの主張は **XX 1** に現れる。同所**「食事をとらずに」**註とともに参照。

3 **ランプなしに** ἄνευ λαμπτῆρος：城壁の上の見張り番に自分の接近が気づかれぬようにである。

そうでない場合は εἰ δὲ μή：「ひどい嵐や暗い夜」ではなく、「ランプが必要不可欠な場合は」の意に解すべきであろう、とWhiteheadは註している。そのとおりであろう。

4 **馬に適したところでは** ἐν ἱππασίμῳ：Whiteheadは「町の中で」と註している。しかし、これを「町の中」ととらなければならない理由は見出せない。これのかかるべき 'πόλει' が「中心市」の意味に限られるとは思われない。騎馬隊を使うのは、アイネイアスが言っているように、パトロールの時間短縮のためと、攻撃を受けた場合に守りやすいようにであった (Budé 56 n. 4)。後者の例として、ペイライエウスからの攻撃を警戒した、30人退去後の「10人」の例がある、Xen. *Hell.* II 4. 24。

5 **〈…すべきである〉**：Schoeneによって「彼らはそのように配されるべきである τούτους οὕτω τετάχθαι」といった語が抜けていると考えられ、一般に受け入れられている。

6 **城壁の外に石を次から次へと投げる**：**XXII 12**にも同様のことが述べられている。同所**「城壁の外に石を次から次へと投げ」**註参照。

先に書いた理由で διὰ τὰ προγεγραμμένα：**XXII 13**において。敵が投石によって近寄ってはならない場所をあらかじめ知ってしまうから、というのが理由であった。

7 **〈……〉**：次の 'χρὴ δέ' に対応する 'χρὴ μέν' を含む文が抜けているとして、

写本にある 3 文字分の空白をもっと広げて考えたのは、**5** の場合同様 Schoene だった。そうとすれば、その内容はもはや復元しようがないことになる。Budé、Loeb はこの校訂を受け入れ、Whitehead もこの方向で訳を作っている。一方、Hunter/Handford は次に現れる 'δε' を削除する校訂をとって空白を認めていない。その場合、疑惑が広がっている場合にやるべきことはここに書かれていることのみになる。どちらの可能性もあろうが、ここは底本に従っている。

パトロール隊は見張り番を除いて τοὺς περιόδους πλὴν φυλάκων：パトロール隊と見張り番とはどういう関係に理解されているのだろうか。**1 1** から両者は区別されており、**XXII 26-28, XXVI 8-9** を見ても両者は違うから（また、**XXII 9「次の持ち場まで（実際に見張り）」**註参照）、ここで言いたいことは「パトロール隊は城壁に登らず、城壁に登ることができるのは見張り番に限るべきである」ということであろう。

また戦いに負けて〜 11……ないようにである：アイネイアスの人間心理への洞察力と、それに応じた戦術を考える指揮官としての経験を示すとされる (Budé 57 n. 2; Hunter/Handford, p. xxxiii, 188)。Whitehead は、ここや **XXXVIII 4-5** に現れる人間心理を考慮した配慮を市民軍にのみ適用されるものであるとし、そこに重要性を見ている。そして傭兵に対してはそうした寛容さがなかったことは、**X 19, XXII 29** に現れるとし、さらにイフィクラテスが眠っている見張り番を発見したとき、槍で刺し殺したエピソードを補強材料として挙げている (Fron. *Str.* III 12. 2)。確かにここで念頭に置かれているのは市民軍のことであろう。しかし、傭兵には心理を考慮した配慮をしないわけではなかろう。イフィクラテスにも傭兵の心理を見越した策を立てたとの記録がある (Polyaen. III 9. 4, 21, 35)。また逆に、フロンティヌスの伝えるイフィクラテスの話は、見張りの重要性を言う中での話であって、Whitehead は「(傭兵)」とカッコつきで示しているけれども、この見張り番が傭兵であるとは限らないであろう——同じ章でフロンティヌスは、エパメイノンダスもあるときに同じことをしたと伝えているが (12.3)、これも傭兵の可能性は低かろう——。

XXVI

同盟国の離脱 συμμάχων ἀποσάσει：同盟国についてはXIIに注意すべきことが述べられていた。

先述のことを τὸ προγεγραμμένα：XXIIに述べられたこと、および本章においても述べられたことであろう。

8　パトロールは頻繁になさねばならない τὰς περιόδους ... πυκνάς τε χρὴ περιοδεύειν：女性形の'περίοδος'はここのみに現れる（I 1「パトロール」註参照）。このあたりは男性形の'περίοδος'をはじめ、動詞形の'περιοδεύω'、それと'περιοδεία'が折り重なって現れている。'περιοδεία'やその他の語との写し誤りが写本にあった可能性は高いのではなかろうか。

10　選抜された同じ人々 τῶν αὐτῶν ἀπολέκτων ἀνδρῶν：Hunter/Handfordはこれを「役人のボディーガード」と彼が解する、14に現れる「役人を取り巻く者」と同じと見ている（同所「**役人を取り巻く者**」註参照）。しかし、14の解釈については異論があるし、その他にも彼らが「役人を取り巻く者」への言及だとする箇所にはそれぞれ異論があり得る（**XVII 6「先述の兵たち」、XXII 2「同僚」**それぞれの註参照）。ここでも内実はわからないとすべきであろう。

12　ある者たちは以下のようなことも受け入れ…… ἀποδέχονται δέ τινες καὶ τόδε ...：この言い回しは、アイネイアス自身はこの方法を好ましいものとは思っていないことを示す（Hunter/Handford）。

国家長官 τὸν πολίταρχον：「ポリタルコス」という名の役人はほかのどこにも現れないが、「ポリタルケス πολιτάρχης」という名の役人はヘレニズム・ローマ期のマケドニアやテッサロニケなどに現れる。名前とここに語られている権限からは高位の役人が想定できるが、どのようなものかはよくわからない。Hunter/HandfordはXXII 2に現れる「全体の指揮権を持つ将軍」と同一視している。Budéは市政を担当していた役人で、戦時には軍事的権限を与えられるのだと解している（p. xxi, 58 n. 1）。Whiteheadは両者の可能性を認めながらも、アイネイアスの関心は役人の称号ではなく、役割にあるとしている。ほかの役職者の名前の使い方からも、これは首肯できるだろう（**XI 7「民衆の主導者」、XXIX 5「港湾徴収官」**の註参照）

III 註　解

恐ろしさ φόβον：この写本の読みを「疲労」κόπον に替えようとする校訂案があり、Schoene、Loeb、Whitehead はそれを取る。Hunter/Handford は写本の読みを維持し、Budé は「多くの者が従っている quem multi secuti sunt」と校訂案を紹介しつつも、それをとっていない。その底本に従っておく。

13-14：Polyaen. I 40. 3; Fron., *Str.* III 12. 1 にアルキビアデスが同じような方法をとったことが述べられている。ただし、「ラケダイモン人がアテナイを包囲したとき」(Polyaen. *ibid.*)、彼はアテナイにいなかったことが確かだから、これをアルキビアデスに帰することは間違いかもしれない。

XXVII

1　**混乱と恐怖** θορύβους καὶ φόβους：突然理由もなく起こる「混乱と恐怖」である。たとえば III 1 に言及される「恐怖」は、敵軍来襲のもたらす恐怖ではっきりとした理由があるが、ここで対象としている恐怖は理由もはっきりしないままに引き起こされるもので、群集心理から説明される「集団ヒステリー」状態である。こうした現象が軍に起こることは、ギリシアにおいても早くから知られていたようである。トゥキュディデスは、前423年マケドニア軍に生じた「恐怖」と前413年シケリアで退却中のアテナイ軍に生じた「恐怖」について、大軍に「理由もなく ἀσαφῶς」生じがちなことだとしている (IV 125. 1, VII 80. 3; 前者に現れる 'ἀσαφῶς' について、cf. Hornblower 2, 394)。しかし、大方はこの原因を神に帰している。前5世紀には、フォボス、ディオニュソス、パンに帰されていたが、前4世紀以降にはもっぱらパンに帰されるようになった (Pritchett III, 45, 162-163)。また、Budé 59 n. 1 はタキトゥスの挙げる脱走した馬から起こった恐慌の例を指摘するほかに (*Ann.* I 66)、兵の士気を考える上で重要だからこうした問題を詳しく述べるようになるとして、ビザンツ時代の戦術書の例を挙げている。

「パニック」 πάνεια：Πανεῖον は通常 Πάν の社、聖地、Πάνεια は Πάν の祭りを表す。この形でこの意味を表すのはアイネイアスだけに現れ、一般的では

ない。おそらく、ペロポネソスの兵士によって使われていたテクニカル・タームであろう、というのが Hunter/Handford の考えである。ポリュビオス、ディオドロス、プルタルコスなどには πανικόν という形が現れ、前註の Pritchett の見解を裏づけている。また、Polyaen. I 2 にはパンがパニックを呼び起こすこととなった起源が述べられている（Πανικά と複数形が使われている）。

ペロポネソスの、とりわけアルカディアの πελοποννήσιον καὶ μάλιστα ἀρκαδικόν：素直に読むと、アイネイアスはアルカディアのことに通じている、それゆえそこの出身の可能性がある、ということを示唆すると考えられる。しかし、これを欄外に書かれたものだとする見解もある。それを踏まえ、同じアルカディア人を「ある者たちによって ὑπό τινων」とは言わないであろうとして、ここはむしろアイネイアスがアルカディア出身ではないことを示しているとする見解も出てくる。どちらも可能であるが、素直な読みが悪いわけではなかろう。cf. Hunter/Handford, p. xvi; Whitehead, 10-11.

2 **市内にいる者たちと……** προσυγκεῖσθαι ......：ここの文は全体にわかりにくい。底本の読みを尊重しているつもりだが、その他にもいくつかの読みの可能性がある。

3 **合唱歌** παιᾶνα：アポロン神やアルテミス神に捧げる合唱歌で、「悪を避けるための聖歌」であった。戦争においてもその目的で使われたのかもしれないが、特にスパルタにおいては宗教と関わりなく、戦闘に入る際の行進曲として使われたとされている（Thuc. V 69. 2-70）。おそらく、それぞれのポリスで独自の行進曲としてのパイアンがあったものと思われる。そして戦闘の中で何度も歌われたのであろう。ギリシア人には沈黙を守っての急襲より、戦闘隊形を維持し隊列を乱さないことの方が重要視されていた。cf. Pritchett I 105-108; Schwartz 2009, 195-198.

パニックにすぎない……伝える λέγειν ὅτι εἴη πάνειον ... παραγγέλλειν：このようなやり方でパニックを乗り切ったアレクサンドロスの例が、Polyaen. IV 3. 26 に語られている。

III 註 解

7　統治官 ἁρμοστής：「ハルモステス」はスパルタの海外での統治官。最初に現れるのは前412年だが (Thuc. VIII 5. 2)、それより前にも置かれていたと思われる。前404年以降は多くの占領地に置かれた。前371年レウクトラの戦い後、スパルタは全統治官を引き上げたから (Xen. *Hell.* VI 3. 18, 4. 2)、この話はそれよりも前のことになろう。

エウフラタス Εὐφράτας：その他には知られない名前、*LGPN* III.A。これを「エウダミダス Εὐδαμίδας」(*LGPN* III.A s. v. (8)) に変えようとする校訂があるが、深い根拠があるわけではない。

9　……上流の人間の……下層民の…… σπουδαιοτέρων ... φαύλων ...：トラキアに駐留するスパルタ軍の中でどのような区別があるのかよくわからない。スパルタ人と傭兵との区別を言うのか、スパルタ人の中の区別を言うのか、わからないとすべきであろう。

11：これと似た話は、次の2箇所に見出せる、(1) Xen. *An.* II 2. 19-21 (2) Polyaen. III 9.4. (1)はスパルタ人クレアルコスの話で、(2)はイフィクラテスの話となっている。また、この二つの話では「馬」ではなく「ロバ」が原因の動物となっていることが、アイネイアスの話と違っている。これらは一つの話のヴァリエーションとして理解すべきか、二つあるいは三つの話として理解すべきなのか、直ちにはわからない。Loeb 143 n. 1 はそれぞれ別の出来事で、「この考えは良策で一度以上使われた」と解している。Hunter/Handford は、(2)が間違いの可能性が高い――すべての巧妙な手段はイフィクラテスの名のもとに集まる傾向があったろう――、またアイネイアスが『アナバシス』を直接引用したわけではない、引用したとすれば「ロバ」と「馬」を間違うことはなかったろう、したがって実際にその手段に触れた誰かから口頭で彼に伝わったに違いない、と論じている。Whiteheadは、これを踏まえてさらにアイネイアスの話がクレアルコスのことであるのはほとんど疑いがないとし、「馬」と「ロバ」の混同については、クセノフォンの方が記憶によって間違えた可能性をつけ加えている。

……：アイネイアスの文は完結しておらず、ここに空白があると考えられている。クセノフォンの話から (前註参照)、「金を与えよう」といった文が

抜けていると推測されている。また、ポリュアイノスの方もこのように文が切れている。ここからWhiteheadはポリュアイノスがアイネイアスを利用したと考えるが、ポリュアイノスがこうした引用で満足したことを見れば（明言しないが、そういう論理なのであろう）、そのまま未完結のままで考えるHunter/Handfordの行き方がよいのかもしれないとしている。

12 **隊あるいは連隊それぞれ** ἑκάστου λόχου ἢ τάξεως：ここでの語の使い方が厳密なものかそうでないのかはっきりしないが、厳密な意味でのロコスについてはⅠ5「**いくつかの隊に分ける**」註参照、連隊についてはXXII 29「**連隊長**」註参照。厳密でない使い方は、XXIV 8「**カリデモスの連隊**」註参照。

13 **それぞれの食事仲間** συσσιτίου ἑκάστου：ここの中性形の'συσσίτιον'と女性形の'συσσιτία'との違いについてはX 5「**会食で**」註参照。スパルタやクレタに、こうした15人程度の食事仲間があったことはよく知られていよう。

14 **敵の軍を……**：突然の視点の転換。パニックを静める側から敵にパニックを起こさせる攻撃側へと視点が変わる。XVIII 22の場合と同様である。同所「**こうしたことの何かを実践する場合**」註参照。また、この話はハンニバルの、燃える木を牛の角にくくりつけて放った話 (Polyb. III 93-94; Liv. XXII 16-17) を思い出させると古来多くの者が註している。

15 **朝になったら……**：これまでのこの章の議論とどういう関係にあるかわからない。強いて関係をつければ、そうした恐怖に襲われた夜が明けた時点での注意と読めるかもしれないが、それを保証するものは何もない。それだから、誰かによって「起床」という見出しがつけられたのに違いない。ただし、**XXVIII 4**と一部重なりがある。

XXVIII

1 **恐怖に** ἐν φόβῳ：前章の理由のない恐怖ではなく、再び理由のはっきりした恐怖に戻っている。**XXVII 1**「**混乱と恐怖**」註参照。

2 **くぐり戸** ἐκτομάδα：XXIV 5「小門やくぐり戸」註参照。
逃走することも αὐτομολῶν：「逃走する αὐτομολέω」という動詞を Loeb は「逃走して国に入ってくる」と解し、Hunter/Handford、Budé、Whitehead は「国から逃走する」の意に解している。XXII 14 で両方のことを言及していたように、ここではおそらくどちらの意味も含んでいるのであろう。

3 **〈門全体を〉**〈πᾶσαν〉：紀元後3世紀のユダヤ人年代記作者、ユリウス・アフリカヌスの抜き書きからの補い（XLIX）。抜き書きには‘πᾶν’とあるが、ここの意味に合うようにこう変えるのが一般。
〈……〉〈 ... 〉：前註同様、ユリウス・アフリカヌスの抜き書きからここに空白があることが推測される。このあたりの抜き書きは逐語的ではなく、「最も近い門から」は抜けていて、当該のところに‘προεξιόντος στρατεύματος’と絶対属格が書かれている。要するに「兵をあらかじめ外に出して警戒する中で」ということであろう。おそらく空白補塡の最良の案は Hunter/Handford によるもので (p. 195, 255-256)、「〈あらかじめ門の外に出た兵の守護下に〉運び込むべきである。〈そうすれば〉それが……καὶ〈προεξιόντος τῶν πυλῶν στρατεύματος· οὕτω δ〉ὲ ἄν」というものである。

4 **船を** πλοῖα：VIII 2「上陸してきた」註参照。
一つの事実から ἐφ᾽ ἑνὸς ἔργου：実際には以下に二つの事実が述べられている (5, 6-7)。また、‘ἔργον’という語については**序章「あらゆる種類の事実」**註参照。
ほぼ同じような多くの試み πολλὰ παραπλησίως τούτῳ πραχθέντα：Whitehead は前424年のメガラの例を挙げている (Thuc. IV 67. 3-5)。

5 **クラゾメナイ人** Κλαζομένιος：クラゾメナイはイオニア地方、キオス島対岸の岬（ミマス山）の裏側に広がるヘルメイオス湾の南にある小さな島である。最初対岸の大陸内部に中心市があったが、防御のしにくさのゆえにここに移ってきたとされる。前5世紀にはデロス同盟に属し、ペロポネソス戦争末期にはアテナイとスパルタとの攻防の舞台となり、内乱も起こっている。前4世紀には内乱がこの地につきもののように考えられていたようで、アリストテレスはそれを地理的要因に帰している (Arist. *Pol.*

1303b9)。前411年には城壁がなかったことが知られるから (Thuc. VIII 31. 3)、ここに語られる話はそれ以降のことであることが明らかで、前386年の大王の和約以降のことであろうと考えられている。城壁について、石造りの大きな方形の建造物で、補強用に前4世紀初期・中期の多くの黒塗りの陶片が入れられていた、と報告されている（以上、*Inventory*, no. 847)。

ピュトン Πύθων：クラゾメナイ出身のこの名前の人物としては、ここに現れる人物と前350-前340年のコインに現れる人物とが知られる (*LGPN* V. A s.v. (4)(5))。Hunter/Handfordはこの人物を前360年にトラキア王コテュスを殺し、その功績でアテナイ市民権を与えられた2人の兄弟の1人に同定しようとする (Dem. XXIII 119)。デモステネスはこの者をアイノス人と言っているが、Hunter/Handfordはそれは大きな困難とはならないとする。なぜなら、**XXIV 10** でアテナイ人アテノドロスをインブロス人と言っているからだというのであるが、根拠としては薄弱であろう。クラゾメナイとアイノスとの間に格別の関係は認められない。また、Gehrke 1985, 79 はピュトンによる僭主政を大王の和約に続く時期においているが、*Inventory*はピュトンによって僭主政ないし寡頭政が樹立された説得的な証拠はないとしている。しかし、コインにこの人物が現れることは証拠の一つとなろう。

6　アビュドス人 Ἀβυδηνός：アビュドスはヘレスポントス沿岸小アジア側トロアス地方のポリス。ミレトス人によって前7世紀に建設された。デロス同盟の加入国であったが、前411年離反した。おそらくこの時期に寡頭政（役職者は大きな財力や党派仲間がなるが、選ぶのは重装兵や民衆である寡頭政）になったと思われる (Arist. *Pol.* 1305b33)。この寡頭政は前360年頃、内乱の時期を経て、ここに出るイフィアデスによる僭主政に変わったとされる。また、この内乱に関わる言及がArist. *Oec.* II 2. 18であると考えられる（以上、*Inventory*, no. 765)。

イフィアデス Ἰφιάδης：Arist. *Pol.* 1306a26-31から彼がアビュドスの一つの党派の頭領であったこと、Dem. XXIII 177からセストス（ヘレスポントスの対岸に位置するポリス）のために彼の息子が人質にとられたこと（しか

し、アテナイに引き渡すことを将軍カリデモスが果たしていないこと）を知ることができる。アビュドスはずっとアテナイに敵対していたものと思われる (Dem. XXIII 158)。以上および「いくつかの理由」から、Hunter/Handford は彼がパリオンを占拠したのは前362-前359年のことだと結論している。しかし、Whitehead は「明らかにそれよりも前でも後でもあり得る」としている。おそらく、クニドスのプロクセノスを認められた $Syll^3$ 187の碑文とあわせ、この頃の国際情勢を広く検討することで得るべき結論で、それは今ここで考える必要はなかろう。

- **ヘレスポントスで** κατὰ Ἑλλήσποντον：Loeb、Budé はこれをアビュドスを規定する語句で、エジプトのアビュドスと区別するために用いられていると解している。Whitehead は、アイネイアスとその読者にとってその区別は必要なかろうこと、ほかのそうした規定句と語の配列が違うこと、以上からこの語がアビュドスあるいはパリオンにかかる形容句ではなく、副詞句として用いられているとしている。おそらくそれは正しかろう。
- **パリオン** Πάριον：アビュドスより38.5 kmほど北方にあるポリス。名前からしてパロス人が中心となって建設されたと考えられる。おそらく前478/7年デロス同盟に加入し、ペロポネソス戦争中もアテナイを支持した。その後コリントス戦争中（前395-前386年）もアテナイの同盟国であり続けたことを示唆する証拠があるが（$Syll^3$ 137、アテナイ人によるパリオン人フォノクリトンの顕彰碑文）、大王の和約までにはペルシアに降伏している。そして、前360年頃、ここに語られる話があったものと考えられている（以上、*Inventory*, no. 756）。

7 お人好しに εὐήθως：「良い εὐ」＋「心 ἦθος」からなる。good-hearted はしばしば simple-minded ということになる。英語の 'naively' というのがよく当てはまろう。また、**XI 1「すぐに」**註参照。

XXIX

1 貨物 φορμημάτων：Casaubon の言う「運ばれるべきものを保つ道具

instrumenta quae res vehendas capiunt」で、「枝編み細工の籠cistaや荷運び人の荷馬車baiulorum iuga、それと同類のもの」すべてを含んでいる、というのが通常の理解 (Orelli, ap. Hunter/Handford)。

2 **門番が** τὸν πυλωρόν：門番については、**V 1「門番の任命」**註参照。

3 **示そう** ἐξοίσω：**XVII 2**同様、一人称単数が使われている（同所**「例を示そう」**註参照）。

全民衆挙げての祭りの際に ἐν ἑορτῇ πανδήμῳ：**XXII 16「全民衆挙げての祭りの際」**註参照。

ポリスが……ことがある：これがどこであるか議論がある。Meinekeは、このあたりの文を 'ἐπὶ Θρᾳξὶ γεγενημένα. κατελήφθη ⟨Ἀμφί⟩πολις' と校訂し、その根拠をThuc. IV 106に求めたらしい (ap. Schoene)。つまり、前424/3年冬のブラシダスによるアンフィポリス占拠のときのことに比定したのである。これに対しLoeb 149 n. 1は、注意深い条件の比較はそれを否定するとしている。実際、ブラシダスの申し出に応じて開城したアンフィポリスの状況は、ここと違っていよう (Thuc. IV 103-106)。またBudé 64 n. 1は、やはりMeinekeの推測を否定した上で、この事実は最近のことであり、アイネイアスは意識的に名前を出すのを控えたように見えるとし、これがシキュオンのことである可能性もあるとしている。さらに、そうとすれば、最後に突然このポリスの名前が出てくるのも説明できるとしている。しかし、Whiteheadはこれを根拠のないものとし、手がかりを求めるのならまず5を考えるべきであるが（同所**「港湾金徴収官」**註参照）、唯一の分別ある行き方は場所も時期もわからないとすべきことであるとしている。まず、この冠詞なしの 'πόλις' が不安定であることは確かであろう。また、同様の表現の出る**XVII 2**と比較しても、具体的名前が現れないのは奇妙なことである。通常 'ἐπὶ πράξει' と読まれて異読の提唱されない部分を 'ἐπὶ Θρᾳξὶ' と読んで、'⟨Ἀμφί⟩πολις' と補う校訂にどれほど信憑性があるかわからないが、やはり何らかの修正が必要なのではなかろうか。「アンフィポリス」はある程度蓋然性のある提案であり、その場合前4世紀にもここを取り戻そうとするアテナイの動きなどがあったのであるから (cf. *Inventory*, no.

553)、トゥキュディデスまで戻ってこの事態を説明する必要はなさそうである（次の4「将来を見越してあらかじめ市内にいた外人」註参照）。

4　将来を見越してあらかじめ市内にいた外人 τοῖς προενδημήσασι ξένοις ἐπὶ τὸ μέλλον：この外人は、特別に呼び入れられる傭兵ではない。しかし、「将来を見越して」ポリスに来て居住していた外人ということになる。これはやや奇妙なことであるから、Hunter/Handfordは 'ἐπὶ τὸ μέλλον' を少し先に移し、「将来のための協力者 συνεργοῖς ἐπὶ τὸ μέλλον」と解する読みを提案している。そして、その間違いが生じた理由を別に推測している（Appendix II (5)）。しかし、これをアンフィポリスでの出来事とした場合、たとえばクレオティモスなる人物がカルキス人を連れてきて、「富裕者たち εὔποροι」に反乱を起こさせた際に（Arist. *Pol.* 1306b1-3）、このままの読みのような事態があったとしてもおかしくはないように思われる。

市民の中の武器を持たない協力者 πολιτῶν τοῖς ἀνόπλοις τε καὶ συνεργοῖς：武装させねばならない市民の存在から、当該の事件が寡頭政転覆の企てだったと推論できるかもしれない、とWhiteheadは言っている。アンフィポリスに関して言えば、前註のクレオティモスの試みが成功したかどうかはわからないが、前357年には民主政がとられていたらしいことがわかる（*Inventory*, no. 553）。どこかで国制転覆が起こったに違いなかろう。

亜麻製の鎧 θώρακες λίνεοι：亜麻製の鎧については、Hom. *Il.* II 529, 830; Hdt. III 47. 2に言及がある。van Wees 2004, 50は、オリュンピアへの奉納品から判断してアーケイック期には10人中1人が金属製鎧を着けていたとし、それは古典期にも変わらないと言っている。戦場における重装兵の身なりが、財産高その他に応じてさまざまなものであったとするvan Wees, 52-54の推論は、確かなものであろう。その場合、亜麻製の鎧が青銅製のそれより安価であったとは言えないようである。先のHdt.に現れるそれは意匠を凝らしたものであったし、ペルシアではこちらを着るのが慣例になっていた（Xen. *Cyr.* VI 4. 2）。おそらくこの語から連想されるのは、貧しい者への用意といったことではなく、軽く密輸しやすい機能性の面なのであろう。

革製胴着 στολίδια：ここのみに現れる唯一語。意味は 'σπολάς'（「革製胴着」）と同じであることが疑いない、と Hunter/Handford と言っている。'σπολάς' は Ar. *Av.* 933, 944; Xen. *An.* III 3. 20, IV 1. 18 などに現れる。しかし、Budé 64 n. 3 はこれを 'στολίς'（「衣服 vêtement」）ではなく 'σπολάς' と結びつけようとするのは大胆だと批判し、本文では「マント pèlerine」と訳している。ここはいざ戦うときのための衣服を言うのであろうから——そうでなければ隠して運び込む必要はなかろう——、それのはっきりする前者をとることとした。

戦闘帽 περικεφαλαῖαι：περικεφαλαῖα という写本の読みに従えば、中性複数の形容詞にしか読めないから、次に 'ὅπλα' が略されていると解して「頭部防御用武具」ととり、そこから「兜」と訳すことになろう。底本はそうしているが、ここは最後に 'ι' を補って女性複数に変えてしまう Hunter/Handford の読みをとることにした。そうすれば、アイネイアスの使うこの語の4例はいずれも女性名詞使用で一貫する。また、**XXIV 6「先端の尖った戦闘帽」**註参照。

楯 ὅπλα：語のならびから見てこの箇所も、「楯」と本来の意味でこの語を解するのがよいようである。**XXIV 6「楯」**註参照。

サーベル μάχαιραι：この語は本書においてここのみに現れる。Hunter/Handford は、おそらく 'ἐγχειρίδια'（「短剣」、**XXIV 2「刀と短剣」、6「短剣」**註参照）と同じ意味で、個人によって隠せるものであろうと言っている。しかし、Xen. *Eq.* XII 11 は、騎兵の武器として 'ξίφος' よりも 'μάχαιρα' を勧めると言い、後者で切る方が前者で刺すより効率的だと理由を説明している。陶器画をもとにすれば、片刃で両側に反りの入った刀で、前5世紀に一般的になったと思われる（図XXIX-1参照）。長さはさまざまであるが一般に 60 cm を超えなかったとされるが（以上、Anderson 1991, 26）、簡単に手の中に隠せるほどに短いものではなかったと思われる。Hunter/Handford は 'ἐγχειρίδια' とともにサーベルの意味をも表すと考えているが、ここがサーベルの意味でも構わないように思われる。

5　**それらを……開けて** ἅπερ ... ἀνοίξαντες：この関係代名詞が受けていそう

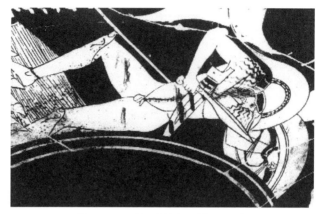

図 XXIX-1：槍に刺されて倒れる巨人
☆鞘からサーベルを抜いている。前490年頃。
(Sekunda 2000, 27による)

な 'κιβωτοῖς' は女性形。おそらく全体を漠然と受けて中性形を使ったと考えるか、'ἅπερ' を 'ἅσπερ' に変えるか、あるいは 'κιβωτοῖς' を 'κιβωτίοις' に変えるかが考えられる校訂。ここは写本のとおりを読んで訂正を加えない底本を尊重している。

港湾金徴収官 οἱ ἐλλιμενισταί：港における徴収官を一般的に言う。徴収するのが、関税であるのか港湾使用料といったものか、あるいは双方か、よくわからない (Busolt I, 614 mit Anm. 3)。Dem. XXXIII 34 には、ボスポロス王国 (**Ⅴ２「ボスポロスの僭主レウコン」**註参照) におけるこの役人が言及され、そこに荷物の登録簿があることがわかる。アテナイでは関税徴収を請け負った「50分の1税徴収官 πεντηκοσιολόγοι」が知られ、そこに登録簿があった (Dem. ibid. 7; Busolt II 1230)。ここでは外国からきた荷物をまず開けて調べ、怪しいものがないかを見届けた上で封印し、関税査定に回す役を担っていることがわかる。分掌形態や名称はそれぞれ違っていても、そうした役割を果たす役人が各ポリスにおり、それを念頭にこの名称を使っていよう。アイネイアスの関心は、**XXVI 12**の「国家長官」同様 (同所註参照)、ここでも役人の称号ではなく役割であったと考えるべきであ

ろう。そして、ここで考えている具体的事例では港が利用されていたためこの役人名が使われたのであり、陸上から運び込まれる場合は、2 から見て、「門番」がその役割を担ったのであろう。Hunter/Handford は 12 に出る「港湾監督官」と同じであるとしているが、アイネイアスの役職者名の使用法が以上のようであるとして、それは受け入れられよう。

輸入者の目録申請を待った μέχρι τιμήσονται οἱ εἰσαγαγόντες：原義「輸入者が評価を下すまで」というのは、輸入する者が荷物の目録を提出して関税査定を受ける手続きの流れを踏まえているのだろう（cf. Hunter/Handford）。

6 葦編み ταρσοῖς：Whitehead や Hunter/Handford は「ヤナギ細工 wickerwork」としているが、Budé 64 n. 4 は、それは「ほどく ἐξείλισσον」（8）ほどの柔軟性がないからあり得ないとし、葦を並べた「（水流を止める）しがらみ」の意で、この使用が一般化するとともにその材料の使用も一般化したとしている。そして、Hdt. I 179. 2 に語られるバビュロンの城壁の煉瓦を補強した「葦の格子 ταρσοὺς καλάμων」との類似性を指摘している（cf. Asheri et al. 2007）。

半織りの ἡμιυφάντοις：「半織り」がなぜよいのかわからない。この国で疑惑を起こすことが少なかったのだろうという以外に理由を言うのは難しい（Hunter/Handford）、というのはそのとおりであろう。

小ぶりの槍や投げ槍 δοράτια καὶ ἀκόντια：'δόρυ' と 'ἄκων' の指小辞が使われている。通常のものより短めのものを言うのであろう。ただし、8 では 'τῶν δοράτων καὶ ἀκοντίων' と「槍」の方は指小辞が抜けている。

軽装楯 πέλται：「軽装兵 πελταστής」という言葉のもととなった楯。トラキア起源と思われるが、ギリシアの軽装兵に使われた。通常枝編み細工で表面に羊皮か山羊皮をかぶせる。さまざまな形があったが、三日月形のものがよく陶器画に描かれている（図XXIX-2）。軽装兵は前 4 世紀になると重要視されるようになった（Snodgrass 1967, 78, 110）。

小さな小型楯 μικρὰ ἀσπίδια：'ἀσπίδια' は 'ἀσπίς' の指小辞。Hunter/Handford は、小さな丸楯でアルゴスの直径 80～90 cm、あるいはマケドニアの 50 cm 足らずのようなものであろうとしている。この節で言及されているのは軽装

III 註 解

図 XXIX-2：軽装兵の 1 例
（van Wees 2004, Pl. V より）

兵の装備にあたる。4で言及されるのは重装兵、弓兵の装備であり、これらすべてを用意するところを見ると、かなり大がかりなクーデタが企図されていたのであろう。

よりかさばらない εὐογκότερα：原形の εὔογκος は「かさばる bulky」「大きな massive」と「適当な大きさの of moderate bulk」「コンパクト な compact」との二つの意味がある。ここで後者の意味にとるのは、干しぶどうやイチジクを満たした籠は前に出た「ずた袋」より小さいと考えるからである。

7 ウリの中で ἐν σικυοῖς πέποσι：'σίκυος (or σικυός)' はウリ科の食べ物で、主にキュウリを言う（Cucumis sativus）。これは熟れる前、生で食するのであるが、一方、熟するのを待って食するウリ科の食べ物を 'σίκυος πέπων'（あるいは 'πέπων' のみ）と言う（「熟した σίκυος」の意）。メロンやカボチャがこれにあたり、ここで言われているのはこちらである。

8 まず積荷が πρῶτον μὲν τὸ φόρμη：突然主語が人からものに変わっている。Hunter/Handford は破格構文の例としている。

〈……〉：底本は、ここに空白を想定する Hercher、Meineke の考えを尊重している。Hercher は「空にした ἐξεκένουν」といった言葉があったと考えて

いる。Whitehead、Loebはそうした言葉は省略されているとして空白を考えない。

9 **密集隊のためになされるような** ὡς φάλαγξι γενοιμένου：ここはアイネイアスが唯一「密集隊」に言及している箇所である。密集隊には行進の速度を変えるためや槍を投げる体勢に持ちかえるためなどに合図がなされたであろう。しかし、Julius Africanus の抜き書きではここを 'ὁπλίζεσθαι' と言い表している (L)。つまり「武装する」ということで、「密集隊のため」というのも「戦争準備のため用意せよ」との合図を比喩的に表現していると解すべきで、密集隊に対する細かな合図は考えられていないのかもしれない。また、Whitehead が引用とともに言及している Pritchett I, 34 は、Aelian. *Tac*. XXIX の話でこことは無関係。「密集隊」一般に関して、cf. Brice ed. 2012, 142-144。

10 **役所** τὰ ἀρχεῖα：XXII 2「役所」註参照。

その向かいの家 τὰς ἐναντίας οἰκίας：Julius Africanus の抜き書きは、'τὰς πολεμίας οἰκίας'（「敵対する家」）と言っている (L) ―― これは校訂済みの読み、より正確には Africanus の写本には 'τὰς πολέμου οἰκείας' とあり、これは彼のやり方から見て本来 'τὰς ⟨τῶν⟩ πολεμίων οἰκίας' とあったはずだと Hunter/Handford は主張している、つまり「敵の家」――。しかし、M 写本のままのこの読みで意味が通じるので変更しないのが一般である。

11 **大量のヤナギ** πλῆθος οἰσυῶν：M 写本には 'ὅπλα οισοιων' とあり 'σ' の上に間違いの印が書かれている。さまざまな校訂が試みられているが、底本が負っているのは Oldfather のもの。Hunter/Handford は、'ὅπλα, οἴσυον' と読んでいる（「武器を（持ち込むことができなかった。そこで）ヤナギと（ヤナギ細工師を……）」）。むしろそちらが一番わかりやすいかもしれない。

12 **持ち手** ὄχανα：楯の周縁部に両端を固定され楯を横断する形でつけられる紐ないし棒状のもの。ここに腕を通して楯を保持する。これを発明したのはカリア人だと言われている (Hdt. I 171. 4)。また、簡易な楯を使った例としては、前425年のピュロス攻防戦の際のデモステネス軍 (Thuc. IV 9. 1)、前404/3年冬のアテナイ内戦の際のペイライエウス側の民主派軍があ

191

る (Xen. *Hell.* II 4. 25)。

港湾監督官と派遣監督官 λιμενοφύλακας τε καὶ ἀποστολέας：前者 'λιμενοφύλαξ' については、エウボイア島南端のカリュストスの前2世紀と前1世紀の碑文に確認される (*IG* XII-9, 8, 9)。アルコンの後にこの役職に就いている者の名前が並べられており、高官と思われる。また、**5「港湾金徴収官」**註参照。後者 'ἀποστολεύς' については、前4世紀のアテナイに確認される。*IG* II/III^3 370 の投票決議では、アテナイ人全体の中から——つまり、部族ごとではなく——10人がこの役職に選ばれ、「艦隊派遣 ἀποστολή」の管理監督をするよう定められている (*ll.* 82-89)。これは必要が生じたときに特別に設置される役職であったようである (Rhodes & Osborne 100, cf. p. 524)。Whitehead は、このアテナイの役人が扱うのは軍船であるが、この箇所の役人は商船を扱うのであるから、両者の関連性は疑わしいとしている。しかし、派遣を完成させるためには、輸入した物資を使っての装備をなさせることも含まれていようから (*IG* II/III^3 370 はそうしたことを示唆している)、積荷に関わらないわけではなかろう。また、二つの役職を「とτε καὶ」で結んでいることから、同じ土地の違う権限を持つ役職であって、土地ごとに違う名前で呼ばれる同様の権限を持った役職ではないとする考え方を、アイネイアスの表現法からしてそのようなことは言えないとする Whitehead の主張は正しかろう。アイネイアスは確かに、そうした厳密な表現法とは無縁である。しかし、この二つの役職が同じポリスに併存していてもおかしくはなかろう。

シキュオン人 Σικυώνιοι：ペロポネソス半島北東部コリントスの西北隣に位置するポリス。前6世紀から前369年までペロポネソス同盟の一員。前369年にはレウクトラでスパルタを破ったエパメイノンダスに征服され、テバイと同盟関係を結んでいる。前366年頃にはテバイのハルモステス(統治官)がいることが確認でき、アレクサンドロス死去の頃には、マケドニアの駐留軍が存在していた。前6世紀半ばに、おそらくスパルタの介入によってアイスキネスが僭主から追放されて以降、寡頭政の体制が優勢であった。前415年にはシキュオンがアルゴス側に行くことを恐れたスパ

XXX

ルタが介入して、より寡頭政的性格の強い寡頭政を樹立させている。この政権がどれほど続いたかはわからないが、前375/4年には失敗に終わった革命の動きがあり、前369年にテバイとの結びつきを強めてからは、前367年にはエウフロンによる民主政革命があったが短期間で終わった。それぞれの動きごとに内戦が起こっており、また前340年頃にも親マケドニア派によって起こされた形跡がある (以上、*Inventory*, no. 228)。ここで念頭に置かれているのは、Polyaen. V 16.3に語られる、前369年のテバイ人パンメネスによるシキュオン占拠の際のことだと思われる。彼は商船に重装兵を乗せながら、何も武器がないふりをして港に停泊させると、夜に人々の注意を別のところにそらした上、彼らを上陸させ港を占拠した。

XXX

1 **売却のために輸入され** ἐπὶ πράσει εἰσαγόμενα：前章が密輸される武器を問題にしたのに対し、この章は正当に輸入された武器について扱っている。それが集められれば「相当な数πλῆθός τι」になろうと言っていることが、交易の規模を知ろうとする者にとっては重要になろう。

2 **武器を取り上げ** παραιρεῖισθαι τὰ ὅπλα：そのやり方が **X 9** に描かれている。

共同宿舎 ταῖς συνοικίαις：何軒かが一緒に暮らす集合住宅を言うが、ここは後の記述から見て、その1階を特に表していよう。商人はそこを宿舎にするとともに、夜の間はそこで商品を展示し、売ることを許されたらしい。

見本品を除いて πλὴν δείγματος：アテナイのペイライエウスには、Δεῖγμαと呼ばれる場所があり、商人が国外から船で運び込んだ商品を並べて売っていた (「見本市場」)。Casaubonはその意味でこの'δείγματος'をとり、校訂を施して「……夜には見本市場以外に行ってはならない。その他の場所に展示されたものは国家のものと見なされねばならない」の意で読もうとした。Hunter/Handfordは、(1) アテナイ以外にこの意味で'δεῖγμα'を使った証拠がない、(2) 必要な校訂箇所が多すぎる、という理由からこれに反対

193

している。それに反し'δεῖγμα'を通常の意味でとれば、「前に」'⟨πρὶν⟩'だけを補えばすむとして、現在の読みを推奨している。

XXXI

1 **秘密の手紙について** περὶ δὲ ἐπιστολῶν κρυφαίων：以下、秘密の通信方法について語られる。この章は、全章の中で最も長いものとなっている。Whiteheadは全体の12％となると言っているが、実際、Hunter/Handfordのテクストで全50頁中6頁弱（このテクストが1頁の行数が最も安定しており、数を出しやすい）、Schoeneのそれで111頁中14頁弱を占めており、それくらいの値になる。これは最も完成された章の一つで、叙述は非常に具体的である。ここに述べられる通信法は、古来伝えられていたものも、アイネイアス自身が考案したものも含まれていると考えられている。ローマ人もこの工夫を受け継いだとされ、その証拠としてOvid. *Ars Amatoria*の数行が多くの者によって挙げられている（**4「靴の底」**註参照）。なお、ここに語られているのは、文書を人の目から隠してはいないが何が書いてあるかわからないようにする暗号法 cryptography と、文書自体の存在をわからなくする方法 steganography の両方である。

⟨必要がある⟩ δεῖ：意味をはっきりさせるため、Casaubonによって挿入されている。これまでの流れから、この意が含まれていることは明らかであろう。

2 **書物** βυβλίον：パピュルスの巻子本である。「その他の何らかの書き付け ἄλλο τι γράμμα」、すなわち手紙、報告書、計算書その他と対比されているから、これは小さな本に違いない、とBudé 68 n. 2は考えている。

大きさや古さはどのようなものであれ τὸ τυχὸν καὶ μεγέθει καὶ παλαιότητι：非常に実践的な注意書きで、こうした方法が広く使われていた証拠となろう。

⟨1行目⟩ ⟨τοῦ πρώτου στίχου⟩：いきなり「2番目あるいは3番目 ἢ δευτέρου ἢ τρίτου」という言葉が現れるため、何行か下に現れる「行 στίχου」と共に補うのが一般。

XXXI

目的の者 τῷ πεμπομένῳ：手紙の送られるべき相手。こうした受動形の使い方の例はないとされるが (Hunter/Handford)、この章では何度か使われる。

3　長い文字の線 γραμμαῖς παραμήκεσιν：Hunter/Handford は例として図 XXXI-1のようなものを載せている。長い文字だけを読んで 'ὅπλα' が現れる。

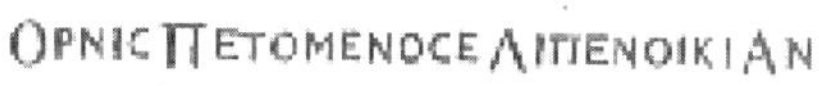

OPNIC ΠETOMENOCE AΠΠENOIKIAN

図 XXXI-1：長い文字による秘密の手紙
(Hunter/Handford, 205 より)

4　〈あるいは〉 ῎Η：これがないといきなり 'πεμπέσθω' という命令形が現れ、つなぎが悪いので Hunter/Handford によって挿入されている。

靴の底 τὸ τῶν ὑποδημάτων πέλμα：このやり方は、Ov. Ars. III 623-624 に述べられるやり方に通ずるとされている。そのあたりには夫に隠れて愛人と連絡を取ろうとする妻の通信法が述べられている(619-630)。当該箇所は「ふくらはぎにくくりつけて紙片を隠すことができようから、また誘惑のための書き付けを靴を履いた足の下で[1]運ぶことができようから（夫を欺くのは容易なのだ）」というものである。またこの後には新鮮なミルクで文字を書く手法なども書かれている（炭の粉をつけてみれば読める、とされている）。また 493-498 にも、愛人を女と呼ぶようにせよといった別の注意が書かれていて、ここにもギリシア以来の伝統を見ようとする見解もある。しかし、こうした工夫は隠そうとする者のいる限り、どこでも出てきそうである。

薄くのばした錫の板に εἰς κασσίτερον ἐληλασμένον λεπτὸν：こうした錫の板に文字を書くのは古くから使われた手段であった。e.g. *IG* II/III^3 292 = Rhodes & Osborne 58, *ll*. 23-24; Paus. IV 26. 8。

6　エフェソスへは εἰς ῎Εφεσον：小アジア、イオニア地方のポリス。前492

---

[1] なお、原文は "et vincto blandas sub pede ferre notas" であるが、岩波文庫の沓掛訳は「足の裏に貼り付けて」であり、Loeb の Mozeley 訳は " 'twixt foot and sandal" としている。おそらく、アイネイアスのこの箇所に思いが及ばないなら、こうしたふうに考えるのが普通で、オウィディウス自体こうしたことを意味していたのかもしれない。

年に民主政の政体に変わって以降、約150年間政体上の変化はなかった。しかし、外交上の変化はあり、最初デロス同盟に属していたが、ペロポネソス戦争末期に離反し、スパルタ側についた。前394年のクニドスの海戦後に反スパルタに動いたが、前391年にはスパルタとの友好関係が認められる。そして、前386年の大王の平和以降には、寡頭政的傾向が強まったと考えられる。エフェソスがマケドニアと結びついたのは民主派の動きによるらしく、前336年にはそれが最高頂に達し戦争が生じ、おそらくアウトフラダタスによるエフェソスの一時的占拠もこのときに起こったと考えられる (Polyaen. VII 27. 2)。ついで前334年に寡頭政革命が起こったが、同年のアレクサンドロス大王のグラニコスでの勝利によって寡頭派は逃亡し、再び民主政へと戻った。このときに寡頭派に対する虐殺が起こった(以上、*Inventory* no. 844; Gehrke 1985, 57-60)。以上の歴史に照らし、本書の執筆年代を前330年代にまで下げることができないとすれば、エフェソスへ秘密の書き付けが運び込まれなければならなかったのは、主に外交上の問題に関してということになろう。

7 文書 γραφή:「書き付け」と訳している 'γράμματα' と厳密に区別して使われているとは思えないが、一応訳し分けておく。

鉛製のまるめられた〈金属板〉を 〈ἐλασμοὺς〉 ἐνειλημένους λεπτοὺς μολιβδίνους: 写本は、'ἐνειλομένοις λεπτοῖς μολιβδίνοις' とあってこの与格の解釈が難しく、いろいろな校訂案が考えられている。'ἐλασμοὺς' を補うのは意味をはっきりさせるためだけであまり意味はなかろうが、その他についても Hunter/Handford はむしろ「粗野な変更 a wild alteration」だとして、'ἐνειλημένην (sc. γραφήν)' と変えるだけで、通常 'ὠσίν' に合わせて 'ἔχουσιν' に変える 'ἐχούσαις' もアイネイアスらしさを表すとしてそのままにし (sc. γυναίκεσσι)、「鉛の薄い板に包まれて（女性の耳に）つけられて」といった意で読む。この方が訂正が少なく合理的かもしれない。

8 急襲徴発のために εἰς προνομήν: Hunter/Handford によれば、これは Xen. *Hell*. I 1. 33, II 4. 25 に初めて用いられた軍事上の専門用語である。城壁や要塞内にいた者たちが出撃し、敵を急襲して食糧等を掠奪してくることを

言うらしい。ここのように属格（τῶν πολεμίων）がついている例は、ほかに見られないという。

草摺 τὰ πτερύγια：'πτέρυγες' あるいは 'περύγια' は 'the leather skirts attached to the bottom of the cuirass to protect the wearer's loins' (Hunter/Handford) で、要するに鎧の草摺にあたろう。

書状 βυβλίον：ここで 2 に使われている「書物」の意味でこの語が使われているとは思われないから、こう訳しておく。

この騎兵は兄弟に対するようにこの命令に奉仕した ὑπηρέτησεν δ᾿ ὁ ἱππεὺς ἀδελφὸς ἀδελφῷ：写本には冠詞 'ὁ' がなく、それをそのままにした場合、命令を受けたのとは別の騎兵がいてこの騎兵を助けたという解釈が生まれる。Hunter/Handford はそう解しているが、Budé, Loeb は冠詞を補った上、ことわざ的言い回しで (cf. Pl. *R.* 362d)、兄弟間の助け合いのことを言っていると解している。Whitehead もそれに賛成している。こちらの方が素直な解釈であろう。おそらく、反逆者の命令を騎兵はその兄弟であるかのように「誠実に（あるいは忠実に）」果たした、ということであろう。

9　以下のようなことが生じた：ここに語られる話は Hdt. VI 4 に語られている話と同じであると、Brown 1981 は主張している。両者を比較してみると、アイネイアスには「指輪の印を示して」反逆者にそれが自らのものであると認めさせたという、Hdt. にはない話がつけ加えられている。Brown, 385-388 は、そうであってもこれが Hdt. の話であると言えるということを、その他四つある Hdt. からの借用の例を検討することで示している（**XXXI 14, 25-27, 28-29, XXXVII 6-7**）。異同の詳細はそれぞれのところで指摘するが、いずれも Hdt. の名前を示さず、その記事に何かをつけ加えたり、取り除いたりしており、その例を見れば、この箇所も Hdt. からの借用と考えてもおかしくはないというのである。その Hdt. の当該箇所によれば、これはアリスタゴラスを使嗾してイオニア反乱に導いたヒスティアイオス（その名前は 28 には現れる）が、サルディスのペルシア人に送った手紙のことであるという——ペルシア人である可能性について Brown, 389-391 が検討していて、ペルシア人の間にも分裂があったことを指摘し、彼と結

III 註 解

びつく親ギリシア派のペルシア人もあったであろうことを示唆している——。ところが、その手紙を託したヘルミッポスの裏切りによりサトラプのアルタフレネスのもとに届けられ、ここに書かれたようなことが起こったのである。ただし、サルディスはこのとき「包囲され」(**9**)ていない。Whiteheadはこれをアイネイアスの軽度の誤りa venial errorと言っている。そう考えて、Hdt.からの借用だとする考えを守る方が、この箇所の理解を容易にしよう。また、Brown 1981, 391-393はHdt.以外にアイネイアスが負っていた可能性のある史料を追求しているが、きちんとした結論を導いてはいない。

……や〈その他の者〉には καὶ 〈τοῖς ἄλλοις〉 οἷς ἔφερεν：写本には'καὶ προσέφερεν'とあって'ο'の上に「壊れ」の印が書かれている。さまざまな校訂が考えられたが、Schoene以来「裏切りの仲間への言及が欠けている」と考えて上記のように補うのが一般。

国の役人 τὸν ἄρχοντα τῆς πόλεως：この「役人（アルコン）」は単数で現れ、ポリスの最高官のことと思われる。**XXIV 4「イリオンの役人」**註参照。

10 油瓶 ληκύθῳ：レキュトスは通常幅広い口と狭くなった首を持ち、首の一方に把手のついた、油や香油を入れるための容器。アテナイでは細身の円筒状のものが流行ったが、樽状になったレキュトスも使われた（*Neue Pauly* s.v. Lekythos, Gefäßformen E4）。

皮袋 κύστιν：'κύστις'は「膀胱」の意。羊ないし牛の膀胱で作った皮袋は水筒として現在も使われる。

糊を混ぜたインク μέλανι κατακόλλῳ：Plin. *Nat.* XXXV 43は、「インクatramentumは、本に関わる場合はゴム質のものcummiを、漆喰に関わる場合は糊glutinumを混ぜ、陽に（さらすことに）よって完全なものとなる」と言っている。皮に書くには漆喰に書くのと同じ注意が必要だったのであろう。

14 かつてある者は ἤδη δή τις：この表現については、**IV 1「かつて」**註、**XI 25「かつて」**註参照。ここでは'τις'と単数が現れている。これはここのみの例外である。この話はHdt. VII 239に伝えられている、ペルシアに亡

命した前スパルタ王デマラトスが、前481年にスパルタへペルシア侵攻計画を知らせたときのことである、と多くの者に信じられている。Hdt.の話では、蜜蠟の部分に文字を書いたことおよび同じ方法で返事が書かれたことは述べられず、スパルタに着いてからすぐには密書の存在がわからず、王の妻であったゴルゴによってその秘密が見抜かれたということが述べられている。**9「以下のようなことが生じた」**註参照。このほかに、Polyaen. II 20; Justin. II 10. 13-17にこの話が見られる。また、この方法がカルタゴ人ハミルカルによってとられたこと（しかし、彼はそれにもかかわらず故国で処刑されたこと）が Justin. XXI 6 に述べられ、また、Gellius *Noct. Att.* XVII 9. 16-17では、やはりカルタゴ人の誰か——「ハスドルバルだったかほかの者であったか私は確かなことが言えない」と註している——が同様の方法をとったことを古い本で読んだことがある、と言っている（cf. Brown 1981, 386 n.）。

可能である ἐνδέχεται：19世紀後半のKirchhoffの校訂案で、これに従うのが一般。しかしHunter/Handfordは写本どおりの'λέγεται'（「言われている」）と読み、その例としてPlin. *Nat.* XXVI 62（チャボタイゲキ Euphorbia Peplusの効用として、その樹液で字を書き、灰をかければ読めるようになる）、Ovid. *Ars.* III 625-630（これについては**4「靴の底」**註参照）およびCasaubon引用のPhilo Mech.のテクスト（102 31-36=D (77)[1]にあたる：「虫こぶ κηκίς」を潰して水と混ぜたインクで文字を書き乾かすと字が消える、それを「金属灰 χαλκοῦ ἄνθος」を溶いた水で拭くと字が現れる）を挙げている。しかし、いずれもここに語られている方法と完全には合致していない。

15　英雄の絵馬に εἰς πινάκιον ἡρωϊκὸν：ギリシア人はさまざまな機会に神や英雄に対して奉納品を捧げた。大きな神殿から地方的な英雄廟にいたるまで、祈りのあるところには多くの奉納品があった。その中には日本の絵馬同様、木製あるいはテラコッタ製の「板 πίναξ」に絵（および字）を描い

---

[1] Philoのテクストは Garlan 1974, 279-404 に掲載されている "Le livre «V» de la *Syntaxe mécanique* de Philon de Byzance" がテクスト、訳、註解を載せていて便利である。そこにとられている番号も載せておく。

たものもあった。ただし木製の絵馬はどこでも多く捧げられていたらしいが、その材質のせいで残っているのはわずかである。これらはやはり絵馬同様、壁や木に吊るされるようになっていた。そこに描かれるのは、犠牲を捧げる場面であったり（神がそれを忘れないように、または実際の犠牲の代わりに）、助かった遭難の場面であったり（cf. Cic. *N. D.* III 89)、感謝や祈願や厄除けなど奉納品を捧げる目的に応じてさまざまであったようである（以上に関しては、van Straten 1981が多くのことを教えてくれる、また cf. Boardman et al. 2004）。捧げられる英雄が描かれることも、捧げる人物が描かれることもあったし（cf. van Straten, 81-82）、馬や松明が描かれることもよくあった(e.g. van Straten, Figs. 27, 30; Boardman et al., 294)。「英雄の絵馬」は「英雄の描かれた絵馬」——英雄とともにさまざまなものが描かれてもおかしくない——の意も含もうが、「英雄に捧げられた絵馬」——英雄自体が描かれていなくともおかしくはない——の意も感じられ、ここでアイネイアスの思いが英雄以外に移っていても不思議ではない。なお、Budé p. XIX はアイネイアスに宗教上の考慮が現れないことを指摘した上、**15-16**に語られるやり方の背景にある神に対するぞんざいさが際立たせる、彼の「強い精神 esprit fort」を指摘している。それが「強い精神」かどうかはわからないが、多くの絵馬の中で本当の絵馬の目的に適っていないものを見つけて持ちかえることに、何の痛痒も感じない人々を相手に彼が語っていたことは確かであろう。それがギリシア人の多くを除外することになったとは考えにくい。

16　最も秘密性の高い ἀδηλοτάτη：この「秘密」は「目に見えぬ」という意味の秘密で、cryptography を示唆するが、できたものには steganography 的面も存在する（**1「秘密の手紙について」**註参照）。

最も骨の折れる πραγματωδεστάτη：送信者にとっても受け取り手にとっても骨の折れる通信法であることは、以下から明らかであろう。Casaubon は、「ここでアイネイアスは12番目の方法を提示しているが、これが彼自身の発明であることはほぼ疑いない。……実際、言葉の解読より行為の実践を求めている点ですぐれた発明である」と言っている（Hunter/Handford）。

文字を使わぬ δι' ἀγραμμάτων：写本の'διὰ γραμμάτων'（「文字によるもの」）を意味の合うように変えた H. Schoene の見事な校訂。

私によって μοι：行為者の与格が、完了、過去完了形、動形容詞以外の未来受動態とともに用いられているここの用法は珍しいものとされる（Hunter/Handford; cf. Kühner & Gerth II 1, 422）。

17　骨さいころの ἀστράγαλον：子牛や羊、山羊の脚の骨を用いたさいころ。使われるのは4面だけで、2面は円くなっている。その点が6面ある別の「さいころ κύβος」と異なる。後には金や大理石、粘土、象牙などでも作られた。ホメロスの時代から遊びのために用いられている（*Il*. XXIII 87-88）。使われる各面には1、3、4、6の数が記され、投げて出た数で遊んだ（以上、主として *Neue Pauly* s.v. Astragal）。ここでは数の書かれる各面に六つずつ計24の穴を空けるということ。

〈文字を〉表すものとせよ：このあたりは文が乱れていて写本どおりだと意味がとれない。しかし、Julius Africanus の抜き書きがそれを補い、〈文字を（表すものとせよ）。覚えておけ στοιχεῖα. Διαμνημόνευε〉を挿入するのが一般的になっている。いずれにせよ、Julius Africanus 自身が使ったテクストにすでに乱れがあったと考えられる。Hunter/Handford はさらに、〈文字〉の前に「24の τὰ εἴκοσι καὶ τέτταρα」があったとするのが整合的だと考えている（cf. Hunter/Handford, p. 251, 256）。

18　アルファがどの面から……〈覚えておかねばならない〉：すなわち、アルファベットの配列が今と変わらないとして、各面は以下のようになる「第1面：Α Β Γ Δ Ε Ζ、第2面：Η Θ Ι Κ Λ Μ、第3面：Ν Ξ Ο Π Ρ Σ、第4面：Τ Υ Φ Χ Ψ Ω」。各面の穴がどの文字を表すかを覚えなければならないと注意しているのである。

糸を通すのである λίνον διείρειν：「糸」と訳している 'λίνον' は、**XVIII** 5 以下において「亜麻糸」と訳していた語。ここでもそれに変わりないが、以下原文にこの語が入っていないところも含めてこの語を出した方がわかりやすいので、煩雑になるのを避けて「糸」とのみ訳す。

ΑΙΝΕΙΑΣ：M写本自身がこのあたりに乱れの印を入れている。また Julius

Africanus も助けにならない。Haase (1847) が著者の名前に読む案を出し、その後 Hercher が文法的に正確な対格 'AINEIAN' に修正し、その読みが一般的となっている。Hunter/Handford は対格の方が主格より M 写本の写し間違いをうまく説明するとしているが、Haase の「輝かしい神的洞察力 brilliant divination」が困難を救ったところの読みへの賛同を示している。要するに、複写元の本には大文字で 'ΕΛΗΔΙΝΗΑΛΙ' とあったが、これは θ と ς を除いて、'ΘΕΛΗΣ ΑΙΝΕΙΑΝ' を読み間違ったものだ (A = Δ, EI = H, N = ΛΙ) という考えである。巧みな考えではあるが、詳しい検討はそれを支持せず、ここには単語より文の始まりがこなければならないといった指摘がなされていることは注意しておく必要があろう (Williams 1904, 397-400)。ただ、それ以上に説得的な読みがいまだ提唱されていないことも事実で、ここは底本に従ってこの読みをとった。なお、訳においては翻訳の通常のやり方にならって主格に戻している。

19　糸のほどき ἐξερσις：底本のとる M 写本そのままの読み 'ἐξίεσις' より、この修正の方がよさそうである。

しかし、文字を……苦労よりも大きい：このあたりは言わずもがなのことであり、「おもしろいほど率直 amusingly naïve」というのが Hunter/Handford の評言である。

20　1スパン σπιθαμιαίου：手をいっぱいに広げたときの親指の先から小指の先までの長さを言う。大体 22〜23 cm。

同じ文字を2度続けて書かねばならないなど：骨さいころの場合には見られなかった注意である。そこで書き落としたことをここで改めて書いているのであろう。

21-22：この木製円盤の復元案を Diels が考え、それを Wilsdorf 1974 が採用している (1809, Tafel 44, 図XXXI-2)。Tafel 44 の解説によれば、A-B、Γ-Δ、E-Z といった順に対して、それぞれが向かい合うように文字を配置している。そして糸は、真ん中からまず N へ、ついで Ι、ついで Σ に向かっている。したがって、終わりは 'σιν' である。糸はついで Υ-Ο-Γ の順に進み、したがって 'γου' が得られる。さらに糸は Υ-E-Φ と通過するから、'φευ' が

XXXI

得られ、全体として'φεύγουσιν'と読める。ついでΦの後中心を通過しているから、そこから新たな単語に入ることがわかる。その後糸はΣに行き、ついで中心から逸れた穴×××を通過して次の11番目の文字Iに行き、それからΠに行く。Πから中心を外れた穴××を往復しているが、それはこの文字が二重に使われることを示している。そしてそこから最後の文字Iに行き、これによって最初の単語が'ἱππεῖς'であることがわかる。以上が解説であるが、文字の配列をこうした理由および中心に穴二つ（××、×××）を余計に置いた理由はよくわからない。Whiteheadは不必要に複雑にしていると評している。

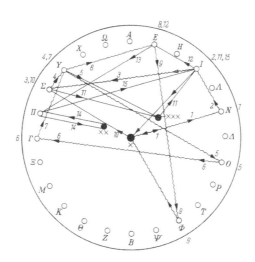

図XXXI-2：木製円盤の復元例
(Wildsdorf 1974, Tafel 44 より)

23　**かつてある者たちは** ἤδη δέ τινες：この表現について、**XVIII 12「かつてある者たちは」**註参照。この「ある者たち」もいつの誰かわからない（**XXIII 4「かつて……ある者たちは」**註参照）。なお、ここはこれを受ける動詞が見られない。空白を想定する考えもあるが、「不注意な書き方」(Hunter/Handford) として破格構文を認めるのが一般。**X 25「かつて」**註も参照。

できるだけかさばらない εὐογκοτάτη：この語については、**XXIX 6「よりかさ**

ばらない」註参照。

パピュルス片 βιβλίον：この語については、2「書物」註参照。「紙片」とした方がわかりやすいかもしれないが、実態を示すようにこう訳すこととした。

24：陰謀に基づく μετὰ ἐπιβουλῆς：「陰謀 ἐπιβουλή」に「計略」「策略」といった意味が含まれることを踏まえて解釈すべきところである。１６「陰謀」註参照。

実際イリオンの辺りの……持ち込んでいるのである：この風習について、12世紀のビザンツの学者ツェツェスが詳しく書いていて、大意はおよそ以下のとおりである（Timaios *FGrH* 566 F146b）。

「（トロイア戦争）3年後、カッサンドラに対する（ロクリスの英雄）アイアスの不法行為（強姦）のゆえに破滅と饑餓がロクリスを襲った。神は、2人の少女を籤で選んで送り、イリオンのアテナ女神を1000年間喜ばせよ、と告げた。送られた少女に先に出会ったトロイア人は、もし捕まえたなら、殺し、彼女たちの遺体を焼いて遺灰を海に撒き、ロクリス人は再び別の少女たちを送ることとなった。もしうまく逃げ、アテナ女神の神域に秘密裏に到達したなら、彼女たちは聖なるものとなった。しかし、彼女たちは髪を短く切り、上着1枚きりで、裸足でなければならなかった。最初少女たちを送ったが、彼女たちが成長した後は1歳の赤ん坊をロクリス人は送るようになった。1000年この慣行は続いたが、シケリアのティマイオスの言うところによれば、フォキス戦争の後、彼らは止めたのである。」(Tzetzes, ad Lycophr. *Al.* 1141)

このフォキス戦争というのは第3次神聖戦争のことで、前346年頃のこととされる。したがって、これを信ずれば、アイネイアスが執筆しているのは、この戦いがあってこの慣習が終焉を迎える前ということになる。つまり、この本の執筆下限を示す重要な記述ということになる。しかし、この慣習を伝えるその他の伝承をも考え合わせると、伝承にはいくつか齟齬があり、すべてを信じられるかどうか怪しいところがある。懐疑論を展開している Fontenrose 1978, 131-137 は、アイネイアスのこの記事について

も、この章の主題である秘密の手紙を包囲下の都市に送ることと関わっていないとして、前3世紀以降の挿入を疑っている (134)。しかし、いくつかの史料は前3世紀にこの風習が再開されたことを伝え、それは碑文からも確認できるとされる (Schmitt, 472; Whitehead)。とすれば、「1000年間」はともかく (これについては古代から議論があった、cf. Schmitt, p. 123)、前4世紀にこうした風習が生きていた可能性は高まろう。同様に前346年以後に停止されたとの伝えの信憑性も高まる。その程度の確実性を持って、この記事をアイネイアス執筆の *terminus ante quem* と考えることができる。

実際イリオンの辺りの……人々 οἱ γοῦν περὶ Ἴλιον ... ἄνθρωποι：M写本には "Ἴλιον" の後に4文字ほどの空白があると報告されている (Budé)。ツェツェスの「先に出会ったトロイア人 προϋπαντῶντες οἱ Τρῶες」にあたる (**前註**参照)。

長年 ἀνὰ ἔτεα πολλά：Hunter/Handford は 'year after year' と訳し、註解ではこうした 'ἀνά' の用法はイオニアに散文にはよくあるとしている。Budé は 'année par année' と Whitehead は 'year after year' と訳している。Loeb は 'at yearly intervals' と訳した上註をつけ、'πολλὰ' は 'ἔτεα' と結びつこうとし、意味は 'each year for many years' ということだとしている。しかし、伝承には乱れがあって、「毎年」少女を送っていたのかどうかははっきりしない。語学的にも、Hunter/Handford の指示する Kühner & Gerth II 1, 474 でも、Xen. *Cyr.* VIII 1. 23 でも、'year after year' に相当する例は、冠詞なしで 'πᾶς = ἕκαστος' と一緒に使われる場合であって、ここの用例とは合致していない。Whitehead も註解で指摘しているように、より中立的に訳せば 'over many years' ということになろう。ここではそちらをとっている。

25-27 より古くには…… παρὰ δὲ τοῖς παλαιοτέροις ......：この話は Hdt. VIII 128 に語られ、そこから前479年のことであることがわかる。Hdt. の記事を How & Wells の註解書とともに読めば、その事情は次のとおりである。撤退したクセルクセスを送ったアルタバゾスはパレネ半島 (カルキディケ半島の三つの先端の半島のうちの一番西側) に戻り、ペルシア王撤退後離反したポテイダイア (**次註**参照) を包囲攻撃した。パレネ半島の諸都市は

同盟関係にあり、そのためパレネ半島の先にあるスキオネの部隊もポテイダイア防衛に加わっていた。その部隊を率いるティモクセノスがアルタバゾスと結ぼうとしたのである。ティモクセノスについて、これ以上のことはわからない (cf. *LGPN* IV s.v.)。アルタバゾスは当時ペルシア人の中で重きをなしてきた人物で、前477年頃サトラップとなっている。彼の曽孫にあたるのがペロポネソス戦争末期に現れるファルナバゾスである (How & Wells)。アイネイアスの当面の関心にとって、そうした事情の記述は必要なかった。また、彼の記事とHdt.のそれとの異同についてはHunter/Handfordが5箇所を挙げているが、重要なのはアイネイアスが矢が逸れた理由を「風と安い矢羽根のせいで」(**27**) と詳しく書いていることである。技術的側面の関心からそうしたことを付加したのだろう。II 6に同様の例が現れる (同所**「荷車の障害物のゆえに」**註参照)。

25 ポテイダイアを Ποτίδαιαν:「ポテイダイア Ποτείδαια」は、パレネ半島 (**前註**参照) つけ根にあるポリス (アイネイアスの書く「ポティダイア」は新しい形だが、訳では古い形に戻した)。おそらく前600年頃コリントスによって植民され、前5世紀後半までコリントスから毎年、'ἐπιδημιουργοί'と呼ばれる役人が送られていた。前480年にはクセルクセスに艦隊と兵員を提供しているが (Hdt. VII 123. 1)、大王撤退後に離反し (Hdt. VIII 126. 3)、翌年のプラタイアの戦いの際は300人の重装歩兵をギリシア側に提供している (Hdt. IX 28. 3)。その後、早い段階からデロス同盟に加わったものと思われるが、前432年アテナイに離反し、アテナイはここを包囲攻撃している (髙畠2015, 41, 42, 44頁参照)。敗れたポテイダイア人は追放され、アテナイ人1000人が移民 (クレルキア) した。前380年代にはオリュントスを中心とするカルキディケ連盟に加入したことが知られるが (Xen. *Hell.* V 2. 15, 24)、前364年にアテナイの将軍ティモテオスが連盟から奪取し、前362年には再びアテナイから移民団が送られた。しかし、前356年マケドニアのフィリッポス2世がここを攻略した。ついで、カルキディケ連盟がフィリッポス2世と結ぶと、彼はアテナイ移民団を追い出し、ポテイダイアをオリュントスに譲り渡した (Dem. II 7, VI 20, VII 10, XXIII 107)。以

上が、この書の執筆時期頃までに知られたポテイダイアの歴史である。cf. *Inventory*, no. 598; *OCD* s.v. Chalcidice.

26　そこにお互いに知らせたいことを何であれ矢で撃ち込む：矢ないし槍に文をくくりつけてそれを撃って相手に知らせる例は、Plut. *Cimon* 12. 4; Polyaen. II 29. 1; Caesar *Bell. Gall.* V 48. 5, *Bell. Civil.* II 13. 3.

矢の刻みのある尻の部分 περὶ τὰς γλυφίδας：'γλυφίς' (pl. γλυφίδες) は専門用語で、「矢筈」すなわち矢尻にある弓の弦を固定するための溝か、あるいは矢羽根をつけるための縦の溝を指すと考えられる。Hunter/Handfordは複数形が使われているところから、前者ではあり得ず、後者のことだろうと考えている。Whiteheadは、前者でないとしても、後者のことか指が滑らないように矢にまるく刻んだ筋かわからないとしている。

パピュルス片 τὸ βυβλίον：ここは「書状」と訳してもよい箇所。2「書物」註参照。

28-29　ヒスティアイオスが Ἱστιαῖος：この話はHdt. V 35に語られ、イオニア反乱のきっかけとなる出来事としてよく知られている。スサにとどめられているヒスティアイオスが、ミレトスで彼の後継の独裁者になっているアリスタゴラスに「反乱」の指令を送り、アリスタゴラスはその他の事情も重なって離反にいたったのである。ここでもHunter/HandfordがHdt.の記事との異同を細かく調べているが、細かな字句の違いのほか、次の2点が重要であろう。まず、アイネイアスは合図の内容を伝えていないということ。ここでは底本に従って「反乱せよ」というHdt.からの補いをとっているが、そうするのは間違いだというのがHunter/Handfordの立場である。また、Hdt.の「髪が生えるのを待った ἀνέμεινε ἀναφῦναι τὰς τρίχας」を「髪が生えるまで待った ἐπέσχεν ἕως ἀνέφυσαν αἱ τρίχες」と言い換えたこと。このため、次の同様の語句「髪が生えるや ὡς δὲ ἀνέφυσαν」を写字生が飛ばすミスを招いたというのがHunter/Handfordの考えであり、したがってHdt.からの補いを必要だと考えている。

30-31：ここに書かれたやり方は、非常に単純で、ある学者たちにとっては笑止千万なものと思われた。von Gutschmidという19世紀の学者はこれ

を嘲笑したらしく、それを受けてBengtson 1962, 461は「誰もこうした忠告に従うことはなかった、と私は考える」と言っている。しかし、Whiteheadによれば、Bettalli 1986, 88-89はこうした現代の皮相的な見方の背後に、実際の軍事活動に対する識字能力の——前4世紀でさえ——限られた役割を感じ取っている。また、Loeb pp.11-12も同様のことを指摘している。要するに、文字を理解できる者が限られている場合には、こうした稚拙なやり方でも十分暗号の機能を果たした可能性が高い。そして、こう考える方が、この箇所をただ稚拙と批判するよりもアイネイアスのより深い理解になるように思われる。

31 「ディオニュシオスは美しい Διονύσιος καλός」Δ：：：・：N：：：Σ：：：・：ΣK・Λ：・：Σ、「ヘラクレイダスを来させよ Ἡρακλείδας ἡκέτω」：・P・KΛ・・：：Δ・Σ：・K：T：：：・：写本にはΔNΣΣKΛΣ PKΛΔΣKTという文字列があるのみで、文字の間に母音用の記号を入れて示すのはCasaubonを嚆矢とする。記号の原則は、A＝・、E＝・・、H＝：・、I＝：：、O＝：・・、Y＝：：：、Ω＝：：：・である。ここはCasaubonの読みを維持する底本の読みに従っている。また、このディオニュシオスをシュラクサイのディオニュシオス2世のことだとし、この暗号をディオンとヘラクレイデス（ヘラクレイダスはそのドーリス方言形）によって彼がシュラクサイを追われた前357年の事件に関連させようとする見解がある。それによってアイネイアスという人物と執筆時期を考える手がかりともするのである。さて、Casaubonの読みを維持した場合、前文は「ディオニュシオスは美しい」ないし「愛しきディオニュシオス」といった意味にとれよう。Budéは前者の意味で、Hunter/Handfordは後者の意味で解している。Budéは、偶然ディオニュシオスの名前を思いついて例文を作った後（その意味合いは「ディオニュシオス万歳」といった他愛のないものだとしている）、自然の流れでその敵の名前が出てきて次の例文を作ったと解する（p. 75 n. 1）。Hunter/Handfordは、後文を「お尋ね者、ヘラクレイダス」といった意味で解し、史実との関連についてはあえて（？）触れない。これらは二つの例文の間に意味的な関連を認めていない。一方、Loeb、Whiteheadは、Schoeneが——本文のテ

XXXI

クストとしては'καλός'をとるが——apparatusに載せているH. Schoeneの'κόλος'とする読みをとっている。'κόλος'は「角のない（あるいは）角を抜かれた牛」を表し、それは容易に中立化された敵を表す用語に転化され得ると考え、全体で「ディオニュシオスは角を抜かれた。ヘラクレイデスを来させよ」と、ディオンが送った（現実あるいは架空の）意味ある文章になっていると考えるのである。全体で意味を持たせるなら、'καλός'を維持して、前文を「ディオニュシオスの方は大丈夫だ」といった意味にとって後文につなげる可能性を考えることができると思うが、ここではそこまで踏み込んだ訳はつけていない。

母音の代わりに何かを置くのである：これはすぐ前に述べた方法とは違う方法を示すはずであるが、前述の方法を説明しているだけである。そのため、誰かの書いたメモが紛れ込んだものとしてHunter/Handfordは削除している。Budéは註ではそれに賛意を示しつつも（p. 75 n. 2）、本文ではそのままにしている。なお、母音ではなく、字母を別の字母に置き換えていく方法をSuetonius, *Divus Iulius* 56. 6, *Divus Augustus* 88が示している。

〈……〉：何らかの欠落があると考えられている。Hunter/Handfordは、'τῷ πεμπομένῳ'の後に'γνωστὸν τιθέναι τὸν φέροντα, τῷ δὲ πεμπομένῳ'という補いを考えている。「（送られた書き付けは）受け手に知られた場所に持参者によって置かれる。受け手は（人が市内にやってきて……）」という訳になって、意味がよく通じるし、'πεμπομένῳ'の繰り返しが写字生が数語を飛ばした理由をうまく説明しもするだろう、というのである。

エペイロスでは κατ᾽ Ἤπειρον：エペイロスはギリシア本土西北部の一地域。
犬が κυσίν：その他の犬の使用例は、**XXII 14「犬を」**註参照。Hunter/Handfordによれば、Casaubonは鳩の使用例が現れないのは驚きだとしていたようである。

33　ランプサコスの僭主アステュアナクス Ἀστυάνακτι δὴ τυράννῳ Λαμψάκου：ランプサコスはプロポンティスのアジア沿岸にあるポリス。この僭主とこの事件については、これ以外知られていない。Hunter/Handfordは、この事件が同時代の出来事とするのに反対する理由は多かれ少なかれないとし

209

ている。また、密告の手紙をもらいながら開くことなく死んだユリウス・カエサルの事例は、誰にでも起こり得ることだとも指摘している。Hunter/Handfordは、シェイクスピアの『ユリウス・カエサル』の台詞を出しているが（第3幕第1場）、古典の根拠はSuetonius, *Divius Iulius* 81. 4。

34　**テバイにおいてはカドメイアが** ἐν Θήβαις ἡ Καδμεία：これは**XXIV 18**同様前379年の出来事と思われる（同所「**カドメイアを占拠したとき**」註参照）。より詳しくはPlut. *Pelop.* 10. 6-10に語られている。

レスボスのミュティレネでも τῆς τε Λέσβου ἐν Μυτιλήνῃ：これについては詳しいことはわからない。

35　**グルース** Γλοῦς：グルースまたはグロースΓλῶςはエジプト人タモスの子で、前401年キュロスに協力してアルタクセルクセスに対する反乱に加わった。キュロスの死後アルタクセルクセスの臣下に転じ、海軍提督として前381年頃キュプロスとの戦いでエウアゴラスに勝利したが、その直後に義父であるサトラップ・ティリバゾスが投獄されたことに伴い、スパルタの援助のもとアルタクセルクセスに離反した。しかし、前380年か379年に殺された（以上、Hunter/Handford; *Kleine Pauly* s.v. Glos）。この経歴の中で、ここの話をどの時期に置くべきかはわからない。Hunter/Handfordは死に近い時期を示唆している。

パピュルス片に覚書を書いて大王の前に立つことができないので……手の指の間に言わねばならないことを書いた：Xen. *Hell.* II 1. 8に、王と会う際には長袖（コレー）に手を差し入れなければならなかったことが出る。Hunter/Handfordはこれを紹介した上、これでは指の間に書いたものを見る機会もなくなるから、アイネイアスはこの問題について有益な情報を与えているとは言えないとしている。これに対しWhiteheadは、ある学者の指摘だとして、拝跪礼（プロスキュネシス）の際一時的に右手を口のところまで上げる必要があり、その際指の間のものを見ることができるとしている。なお、「パピュルス片に ἐν βιβλίῳ」については、**2「書物」**註参照。ここは「紙片に」と訳した方がぴったりくるかもしれない。

門番は……しなければならない：この結論が結びつくのは**XXIX 2**である。

210

XXXII

ここより **XXIX 3 ～ XXXI 35** の議論は、門番が気をつけなければならないことから発する具体論であるとの認識がわかる。

XXXII

1　機械や兵隊による敵の攻撃に対しては以下のように対抗する：ここから最終章まで、ようやく攻城攻撃に対してどのように対処するかが語られる。全体の15％の分量にあたる。ここからは、アイネイアス以降の戦術論を広く渉猟して註解を載せたCasaubonに負うところの大きいHunter/Handfordの註解が有用になる。なお、「機械や兵隊による μηχανήμασιν ἢ σώμασιν」を「対抗する」にかけることもできるが——Loebはそうしている——、以下の記述から見てHunter/Handford、Budé、Whiteheadがそうしているように、本訳のごとく解するべきであろう。

櫓(やぐら) ἐκ πύργων：**8** からこの「機械」には車輪がついていたことがわかる。'πύργος'という語はアイネイアスにおいては、(1) 城壁に付属した「塔」(**XXIX 10, XXXII 2**)、(2) 孤立した高い建物 (**XI 3bis**)、(3) 移動可能な攻撃用「塔」の意で使われている (Barends, s.v.)。ここは (3) の用例箇所で、ほかと区別して「櫓」と訳した。前430年のポテイダイア包囲戦に使われた「機械 μηχαναί」にこうした櫓が含まれていないとすれば (Thuc. II 58. 1)、ここは櫓について特別に言及される最初の箇所と思われる、と Hunter/Handfordは言い、Whiteheadはこの前提を受け入れつつ——ただし、彼がニキアスとしているのは「ニキアスの子ハグノン」の間違いである——、最初にこの兵器が確認されるのはシチリアだとしている[1]。攻城用の兵器がアテナイ（そしてギリシア）において用いられた最初期の例は、前440年

---

[1] Hunter/Handford も Whitehead もアテナイの場合のことのみを考えているが、以下に述べるようにペロポネソス側にも「機械」使用の証拠があり、それを無視するのは片手落ちだろう。なお、Whiteheadは間違えてニキアスの名前を出しているが、ニキアスがトゥキュディデスに最初に現れるのはメガラ沖のミノア島攻撃の際であるが、このとき彼は「機械」を使ってメガラの塔を陥落させている (Thuc. III 51)。以後、ニキアスの名は攻城機械の巧みな使用者として知られるようになる (cf. Hornblower 1, 442)。

III 註 解

のサモス包囲戦の際ペリクレスによってである (Diod. Sic. XII 28. 3; Plut. *Per.* 27. 3; Lee 2013, 157; Green 2006, 220 n. 136; pace *HCT* 1, p. 354 et Campbell 2005, 23)。このとき用いられたとされる「衝角 κριός」(図 XXXII-1 参照)と「亀(屋根つき攻城具)χελώνη」のうち、後者がどの程度「櫓」に近いものであったかはわからないが(**11「亀」**註参照)、10 年後のポテイダイア包囲戦までに高さのある「櫓」が考案されていた可能性がないわけではなかろう。さらに、ペロポネソス軍が用いた「機械」にこうした櫓があった可能性もあろう(オイノエ、Thuc. II 18. 2; プラタイア、II 76. 4; ピュロス、IV 13. 1-2)。しかし、櫓による攻撃が実際に確認されるのはシチリアで、前 409 年のハンニバルによるセリヌス攻撃の際 (Diod. Sic. XIII 54. 7) と前 397 年のディオニュシオス 1 世のモテュエ攻撃の際とである (Diod. Sic. XIV 51. 1)。後者は「車輪つき」で建物の高さに合わせて 6 層あったことが記されている。紀元後 4 世紀末〜5 世紀初めの Vegetius IV 17 は、高さとともに幅も大きくなり 30 平方ペース[1] (約 79 m²) に、高さは 40〜50 ペース(12〜15 m)に達したと言っている。Hunter/Handford によれば、こうした櫓はやがて 20 層にまで達し、一方分解して持ち運ぶことができる、より小さ

図 XXXII-1：破城用の衝角
☆前 450 年頃オリュンピアに捧げられたもの
(Strauss 2007, Fig. 7.5 による)

---

[1] 1 ペース (pes) = 296 mm と計算している。

な「持ち運び櫓 πύργοι φορητοί」も用いられた。Vegetius IV 17-18 は、移動する櫓とそれに対する攻め方を述べている。

帆柱 ἱστῶν：Hunter/Handford によれば、Casaubon は紀元後6世紀の歴史家プロコピオスを引用している。プロコピオスは、港に停泊した船の帆柱に弓兵を乗せた「小舟 λέμβος」を吊るし、上から攻撃して都市を降伏させた話を伝えている。ここで想定しているのもそうした帆柱の使い方であろう。また別の使い方としては、Polyaen. III 10. 15 が、ティモテオスのトロネ攻撃の際、矢尻や鎌を帆柱に取りつけて敵が防衛のために積んだ砂を入れた籠を壊した話を語っている。

飛び道具：ここにはこの語自体は現れない。このことを言っているとわかるのは 2 に 'τὰ βέλη' という語が現れるからである。

〈帆を〉 ἱστία：Köchly/Rüstow の補い。これを読まなければ、「……のようなものを……据えつける」といった読みになるであろう。この読みは 9 に支えられている。

何か裂けなくなるようなものを塗って τισιν ἀδιατμήτοις περιβληθέντα：Budé p. 77 n. 3 はビザンツのヘロンの語っている、「亀 tortues」を強化するために使われる、「豚や山羊の毛を混ぜたどろどろねばねばした粘土状塗料」に言及している。そして、これは布に塗るものでないから、アイネイアスの語っているものとは違うが、いずれにせよ似たような特質を持った製品のことだとしている。

巻き上げ機で ὑπ᾽ ὀνευόντων：写本の 'ὑπονεόντων' を H. Schoene が校訂した読み。「巻き上げ機（ウィンチ）ὄνος」はすでに Hdt. VII 36. 3 に現れ、かなり前から知られていたものと思われる。'ὄνος' は原義「ロバ」ということであるから、そうした動物の力を使っていたのかも知れない。Thuc. VII 25. 6 には動詞形が出る。

火を燃やし、できるだけ炎を大きなものにして多くの煙を上げるべきである ὑποθυμιᾶν καπνὸν πολὺν 〈ἱέντα καὶ〉 ὑφάπτειν ὡς μέγιστον πῦρ πνέοντα：底本、Loeb は '〈　〉' を補う Köchly/Rüstow の読みをとっているが、Hunter/Handford は 'καπνὸν πολὺν ὑφάπτειν' を削除する案を出している。言わんと

することは変わらない。この炎と煙幕の目的は敵の視界を妨げるためである。帆の下で活動する兵を見えなくするのである（Budé p. 77 n. 5）。
2 **砂や石や煉瓦を満たした籠から** ἐκ φορμῶν πληρουμένων ψάμμου ἢ ἐκ λίθων ἢ ἐκ πλίνθων：こうしたもので防御壁を築くことは早くから知られていた。たとえば、ペルシア軍の進行を止めようと急遽コリントス地峡に造られた壁はそうしたものからなっていた、Hdt. VIII 71. 2。また、先にも触れられた Polyaen. も参照（1「帆柱」註）。
3 **衝角やそれに類似したもの** κριῷ καὶ ὁμοτρόποις：ペリクレスがサモス攻撃の際にこの武器を用いたことは 1「櫓」註参照。その註で触れた、ポテイダイア以降の攻城戦の際に使われたとされる「機械」にこれが入っている可能性は、おそらく「櫓」以上に高かろう。実物については図 XXXII-1 参照。Whitehead は **4-6** の対処の仕方は、二つの基本的形態を予想しているように見えるとしている。すなわち、文字どおりの衝角とドリルすなわち穿孔機との二つである。
もみ殻を満たした布袋や……雄牛の新皮の袋：Vegetius IV 23 の記述から見て、これらの効用は「衝角 aries」や「戦闘鎌 falx」の衝撃を和らげ、城壁を破壊されないようにすることである。こうした目的で使われる軟らかい素材を後には 'μαλάγματα' と呼ぶようになった（Hunter/Handford）。
4 **投げ縄によって** βρόχῳ：Vegetius IV 23 の「その他の者たちは『投げ縄で laqueis』衝角を捕まえて、多くの者たちの手で壁から斜めに引き上げ[1]、覆い（「亀 testudo」）自体とともにひっくり返す」から、その使い方がわかろう。ペロポネソス戦争の際、プラタイア人によってこうした方法がとられたことが知られる、「プラタイア人は投げ縄を周りにかけ（衝角を）そらした ἃς (=μηχανὰς) βρόχους τε περιβάλλοντες ἀνέκλων οἱ Πλαταιῆς」（Thuc. II 76. 4）。Hunter/Handford は、「衝角は木製の枠に吊り下げられていたから、こうした操作は比較的簡単であった。もしその端が捕らえられればバランスは崩されたろう」と言っている。また、Caesar. *Bell. Gal.* VII 22. 2 にはガ

---

[1] Milner 2011, 135 n. 6 に従って sursum を入れて訳す。

リア人がローマ人に対してこうした攻撃を敢行し、輪を締めると「巻き上げ機でtormentis」城壁内に引き入れたことが述べられている。

5 　**荷車一杯になるほどの大きさの石** λίθος ἁμαξοπληθής：'ἁμαξοπληθής'という形容詞はEur. *Phoen*. 1158に現れ、雅語と考えられる。通常は'ἁμαξιαῖος'を使い、その例はXen. *Hell*. II 4. 27に現れる。後者においては、この大きさの石を道路上に置くことによって敵が攻城機を運び込むのを阻止している。

穿孔機 τὸ τρυπάνον：Casaubonは、「2種類の機械、すなわち衝角ariesと穿孔機terebraとを混同しているように見える」としている。Hunter/Handfordはこれを受けつつも、ここでは「衝角の先端the nose of the ram」を言うことが明らかだとし、たぶん、先端が尖ったものとそうでないものとの2種類の「衝角κριοί」があったのだろうと考えている。一方Budéは、二つの異なった機械に対する二つの異なった対処法が述べられているようだと考える。すなわち、1) 衝角、投げ縄で攻撃してその動きを止める、2) 穿孔機、石で潰してその刃を壊す、の二つである。Whiteheadはこちらの方に傾いている（**3「衝角やそれに類似したもの」**註参照）。おそらくそう考えた方がわかりやすい。穿孔機の一例は図XXXII-2参照。

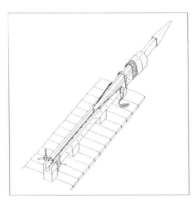

図 XXXII-2：穿孔機の1例
☆アレクサンドリアの技師ディアデスの設計に基づくという。
（Campbell 2005, 29 による）

III 註　解

大型はさみで ὑπὸ καρκίνων：先に「引き上げ用はさみ」と訳したのと同じ言葉(**XX 3**)。Barends, 166 は図XXXII-3のようなものを考えている。ただし、id. 169に「訂正」を載せていて、Gのラッチの下向きの歯は黒いはさみの右側にこなければならず、それに応じて黒いはさみの形状も修正されねばならないとしている。おそらく、今日木材や氷を持つためにリフティングトングとして売られているもののように黒いはさみももう一方と同様に右側からGに結び、Gを引き上げることで挟むようにすれば良いのではないかと思われる。Budé p. 78 n. 2は、ここで使われる石は100 kg以下だったはずだとしている。

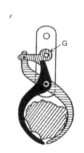

図XXXII-3：Barends の考える大型はさみ
（Barends, 166 Diagram 3 III による）

突き出した梁から ἀπὸ τῶν προωστῶν：定冠詞がついているが、これについて前に言及はない。しかし、これがプラタイア防衛の際に語られている「城壁に支えられつつ先に突き出している二つの角材 κεραῖαι ἐπικεκλιμέναι καὶ ὑπερτείμενουσαι ὑπὲρ τοῦ τείχου」(Thuc. II 76. 4) と同じものであることが明らかである。なお、プラタイアにおいては、ここから鉄の長い鎖で両端を結ばれた巨大な梁材を吊るして敵の「機械」を防御したのであるが、その復元想像図が図XXXII-4である。巨大な梁材の代わりに大型はさみで石を落とすのがアイネイアスの推奨する戦法ということになる。その際、次節6にあるように「下げ振り κάθετος」を落とすのがアイネイアスの独自のやり方かと思われる。

216

XXXII

図 XXXII-4：プラタイア戦の想像復元図
☆「突き出した梁」について参考になろうし、「亀」の実情についても参考になろう。
（Campbell 2005, 63 による）

7　対抗衝角 ἀντίκριον：この語はここのみに知られる。その形状等について何も言っていないが、敵の衝角と同様のものと思われる。

外側の煉瓦の部分まで μέχρι τοῦ ἄλλου μέρους τῶν πλίνθων：Hunter/Handford の言うように、ここの'ἄλλος'は'ἕτερος'の意味で使われていると解すべきであろう。とすれば、この言葉遣いより、城壁の両面には煉瓦が使われていたことがわかる。また、内部については2から「砂や石や煉瓦」が入れられたことがわかる。さらに Thuc. I 93. 5 からも「瓦礫や土」が内部であったことが確認される。Paus. VIII 8. 8 は、煉瓦造りの城壁は「機械」の攻撃には石造りの壁よりも堅固であるが、水の攻撃には──Whitehead は「穿孔機の攻撃」もつけ加える──「太陽による蜜蠟同様」崩されると述べている。Winter 1971, 69-77 によれば、石の土台の上に煉瓦の壁を造ったものと、下の方や幕壁は石で造り、胸壁や上部を煉瓦と木で造るものがあった。いずれにせよ、煉瓦の使用はその安さと扱いやすさのゆえであった。

III 註　解

対抗衝角ははるかに強力であろう καὶ πολὺ ἰσχυρότερον ὁ ἀντίκριος γίνεται：Hunter/Handford は 'γινέτω' と命令法に修正して、「対抗衝角ははるかに強力なものとせよ」の意にとる。しかし、なぜ「はるかに強力」であることが必要なのだろうか。Hunter/Handford はそう問いつつ、この対処法の要点が突然の攻撃にあるとするのみでこの問いには明快な答えを与えていない。Budé はこの読みを保持しつつ、この対抗衝角の攻撃が敵の攻撃が始まる前に行われるのであれ、同時に行われるのであれ、敵の衝角に壊されないように敵のものより強くなければならないとし、この提案の利点は敵を急襲するという心理的なものだとしている (p. 78 n. 3)。Budé の訳は、「勝利するのは断然対抗衝角の方だ c'est de beaucoup ce dernier (= le contre-bélier) qui l'emporte」となっている。一方、Whitehead はこのままの読みを維持できると主張する。すなわち、Winter 1971, 71 n. 8 の提言に従って、敵の機械が衝角ではなく、ここでも依然穿孔機のことであったと考えればよい。対抗衝角の先端が外に突き出されれば、穿孔機のよりもろい先端をはじき飛ばすであろう、というのである。結局、Winter-Whitehead の考え方がこの文の読みとして一番説得的であろう。

8　大きな機械に対して πρὸς δὲ τὰ μεγάλα μηχανήματα：これに言及する「とおり一遍の論じ方 cursory way」からアイネイアスはこれについてよく知らなかったのであろう、と Hunter/Handford は推測し、伝聞で聞いたことのみの知識でものを言っている人間の調子を嗅ぎ取っている。実際、大きな機械の開発には金がかかるから、それだけの金をかける意欲を持つ拡張主義者が必要で、前 4 世紀初頭のディオニュシオス 1 世以後、マケドニアのフィリッポス 2 世が現れるまで約 50 年間は消滅していたとされる (Campbell 2003, 4)。ここの機械が櫓のことであるのは確かであろうが (cf. Budé p. 78 n. 4)、ディオニュシオス 1 世が使った櫓などを念頭に議論をしている可能性が高かろう (**1「櫓」**註参照)。

弩弓 καταπάλται：アイネイアスにおいてこの語はここのみに現れる。弩弓はシュラクサイのディオニュシオス 1 世によって使われ始め、前 4 世紀の第 2 四半期にギリシア本土に一般化した。ただし、それはまだねじれの入っ

ていない初期のタイプであった。

投石機 σφενδόναι：投石機は非常に古くから知られた武器であった。革製パッチに腱なり腸なりを使った紐をつけ、パッチに石を乗せて振り回した後一方の紐を放すのである。握り拳大の石は大きな打撃を与えたであろう。後には鉛弾が使われるようになり、それはより長い射程と威力を発揮した。鉛弾の使用は古典期に始まっていることがわかっている。鉛弾の射程は200 mに達し、通常使われる30〜40 gの弾丸は身体を貫通でき、中にとどまった場合は引き抜くことが難しい。さらにその速さから避けることも難しい。重武装した場合、大きな石を除いてその打撃を防御することができようが、防御側は重武装を余儀なくされることとなる（Hunt 2007, 123-124）。したがって、上記弓兵と投石兵の存在は重要なのであるが、その地位は低く、彼らへの言及は少ない。また、**XXXVIII 6「砲弾を」**註参照。

萱葺き屋根の ὀρφίνας：ここのみに現れる語。

地下に穴を掘り ὑπορύσσειν：地下道については**XXXVII**で語られる。

9 どれも地面に落ちないであろう χαμαιπετὲς δὲ μηδὲν ἔσται：'χαμαιπετής'という語は悲劇作家に多く使われ、雅語的風味がある。また、この策の目的としては、城壁の中に落ち不注意な兵士が傷つかないようにするためか（Budé p. 78 n. 6）、城壁の外に落ち敵が拾い集めて再利用しないようにするためか（Barends s.v. χαμαιπετής）、いずれの解釈もあり得る。

11 「亀」 χελώνη：攻城者の動きを防御する避難小屋で、下に車をつけ動くようにしたもの。攻城用の衝角を防御しつつ城壁に近づける「衝角亀 ram-tortoise」がまず発展したものと思われる（図XXXII-4参照）。ついで攻城戦に櫓（**1「櫓」**註参照）が有効になってくると、櫓を城壁に近づかせないように周りに壕を掘って防衛するのが一般的になった。それに対して、「亀」で壕に近づきそれを埋め、櫓がうまく城壁に近づけるようにする作戦がとられるようになった。それが「埋立亀 ditch-filling tortoise」である（図XXXII-5参照）。いずれも城壁からの攻撃に耐えるよう、傾斜屋根で射られた矢や投げられた石がまともに当たらず転がっていくようにし、防火性の布で周りを覆った。

III 註 解

図 XXXII-5：埋立亀の想像復元図
☆多くの者に受け入れられているが、いくつかの部分は反撃に弱いところがあるとしている。
(Campbell 2003, 17 による)

12　火を激しく燃やし πῦρ ποιεῖν πολύ：次に出るように、敵が「侵入できないように」する方策で、シュラクサイでニキアスがとった作戦が知られる (Thuc. VI 102. 2-3)。また、**XXXIII 4**で語られる作戦も同様の目的を持っている。Xen. *Hell.* VII 2. 8で語られるフレイウス人のとった対応も基本的に同じである。

くり抜かれつつある部分の城壁が壊れる前に πρότερον ἢ πεσεῖν τὸ τεῖχος, ἢ διορύσσεται：写本は'ἢ διορύσσεται'となっている。多くの校訂者は底本のように'ἢ'を'ᾗ'に変える読みをとる。しかし、Hunter/Handfordは'ἢ διορύσσεσθαι'と'δορύσσεται'の方を変える読みをとり、「壁が壊れたり穴を掘られたりする前に」の意味に読もうとする。その理由として、ここで考えられているのは二つの可能性で、「壁が壊される (καταβαλεῖν, πέσημα, πεσεῖν)」か「穴を開けられる (διορύξαι, διόρυγμα, διορύσσεσθαι)」かのいず

れかであるからと説明している。Whiteheadもそれに同調している。'πεσεῖν'が受動的意味で読めればその可能性もあろうが、その確証を持てないので、底本の読みを尊重する。

対向壁を……造る ἀνταείρειν 〈τειχίον〉：ちょうど包囲されたプラタイア人がやったように（Thuc. II 76. 3）。アイネイアスでは**XXIII 5**に 'ἀντιδομή' が、**XXXIII 4**に 'ἀντιδέμω' が現れる。Whiteheadは、比較すべきはしっかりした建物である後者で、ファサードのような前者ではないとしている（**XXIII 5「代わりの建造物」**註参照）。いずれにせよ、ある建造物が使い物にならなくなった際にそれに代わる何かを建てて対抗するということで、その点両者と比較してもおかしくはなかろう。

XXXIII

1 **「亀」** χελώναις：**XXXII 11「亀」**註参照。アイネイアスにおいてこの語が現れるのは先の註の箇所とここの二つの計3箇所のみである。

ピッチ……麻屑と硫黄 πίσσον ... στυππεῖον ... θεῖον：これらはいずれも古代において炎を立たせる物質と認識されていた（**XXXV 1**参照）。ほかの者たちは、さらなる敵の混乱のために、熱い砂や沸騰した油や溶かした鉛を勧めている。Polyaen. VI 3には「亀」に溶けた鉛をかける作戦が言及されている（Hunter/Handford）。前397年、ディオニュシオス1世に攻められたモテュエは（**XXXII 1「櫓」**註参照）、高いところからピッチとともに火をつけた麻屑を機械に投げつけて抵抗したとされ（Diod. XIV 51. 2）、ここを裏づける例となっている。なお、機械が城壁から狙うに遠すぎる場合、火をつけるための突撃隊を出陣させる例が知られる（前406年、アクラガス、Diod. XIII 85. 5; 前388年、レギオン、Diod. XIV 108. 4）。cf. Whitehead.

火のつけられた φλογωθέντα：ギリシアのような乾燥し、暑い国では火が最も恐ろしい武器となった。アイネイアス以前から、ギリシア人は火を消さないようにする物質の混合の仕方を知っていたらしい。ペロポネソス戦争中、プラタイア（Thuc. II 77. 2-6）やデリオン（Thuc. IV 100. 2-4）での包

囲戦の際に使われている。それらはピッチと硫黄を基本として混合がなされている——プラタイア戦の場合は失敗に終わったが——。なお、これはビザンツによって紀元後7世紀末頃から使われた著名な「ギリシアの炎」とは別物である。cf. Budé p. 80 n. 1.

2 **スリコギのような、しかし大きさは** οἷον ὕπερα, μεγέθει：写本の'ὑπερμεγέθη' を Gronivus が 'ὕπερα, μεγέθη' と校訂し、Köchly/Rüstow が 'μεγέθη' を与格にして（この読みを前提として）わかりやすくした。

大小の〈μικρότερα〉καὶ μείζω：'μικρότερα (vel μικρὰ)' は Schoene が加えた。Hunter/Handford は 'καὶ μείζω' を削除する。

描かれた雷 κεραυνὸς τὸ γραφόμενον：コインや陶器などに描かれている。図 XXXIII-1 参照。この図をもとに Whitehead は、Loeb p. 181 n. 2 のとる片方の側（だけ）に鉄鋲が打たれていたとする考えに反対している。

図 XXXIII-1：描かれた雷の例
（http://www.hubert-herald.nl/Thunderbolt.htm より）

3 **木製の塔** μόσυνες：これはアジア起源の言葉でおそらくクセノフォンによって軍事用語に入れられたらしい、Xen. *An.* V 4. 26。Dion. Hal. *Ant. Rom.* I 26. 2 は、「木製の高い杭を持った塔のような建物」と説明している。この語について、Winter 1971, 75-76 は、下の部分は煉瓦か石で造られ、上の部分に木枠を用い中を煉瓦で満たした建物を想定している。

胸壁に πρὸς τὴν ἔπαλξιν：写本には 'πρὸς τὴν τάξιν' とあり、Hunter/Handford はそのままの読みをとり、「確かに難しいが」としながら「（敵の）前線の側に」の意味で読もうとする。そして、'ἔπαλξιν' の読みをまったく説得的でないとする。しかし、いずれにせよ城壁や塔をフェルトか革で防御せよ

ということでは変わらない。

4 **もし城門に火をかけられたなら** ἐὰν δὲ ἐμπρησθῶσιν πύλαι：城門に火をつける作戦は、**XXVIII 6-7** にも述べられていた。また、Diod. Sic. XIV 90. 5-6には、夜レギオンに到着したディオニュシオスが城門に火をかけ、レギオン人は結局その火をもっと激しくすることによって、ディオニュシオス軍の侵入を防いだ話が載っている。前393年の話で、アイネイアスのここでの助言のもとになっているのかもしれない。

代わりの建物を建てる ἀντιδείμῃς：写本に'ἄν τι δέῃ'とあるのをSchoeneが校訂した。**XXIII 5** に唯一語hapaxとして現れる'ἀντιδομή'に基づいて作られた動詞である。この建物についての議論は、**XXIII 5「代わりの建造物」**および**XXXII 12「対向壁を……造る」**註参照。

最も近い家を壊して ἐκ τῶν ἐγγύτατα οἰκιῶν καθαιροῦντα：ペロポネソス戦争時プラタイアによってもそうしたことがなされた (cf. Thuc. II 75. 4)。

XXXIV

1 **火のつきやすいものを使って** ἰσχυρᾷ σκευασίᾳ πυρός：M写本には'ἰσχυραὶ σκευασίαι πρὸς τὸ πῦρ'とあって意味がとれない。ここの校訂はHercherとSchoeneのもの。

……しようとした πειρῶνται：M写本には'παι ται'とあって前の'ι'の上に乱れがあるとの印がつけられている。このあたりの校訂案はLangeによるもの。

酢で ὄξει：「鎮火のための酢の特別の力は子供でも知っている」とCasaubonが言っていることをHunter/Handfordが紹介している。それを示すのは、火のついたピッチについて「酢が水よりも鎮火力がある」とするThphr. de Igne[1] 25や、酢と卵の白身を混ぜて消火力を高める方法に言及しているibid. 59、「酢が最も鎮火力があると考えられている。火を避けるには酢を塗り——酢は最も火がつきにくいから——水を含ませたスポンジを貼り付

---

[1] *TLG*のテキストを見ている。

III 註 解

けるのが最もよい」と言う Polyaen. VI 3 がある。また、cf. Plin. *Nat.* XXXIII 94（次註参照）。

むしろ前もって塗っておくことである μᾶλλον δὲ τὸ προαλείφειν：Budé は写本どおりのこの読みをとろうとする。Hunter/Handford は 'τὸ' を 'ἰξῷ' に変えて、「むしろ鳥もちで前もって塗っておくとよい」の意にとろうとする Meineke 提唱の読みを支持している。理由は三つである。(a) Philo Mech. 99 26 = D (35)[1] (「鳥もちないし血に灰を混ぜて木に塗り込む。それによって最もよく火に抵抗する」)は、火から防衛するための物質として鳥もちに言及している（そのほか Hunter/Handford が参照箇所としているもので Thphr. *de Igne* 61 は、鳥もちが粘着性と冷たさのゆえに火がつかないことを言い、Plin. *Nat.* XXXIII 94 は「火は酢 acetum、鳥もち viscum、卵 ovum が最もよく消す」と言っている）。(b) ここに現れる 'προαλείφειν'、ユリウス・アフリカヌスの抜き書き（**XXXVIII**）に現れる 'χρῖσον'（「諸君が敵が火をつけようとすることをあらかじめ知ったら、外から酢を塗れば、敵は火を見ないだろう」）、Polyaen. VI 3（前註参照、「酢を塗り」）に現れる ἐπαλειφόμενον という語は、いずれも酢よりも鳥もちに相応しい。(c) アイネイアスの 'μᾶλλον δὲ' も Polyaen. V 3 の 'ἄριστον δὲ κώλυμα' も、すでに述べた酢以外の物質への言及を指しているように見える。以上であるが、(b) (c) に関して言えば、それならなぜ 'ἰξός' という語が現れないのかと疑問を呈することができよう。(a) から鳥もちが酢とともに使われる可能性はあったろうが、ここに「鳥もち」という語があった可能性は低かろう。底本である Budé の読みを尊重しておく。

XXXV

1 諸君自身が αὐτὸν：突然攻撃側に視点が転換しているように見える。こうしたことは今までも何度かあった。**XVIII 22**「こうしたことの何かを実

---

[1] **XXXI 14**「可能である」註参照。

践する場合」、XXVII 14「敵の軍を……」註参照。ただし、Whiteheadが註するように、守備側にも敵に火をつける攻撃は必要であったろう。

ピッチ、硫黄、麻屑 πίσσαν, θεῖον, στυπυεῖον：これについては、**XXXIII 1「ピッチ……麻屑と硫黄」**註参照。

乳香の粉 μάνναν λιβανωτοῦ：乳香については、cf. Thphr. *HP* IV 4. 14, テオプラストス『植物誌2』118頁註183。

松のおが屑 δαδὸς πρίσματα：'δάς' は「松明」の意から松明を作る「松の木」一般を表す。本書において「松明」の意味で**X 26**で用いられている。また、この語の特殊な使用例はThphr. *HP* III 9.3、テオプラストス『植物誌1』340頁註3参照。

XXXVI

1　**梯子の据えつけに対しては** ταῖς δὲ τῶν κλιμάκων προσθέσεσιν：攻城戦での梯子の使用例はHdt. には現れず、Thuc. にはポテイダイアに対するブラシダス（IV 135）とエピダウロスに対するアルゴス軍（V 56. 5）との、いずれも失敗に終わった作戦の中で言及されている。Xen. *Hell.*にはフレイウスに対するフレイウス人亡命者たちの攻撃の際に言及されている（VII 2. 5-9）。また、本アイネイアスの中には、修理を口実に裏切り者が梯子を用意した例が言及されている（**XI 3**）。これらはいずれも木製の梯子であろうが、**XXXVIII 7-8**にはロープで作った梯子が現れる。

〈以下のように〉〈ὧδε〉：Hercherの補い。Hunter/Handfordは 'ὧδε' なしにいきなり始まる例が**XXII 1, XXVI 1**にあるとして補いをとらない。しかし、この近くにこうした例が頻出していることを見れば、補う方が自然であろう（**XXXII 1, XXXV 1, XXXVII 1**、また章の途中であれば、こうした例は近辺にさらに頻出する、**XXXI 1, 8, 10. 20, XXXIII 1**）。

木の刺叉で ξύλῳ δικρῷ：Hunter/Handfordは、Ar. *Pax* 637「刺叉となった怒鳴り声で女神を押し出した δικροῖς ἐώθουν τὴν θεὸν κεκράγμασιν」を根拠にこの目的での干し草用フォーク pitchforksの使用は諺のようになっていたと

している。ただこれがpitchforkか、これ専用の武器なのかはわからない。

2 **梯子が城壁にきっちりの高さなら** ἐὰν δὲ ἀρτία ᾖ τῷ τείχει ἡ κλῖμαξ：意味の通らないM写本をMeinekeが校訂した読み。意味合いは「壁にぴったりくっついて」(Casaubon) か「きっかりの高さに切ってくっつける」(Köchly/Rüstow) のどちらかで、1の「高さを超えている ὑπερέχῃ」との対比から後者の方がとられている。

それが〈不可能だと〉思われるなら ἐὰν δὲ ταῦτα μὲν 〈ἀδύνατα〉 δοκῇ εἶναι：〈 〉はCasaubonの補い。補わない場合は、'μὲν' を 'μή' に代えるか、'μὲν' の後に 'μή' を補う。意味としてWhiteheadは「おそらく、梯子が壁の頂上に届かない場合」と考えるが、Budé、Loebは「上記戦法が使えない場合」の意にとっている。後者の方がテクストのあり方に適っている。

戸のようなもの οἷον θύραν：これがどのようなものかについては、いくつかの考えがある。Hunter/Handfordは壁の端に水平に据えつけ、梯子がそれに触れたらコロで引き戻し梯子を倒すようにするものと考えている。Waschow 1938は、これを垂直方向に上がる形を考えている (ap. Garlan 1974, 174, 図XXXVI-1)。Barends, 168-169は、「ドア θύρα」の意を踏まえて次のように解釈する。木製の厚板で「軸 spindle」を介在して柄がついている。板はこの軸によって回転する。城壁の狭間の一つから柄を支えた多くの者によって外に出される。板全体が城壁の間に吊るされると、下側を次の狭間にいる者たちによって引き上げられる。これによって敵の梯子の頂点は胸壁ではなく板の上にくるようになる。そこで柄を押し出すと梯子は横に落ち、登っていた者は振り落とされるのである (図XXXVI-2, 3)。Budé, pp. 114-117は、いくつかの古代作家の記述を検討した後、水平の柄で支えられ、狭間に固定された垂直の板や、水平に突き出た板ではあり得ないことを指摘した後、城壁の前に垂直に鎖で吊るされた板で下についたコロによって横に移動できるものを考えている。Garlan 1974, 173-176は、この考えを発展させて板を梯子の下に置くようしなくてもいいように、ロープで吊るされた板を考えた。一方でロープを繰り出し、他方でたぐれば板が動いて梯子を横へと倒すことができる (図XXXVI-4)。Whiteheadは現実

XXXVI

に使えそうな装置としてこの考えを受け入れている。

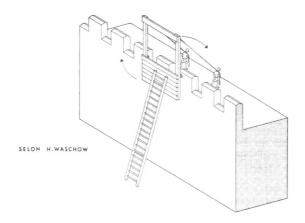

図 XXXVI-1：Garlan の考える Waschow 説
（Garlan 1974, 175 fig.2 による）

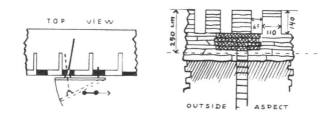

図 XXXVI-2：Barends の考える梯子撃退装置
（Barends, 168 Diagram 4 による）

III 註　解

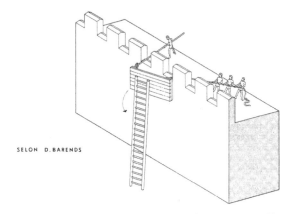

図 XXXVI-3：Garlan の考える Barends 説
（Garlan 1974, 175 fig. 2 による）

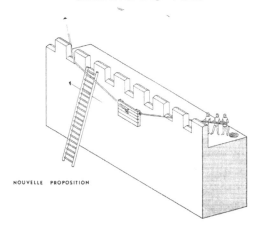

図 XXXVI-4：Garlan の考える梯子撃退装置
（Garlan 1974, 175 fig. 2 による）

XXXVII

1 **地下道を掘削する者** τοὺς δὲ ὑπορύσσοντας：地下道掘削による攻城戦と、それに対抗する地下道掘削は、前6世紀末〜前5世紀初めのペルシア軍の攻城戦の際にすでに現れている。北アフリカのバルケ（前512年頃、Hdt.

IV 200)、キュプロスのソロイ（前498/7年、Hdt. V 115)、ミレトス（前494年、Hdt. VI 18）の事例が知られ、考古学的発掘からは同じ時期のキュプロスのパフォスにおける防御側の地下道掘削の例がある（Campbell 2005, 10-12; cf. Hdt. V 115)。こうした事例はギリシア人にも広く知られていただろう。しかし、ペロポネソス戦争中、プラタイア人が防衛のために地下道を掘った例のほかは（Thuc. II 76. 2)、彼らがこれを実践に移した記録はないようである。通常は奴隷のやるこうした作業に嫌悪感を持っていたのかもしれない。以下にアイネイアス自身が言及する例がバルケであるのも、ギリシア人にこの戦法が広く使われていたのではないことを示していよう（Campbell 2005, 30)。

（城壁の）外にできるだけ深く壕を掘るべきである ὡς βαθυτάτην ἐκτὸς χρὴ τὴν τάφρον ὀρύσσεσθαι：Hunter/Handfordはまず紀元後4世紀末〜5世紀初めのVegetius IV 5を引用している、「壕は都市の外にできる限り広くまたできる限り深く作るべきである。攻囲者が容易に平らにしたり水を満たしたりできないようにし、水を溢れ出させることで、敵が地下道を作り続けられないようにするためである。地下での工作は二つの方法によって遂行を妨げられる、すなわち壕の深さと溢れ出しによってである」。これによれば、城壁の周囲の壕を深く掘り、水を入れることによって地下道掘削を妨げるようである。Hunter/Handfordは、Casaubonによりつつさらに前200年頃のビュザンティオン出身の技術家Philoを引用している、「鉱山技術によって城壁とその前の要塞との間に、礎石の深さほどの十分な穴を掘らねばならない。地下道を掘っている者が現れたら容易に殲滅され、城壁に二度と近づかないようにである。」（91 20-24 = C(7)[1]）ここでは水のことは問題となっていない。おそらく、ギリシアの自然的条件から考えて、海を利用する以外（たとえば、ミュティレネ旧都市、髙畠2015, 123-125参照）水をたたえた壕を用いることは少なかっただろうが、アイネイアスのこの記述はこの時代城壁の周囲に壕があるのが一般的になっていたらしいこと

---

[1] XXXI 14「可能である」註参照。

を示唆している、cf. Garlan 1974, 190-191。

2 **木の屑を運び**〈……〉ξύλων φορυτὸν κομίσαντα 〈...〉：Hunter/Handford は'κομίσαντα'を'κομίσαι'に代え、空白を認めない Hercher の読みをとっている。しかし、石に代わるのに木の屑だけでは心許ないように思われる。何らかの空白を想定した方がよいのであろう。

3 **煙が** ὁ καπνός：ここに書かれていることの実践例となるのが、前189年に攻囲するローマ軍に対してアンブラキア人のとった作戦である (Polyb. XXI 28. 11-17; Polyaen. VI 17)。そこでのやり方は次のとおりである。地下道の大きさに合わせた甕を用意し、その底に穴を開けて鉄製の管を上まで差し込んでおく。ついで甕にいっぱいの羽毛を詰め、上の方に火種をおいてたくさんの穴を開けた蓋をする。口を敵の方に向けて、鉄管の下からふいごで空気を送って羽毛に上の方から火をつけつつ鉄管を抜いていく。そうすると大量の煙が発生し、煙は敵を痛めつけた。

4 **かつてある者たちは** ἤδη δέ τινες：この表現については、**XXXI 23「かつてある者たちは」**註参照。

スズメバチや蜜蜂を σφῆκας καὶ μελίσσας：Hunter/Handford は、「馬、ロバ、犬、猫、……象、ライオンを軍事的に働くよう駆り立てていたということはまれである。ただし小型の蜂 apicula を自分のために敵と戦わせるよう訓練したけれども」という Casaubon の文を載せている。おそらくこれを意識して Whitehead は、少なくとも蜜蜂はビテュニアのテミスキュラの防衛隊が、前72年のローマのルクッルス軍の攻囲に対して「熊とその他の獣」とともに用いている (App. *Mith.* 11. 78)[1]、と反証となる例を挙げている。また、Budé もこの例を挙げている。しかし、古典期以前のギリシアにおいてこうした例は知られず、アイネイアスの言う「ある者たち」が誰かわからないことは、彼のこの表現の多くに共通する（前註参照）。

5 **対抗して地下道を掘削して迎え撃ち、坑道にいる戦闘部隊に火をかけるべきである** ἀνθυπορύσσειν καὶ ἀντιοῦσθαι καὶ ἐμπιμπράσται 〈τὸ〉 ἐν τῷ ὀρύγματι

---

[1] Whitehead の小さな誤りを修正した。*TLG* のテクストでは Section 346-347 である。

μαχόμενον：ローマ軍に対峙したアンブラキア人は（3「煙が」註参照）、地下道を掘った土が敵陣に積み重なるのに気づいて城壁内部で城壁に並行して地下道を掘り、薄い青銅板を城壁側に並べて共鳴音でどこに敵が地下道を掘っているかを知った。そして、そこに向けて対抗する地下道を掘って敵を迎え、最終的に上記の作戦をとったのである（Polyb. XXI 28. 7-10）。

6 　昔の話として語られているところによれば……〈……〉ということである παλαιὸν δέ τι λέγεται 〈...〉：「昔の」という言い方は、ここのほかXI 12（'πάλαι'）とXXXI 25（'οἱ παλαιότεροι'）に現れる。'λέγεται' の後の空白はRouseの想定として底本が採用している。空白を想定しないHunter/Handfordの読みは、「時にἐπεὶ」を削り、'ἐπεχείρει' を 'ἐπιχειρεῖν' に変えて、「……アマシスが地下道を掘ろうと試みたと言われている」とするものである。

バルケを包囲していたアマシスは Ἄμασιν Βαρκαίους πολιορκοῦντα：前述のように（1「地下道を掘削する者」註参照）、Hdt. IV 200に語られる話。バルケについては、XVI 14「キュレネ人、バルケ人」註参照。バルケはこの後、このペルシア軍指揮官アマシスの策略によって占領された（Hdt. IV 201）。

それを上にして ἐπάνω：つまり「凸面を上に」（Barends）「内側を地面に向けて」（Whitehead）。この説明はHdt. IV 200の該当箇所にはない。技術的面の関心からアイネイアスがつけ加えたと考えられる。類例はII 6（同所「荷車の障害物のゆえに」註参照），XXXI 27（XXXI 25-27「より古くには……」註参照）に現れる。

7 　夜に ἐν τῇ νυκτὶ：どうして夜なのか。Budé p. 85 n.1は、夜間は大地を通じて伝わるツルハシの衝動が、昼の間はその他のさまざまな騒音の反響に乱されて伝わらないという理由以外には理解しがたいとしている。Whiteheadはその他に、城壁の中ではなく外で工事されている可能性を考えている。

8 　地下道を掘削しようとする者にとっては τοῖς δὲ ὑπορύσσειν μέλλουσιν：突然の視点の転換。これまでにもいくつか現れている（以下のそれぞれの註を参照）、XVIII 22（「こうしたことの何かを実践する場合」）、XXVII 14

III 註 解

(「敵の軍を……」)、XXXV 1(「諸君自身が」)。

9 **二つの荷車の……置かねばならない** χρὴ δύο ἁμαξῶν ... : ここでアイネイアスが述べている構造物を、どのようなものと考えるべきかについては議論がある。しかしいずれにせよ、以下にあるように「望むところに引いたり戻ったりすることができ」るのであるから、**XXXII 11**で述べられた「亀」のようなものが最終的には出来上がると考えてよかろう。解釈上まず問題となるのは、ここで考えられている「車」がどのようなものかということである。Barends, p. 169 はこれを四輪の車 four-wheeled wagon と考えている。そして次の、'τοὺς ῥυμοὺς εἰς τὸ αὐτὸ δῆσαι, συμπετάσαντα κατὰ τὸ ἕτερον μέρος τῆς ἁμάξης' 中 'συμπετάσαντα' を、'set up and turn over [backwards]' の意に捉え、その目的語を 'sc. ἑκατέρας τῆς ἁμάξης τὸν ῥυμόν' として (s.v. συμπετάννυμι)、「それぞれの車の轅を上に上げ後ろに向かせてロープで固定する」の意で解釈する。そして、次の 'ὅπως μετεωρισθῶσιν οἱ ῥυμοὶ εἰς αὐτὸ νεύοντες' を「轅が同じ方向に傾いて立つように」の意に読んで、結局2台の車を4〜6 m の間隔に横に並べて、図XXXVII-1のように骨組みを作ると考える。この骨組みに覆いをかけて、一つの傾いた覆い板の下で身を守りつつ、2台の車の間で作業をするというのである。

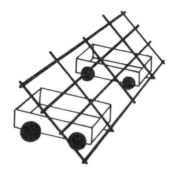

図 XXXVII-1：Barends の考える車を使った防御物の骨組み
(Barends, 168 Diagram 5 による)

XXXVII

　一方、これより前にHunter/Handfordは、まず通常の田舎の荷車がどのようなものかを考えるべきだとしている。そしてLorimer 1903が主要な点について疑問のない像を提供するとして、それに負いつつ、二輪の車で中央の軸が伸びて轅を形成する形の車を考える。さらに轅はこの車では水平になっており、枝折り細工の荷台が通常ついているとし、図XXXVII-2 Aのような車を想定する。その上でテクストの検討に入り、'εἰς τὸ αὐτὸ δῆσαι'から二つの車の轅が結ばれていたと考える。

図XXXVII-2 A：Hunter/Handfordの考えるこの時代の車
（Hunter/Handford, 231 Fig.6 による）

　ついでここだけに現れる'συμπετάννυμι'という動詞の意味を考え、これがホメロスに現れる'πύλαι πεπταμέναι'（「戸を開け広げておくfolding doors opened wide」）と同じ考えに基づいているとする。'κατὰ τὸ ἕτερον μέρος τῆς ἁμάξης'は、「それぞれの車のもう一つの端at the other (or further) end of each cart」の意とし、「もう一つの端」とは後ろ側に違いないとする。そこで考えられるやり方は、二つの車を対面させ、後ろの方に倒していくと、ドアを開くように車が上がっていき、やがて両者の轅がぶつかる。そして両者を結ぶと、図XXXVII-2 Bのような形が出来上がる。これに轅のほか木枠をつけ加えるのであるが、最も簡単な方法は図の点線部に棒なり板なりを据えることだとする。これに枝細工品で覆いをし漆喰で塗りつぶすことで屋根つき避難所となり、完全に飛び道具から守られることとなる。

　以上が二つの説であるが、これに対しBudé, pp. 117-118、Whiteheadは二輪車であることの方に賛同を示し、Loeb, pp. 188-189 n. 1も基本的に

233

III　註　解

Hunter/Handford の形を受け入れて「長方形のピラミッド」のような形を想定している。この形で「望むところに引いたり戻ったりすることができ」るかやや心許ないが、現在のところ最も蓋然性の高い復元であろう。

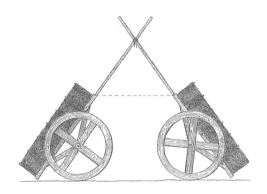

図 XXXVII-2 B：Hunter/Handford の考える構築物
（Hunter/Handford, 231 Fig.7 による）

XXXVIII

1　**機械や兵隊による** μηχανήμασιν ἢ καὶ σώμασι：この言い方は XXXII 1 に現れていた。同所「**機械や兵隊による敵の攻撃に対しては以下のように対抗する**」註参照。

3　**部隊に** τρία μέρη：3分割の有用性については、城門の鍵の管理の際にも現れた（**XX 2, 同所「将軍のそれぞれが一つずつを」**註参照）。攻城戦において交代制による人員配置に基づく攻撃が意識的に取り入れられたのは、前5世紀末頃からのようで、Diod. Sic. の描くシケリアにおけるカルタゴ人の戦いにそれが現れている（Sinclair 1966 は、シケリア人としてそれを知っていた Diod. Sic. の記述傾向を扱ったものだが、そこに彼による「交代交代」の攻撃や組織化の記述が多く紹介されている）。アイネイアスの頃にはすでに包囲側の連続的攻撃が一般化し、それに対処する必要があったものと思われる。なお、ペロポネソス戦争時の攻城戦については、髙畠 2015,

40-43参照。

2　**選ばれた者たち** ἐπιλελεγμένους：Hunter/Handfordは、これを将軍のボディーガードでⅠ 4, XVI 7で述べられている者たちと同じだと解している。しかし、それら二つを同じものとする確証はないし、彼らが「ボディーガード」であるとする根拠もはっきりしない（**Ⅰ 4「役人を取り巻く者」、XVI 7「選抜軍」註参照**）。Whiteheadは、もしこれが先述されている者たちとすれば、**XXVI 10**に述べられている、将軍とともにパトロールをする「選抜隊」であるに違いないとしている（**同所「選抜された同じ人々」註参照**）。その蓋然性の方が高かろう。Hunter/Handfordには、言及される多くの人間組織をⅠ 4「役人を取り巻く者」と同一視しようとする傾向があるが、それは怪しい（**XXII 2「同僚」註も参照**）。

追加された者を敵たちはすでにその場にいる者よりも怖れるものだからである τὸ γὰρ ἐπιὸν μᾶλλον οἱ πολέμιοι φοβοῦνται τοῦ ὑπάρχοντος καὶ παρόντος ἤδη：ほぼ同じ言い回しがブラシダスの発言としてThuc.に現れる（V 9.8）、「後から追加された者が敵にとっては今その場にいて戦っている者よりも恐ろしいものだから τὸ γὰρ ἐπιὸν ὕστερον δεινότερον τοῖς πολεμίοις τοῦ παρόντος καὶ μαχομένου」。アイネイアスがThuc.を見ていることは確かだが、彼は逐語的にThuc.を利用することはない（**Ⅱ 3「プラタイア人は」註参照**）。

犬は τάς τε κύνας：アイネイアスにおいて「犬」は6箇所に現れるが（**XXII 14「犬を」註参照**）、ここで初めて性のわかる冠詞つきで用いられている（もう一つの冠詞つきはXXIV 18の'τῶν κυνῶν'）。少なくともここでは「牝犬」が念頭に置かれているのであろう。

4　**城壁で戦っている者たち……意気阻喪が生ずるからである**：兵士の人間心理を考慮しての指揮官のとるべき行動への指示は、**XXVI 7-11**にも現れた（**同所「また戦いに負けて～11……ないようにである」註参照**）。士気が低下しているときや現実に戦闘に参加しているときに、兵士たちを怒るのはさらに士気を低下させるから止めるべきであるというのがアイネイアスの考え方である。

5　**最富裕の者で国において権力に最大限与っている者を** τοὺς τὰ πλεῖστα

κεκτημένους καὶ ἐν τῇ πόλει δυνάμεως μάλιστα μετέχοντας：同様の表現がXXII 15に現れ、そこではそうした者に最も危険な場所の見張りを割り当てるべきだとしている。その理由は、「こうした者たちこそが快楽に向かう可能性が少なく、集中することを心得た者たち」だからであり、そうした選択はI 5-7, V 1に共通していた（XXII 15「最富裕の者や……べきである」註参照）。本箇所において、こうした者たちを怒る理由は、次に出るように彼らが「他者の模範παράδειγμαとなるからである」。おそらく言わんとすることは、戦場において真っ先にこうした者たちを矯正せよ、そうすればほかの者たちもそれに従う、ということであろう。Hunter/Handfordはここに関して、「アイネイアスにおいて通常のことながら、富裕者が苦労しなければならなかった」と言っている。これは皮相的感想なら成り立つかもしれないが、アイネイアスの真意からは逸れているように思う。おそらく彼は、戦闘を効率的に運営することだけを考えていて、誰それの苦労の多少を考えていたのではない。Whiteheadは、これにMarinovich（筆者未見）の見解を対照させている。それによれば、Marinovichはここから「富裕で影響力のある」のではない者たちを叱ることは、個人的混乱だけでなく一般的煽動を引き起こしたと結論している。これも、ここが4から続く戦闘の文脈であることを忘れた感想のように思う。戦闘においては素早く見本となるものを作り上げることが全員を従わせる上で手っ取り早いということで、誰それの反逆を考えた措置ではなかろう。Whitehead自身はこの意見に懐疑的で、むしろBudé 86 n.2に共感を示している。Budéは、ここに政治的見解を見ることは正しくないとし、指揮官が公平性を示すことで威信を確保することと、「例は上から」の考えに基づく規律上の方策だと考えている。おそらく、この方が正しい。

『口伝集』の中に ἐν τοῖς Ἀκούσμασι：Budéはこれを本の名前とは見ず、一般名詞にとって「口頭での教えを語る中でen parlant d'instructions orales」と訳し、XXVI 8への言及だと考える。そう考えるのがこの語についての簡単な解決法である、アイネイアスが別の本を指示しようとしていたことを証明するものはないし、XXVI 8, 9, 10で明解に説明されていた考えにど

んなことをより具体的につけ加えられるのかわからない、というのがその理由である (pp. xvi-xvii, cf. p. 57 n. 2)。しかし、Whiteheadが言うように、こうした著作がこのことのみを扱い、ほかを扱っていないという保証はなかろう (Whitehead は **XXI 2** に現れる『野営論』の扱いの広さを指摘している)。さらに、富裕者、有力者に対する扱いについてももっと具体的に展開する余地はあるだろうと思われる。それゆえ、ここではBudéを離れてこれを書名として解した。『アクースマタ』はピュタゴラスの教えとして有名だが (髙畠 2011, 41参照)、「聞かれたこと things heard」が原義で、Casaubon は長い註をつけてこれが「伝えられた物語 historiae auditae」、「逸話集」の意味になることを証明しているという (Hunter/Handford)。しかし、Köchly/Rüstowは、特別の機会とりわけ戦闘直前に兵士に向けて語る「助言・教え παραινέσεις」と同義だと解釈している (Hunter/Handford, p. xiii)。Hunter/Handford、Loeb (p. 8)、Whiteheadも文脈からこちらの方がよいとしている。こうした助言・教えの中に誰を怒っているかの具体例が現れると解しているのであろう。しかし、Casaubonのように理解して、「逸話」の中に具体例があるとしてもよいように思われる。『逸話集』『著聞集』とでも訳したいところだが、確かでないので原義を尊重するような訳語にしている。

6 **砲弾を** χερμάδια：LSJはここの'χερμάδιον'について1項目を立て、'χερμάς'と同じとしている (さらに、'χερμάδιον'はこの語に指小辞をつけたものではなく、形容詞に由来すると特別に断っている)。'χερμάς'は 'large pebble or stone, esp. for throwing or slinging' とされる。ただし、'χερμάδιον'はもう1項目あって、'large stone, boulder, such as were used for missiles by the heroes of the *Iliad*' とされる。要するに、投石のための道具はホメロスの時代から知られ、そのための石が'χερμάς'ないし'χερμάδιον'と呼ばれていたということであろう。投擲の効果が上がるよう円形に加工されていた (図XXXVIII-1)。これが貴重であったからこそ、以下のように回収方策が考えられているのであろう。投石攻撃については **XXII 12, XXVI 6, XXXII 5-6** に言及があるが、そこでは'λίθος'という言葉が使われていた。こちら

III 註 解

が「石一般」を表そう。投石機については **XXXII 8「投石機」** 註参照。Gurstelle 2004 がさまざまな投石機を（その作り方を含め）紹介している。id., 49-52 には人間が投げるのではないカタパルト型の投石機を紹介している。これは前4世紀初頭にシケリアから発展したようだが、アイネイアスがここでどちらを念頭に置いているかはわからない。ただこの投石機は捩れが入らなければ強力とはならないのであるが、それが初めてはっきり現れたのは前332年のアレクサンドロスによるテュロス攻囲の際のようで、その後こうした機械で城壁近くまでを防御する方法が考えられたようである（Marsden 1969, 116-119 et 155 Diagram 1）。また、Marsden 1969, 126-128 に紹介されるメッセネの要塞は、開口部の状況から捩れの入らない投石機の使用を考えていると思われるが、文献史料では前369年建設とされる。しかし、残っている部分についてもっとずっと新しい時代を想定する学者もいるとされているから、アイネイアスの考えている投石機がどのようなものかよくわからないとすべきかもしれない。なお、Gurstelle 2004, 70-73 では手で投げる投石機の作り方を紹介しているが、この投擲にはかなりの練習が必要だとされている。また、Pritchett V, 1-67 は、投石と投石兵についてのあらゆる史料を整理した上、いくつかの結論を導い

図 XXXVIII-1：砲弾の例

☆ Fields 2006, 24 の記事によれば、ロドスで見つかった 353 の砲弾のうち 85 個が 25 ムナ、83 個が 30 ムナの重さだという。1 ムナ = 436.6 g（Attic-Euboic standard, cf. Marsden 1969, p. xix）として、それぞれ 10.9 kg、13.1 kg である。

(Fields 2006, 25 による)

ている。id., 57-58には攻城戦で投石が、攻撃側にも防御側にも、有効であったことが述べられている。

7　**籠に入れて** ἐν κοφίοις：何で籠に入れて降ろし、網や梯子で下りないのだろうか。Hunter/Handfordはとても簡単なことかもしれないとして、石を回収する籠に乗って降りる方が網を使って下りるより楽だった可能性を指摘している。

イノシシまたは雄鹿用の網 δικτύων συείων ἢ ἐλαφείων：M写本でここは 'δακτυλίων ιστων πελαφιων' となっていて 'ιστων πελαφιων' のそれぞれの上に乱れの印がついている。ここの読みは XI 6 の同様の表現に基づくOrelliのもの。XI 6 にはここと反対に 'ἱστία' の代わりに 'σύεια' と書かれている（**同所「帆」**註参照）。

8　**城門は** πύλας：城門については、XVIII, XXVIIIに語られていた。同様の禁止は XXVIII 4 に語られている。

XXXIX

1　**遠くから攻撃をしかけ** ἀκροβολίζεσθαι：軽装兵による飛び道具を使った攻撃のことと思われる。

敵をおびき寄せ προάγειν τῶν πολεμίων：底本は写本のままの 'προσάγειν' をとっているが、ここの意味に合うのは 'προάγειν' である（Hunter/Handford）。'τῶν πολεμίων' は部分属格。

2　**前もって溝の……殺されよう**：同様の作戦が, Philo Mech. 93 25-29 = C(32)[1] にある。

小路と城門の落とし穴の近くの場所に ἐν ταῖς διόδοις καὶ πρὸς τοῖς ὀρύγμασι 〈τῶν〉 πυλῶν χώραις：見なれない構文（Hunter/Handfordは 'exceedingly awkward' と評している）。'πρὸς ... χώραις' を一まとまりとして 'διόδοις' と並べている。なお、小路は「落とし穴 ὄρυγμα」（これは先に「坑道」と訳した語）

---

[1] XXXI 14「可能である」註参照。

III 註　解

に落ちずに走ってきた敵を待ち伏せするために使われたのであろう。

3　**制圧することを** κατέχειν：M写本には 'ἔχειν' とあって、Hunter/Handford はそれを維持しようとする。そして、「より多くの敵」が踏み込んでいるのだから投獄しようとするより止めようとする方の意味がよいとして、後に未来形 'σχήσει' が 'will prevent' の意味で使われていることを踏まえて、ここもその意味で理解すべきだとしている。また、修正するとしても 'ἴσχειν' か 'σχεῖν' にすべきだとしている。その可能性はあろうが、'κατέχειν' を完全に排除する理由にはならないだろう。

中門の上から ἀπὸ τοῦ μεσοπύλου：'μεσόπυλον' という語はここのみに現れる。「門の中央」と「中央の門」の両義に取り得、その両方の解釈がある（'the middle of the gate' Whitehead, Loeb; 'la porte centrale' Budé）。いくつもの門を考えるより、分厚い門として、次に出る鬼戸がそこに着いていると考える方が合理的なようにも思うが、字面どおりの訳をとることとした。

木製の門 πύλην ξύλων：要するに、鬼戸、'cataracta'（羅）、'portcullis'（英）、herse（仏）のこと。ここをもとに、最古の cataracta はギリシア人の発明であると Casaubon は言っている。

5　**武装したうえ……容易ではないからである**：敵味方を見分けられず失敗した例は、IV 3 に出る。敵味方の見分け方については、XXIV 17-18, XXV 1-2 にも触れられている。

6　**かつて** ἤδη：この表現については、IV 1「かつて」、X 25「かつて」註参照。

網を βρόχους：βρόχος は「紐輪」ないし「投げ縄」の意でこれまで5例が用いられてきた（XVIII 5, 9bis, 16, XXXII 4）。ここで使われる意味はそれと異なり「網」だとするのは、Budé（'filets'）と Loeb, Barends（'nets'）。Whitehead はそれではここで書かれている目的には合わないとして、Hunter/Handford（'lassos'）とともに「投げ縄 nooses」ととる。Whitehead はさらにアイネイアスはこの語でいつも「輪」を前提にしていると指摘している。しかし、Hunter/Handford が言っているように、城壁にかけた長いロープを昼にはどのように隠すのか、敵がわざわざ自分の首を入れないと

XXXIX

して、夜にどのように使うのか了解するのは難しかろう。それに比べ、投げ網のようなものとするBudéはまだ理解しやすい (p. 89 n. 2)。Budéはその註で、Philo Mech. 95 39-44 = C(65)[1]が同様の網の使い方を勧めていること（ただし、そこでは「亜麻製の強力な網παχέα ἀμφίβληστρα ἐκ τοῦ λίνου」と別の単語を使っている）、Héronがその助言を繰り返していること（ただし、Budéの指示するPoliorc. XXIIを確認できない）を指摘し、必要な場合は魚採り用の簡単な網を使えたろうが（アレクサンドロス包囲下のテュロス人の場合のように、Diod. XVII 43. 10）、通常はわれわれの「投げ網éperviers」のようなタイプの特別の網だったろうとしている。**7「梃子を用いて下に落として」註参照。**

7 2ペーキュス：「ペーキュス πῆχυς」は長い指の先から肘までの長さで、大体40〜52 cmの幅がある。アッティカ・ペーキュスは48.7 cm。

梃子を用いて κηλωνείοις：「梃子」と訳した'κηλώνειον'は「跳ね釣瓶」を意味する。もともと井戸から水を汲むための装置で、たとえば、Hdt. I 193はバビュロンでこれを使って畑に水を入れていることを記している。しかし、やがて軍事用にも使われるようになり、Vegetius IV 21はラテン語でこれにあたる'tolleno'が攻城側の機械として、兵士を城壁に運ぶために使われることを説明している。ここでは梃子の原理を用いて網を上げたり下げたりする道具を言っていよう。

梃子を用いて下に落として κηλωνείοις χρῶνται καθιέντες：何を落とすのだろうか。Casaubonは「籠に入れて力を力で追い払う兵士、と思う」と答えている。Hunter/Handfordはそれを否定しないが、「綱をどっと降ろす」の意味にしかならないことを指摘している。LoebはCasaubonのように捉えているようであるが、Budéは緩んだ網がとっかかりを与えず切ろうとする者の手と腕を邪魔することを指摘した上、ここの曖昧なテクストは2番目の網を投げることを意味しているに違いないとしている (p. 89 n. 3)。Whiteheadは"to let out slack"と訳し、綱を緩め、切ろうとする者が綱を

---

[1] XXXI 14「可能である」註参照。

しっかり持てないようにすることを、2番目の綱を投げる可能性とともに想定している（彼は「投げ縄」を投げることを考えている、**6「網を」**註参照）。おそらく、投げられるのを網と考え、Whiteheadのように、網を緩めたり2番目の網を投げる可能性を考えるのがよいように思われる。

鎖はこうしたことを……からである：先に鎖を用いることを命じたのと齟齬していよう。Hunter/Handfordは、アイネイアスは後から考えて自分の言ったことを訂正するのを好んだとして、**XXII 13**と**XXXI 20**を例として挙げている。しかし、Whiteheadが指摘するように、その両者は追加的説明であって、前の方法の否定ではない。Whiteheadは、ここに書かれているのは仮説的、まだ表現されていない反対——最後の2ペーキュスだけでなく全部を鎖にしたらどうか——への解答であるとしている。そう解するのが、今までのところ、一番説得的であるように思われる。

XL

1 　**ポリスの中にいる人間が周囲を巡回するには十分でない状況**：前5、4世紀初めには自然の地形に沿って広い領域を取り囲む「城壁Geländemauer」が一般的であった（たとえばメッセネの場合、図XL-1参照）。「城壁は大ざっぱに都市の周りに置かれたが、その中に都市がはめ込まれる枠組みではなかった」（Wycherley 1962, 39）のである。その際、可能なところでは自然の特色を利用して防衛線を強化したため、城壁への接近が困難となり、少数の防衛者で十分であった。また、城壁が攻撃され、たとえ敵の総攻撃を受けたとしても、防衛側には援軍を結集させる十分な時間的余裕が生ずることとなった。広い領域を囲む城壁はこうして可能だったのである。しかし、前4世紀も進んでくると、攻城技術が発展し、また傭兵の使用によって一時に数箇所での攻撃が可能となって、次第に広い領域を囲む城壁は少なくなっていった（以上、Winter 1971, 110-114）。以上の傾向の中で、ここではまだ広い領域を囲む城壁が残っているポリス（市域）を念頭に置いていることが明らかである。

XL

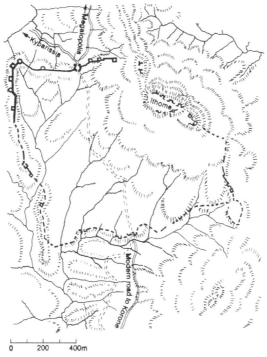

86 Messene, general plan of the circuit (after Kirsten and Kraiker)

図 XL-1：メッセネの城壁
(Winter 1971, Fig. 86 による)

城壁を手持ちのもので高くすべき：ペロポネソス戦争中のプラタイア攻防戦で、敵の土手が高くなるに従いプラタイア人が城壁を高くした例が知られる（Thuc. II 75. 4-6）。この頃はまだ高さによって攻撃を免れることができた。しかし、高さの克服へと攻城側の機械の開発は進み（**XXXII 1「櫓」**註参照）、防御側は結局城壁の形をさまざまに工夫することによってこれを凌ごうとすることとなった。その一つの到達点が、前200年頃のPhilo Mech.に述べられている方法である（86 3-11 = A(84)[1]; その記述と解釈に

---

[1] XXXI 14「可能である」註参照。

243

ついては、cf. Winter 1971, 116-124)。

高いところから飛び降りることができず μὴ δύνωνται καταπηδᾶν ἀφ᾽ ὑψηλῶν：同様に「高いところから飛び降りる」ようにさせる作戦が、**XXII 19**にも語られている。

2　ディオニュシオス Διονύσιος：Hunter/Handford と Loeb は確信の程度に差があるが（'presumably'と'clearly'）、シュラクサイの僭主ディオニュシオス1世（前430年頃-前367年）のことだと考える（そして、いつのことかはわからないとしている）。Whiteheadはディオニュシオス1世だと考えるもっとたくさんの理由があるとして次の2点を指摘する。まず、彼の奴隷搾取の方策全般と合致していること、次に少なくとも一つ、議論あるものを含めれば二つの、確証を見出すことができる。この話はPolyaen. V 2. 20にもとられているが、Polyaen. V 2はディオニュシオス父子に関わる22の伝承を取り上げたもので、これはディオニュシオス1世に関わる話と考えられている――なお、この話はここのアイネイアスに基づくものと考えられる、戸部訳本にあるアリストテレス云々の指示は次の21につけるべきもの――。次にDiod. XIV 65-69にはディオニュシオス1世に対するテオドロスの非難演説が載せられているが、その66. 5にはこの政策と思われるものが言及されている。これら二つであるが、後者は問題を解決するどころかさらなる問題を生み出す、とWhiteheadは言う。この演説はシュラクサイのことに言及しているように見えるが、アイネイアスおよびPolyaen.が語っているのは占拠した別の都市のことである。さらにテオドロスの演説は反ディオニュシオスを喧伝するものだが、同様の話がその他の僭主についても語られている。それを考えれば、こうした僭主の行動は「残酷な僭主についてストックされている像」である可能性が高い。したがって、この話の歴史性が確認できない、というのが（明言しないが）Whiteheadの言いたいことのようである。Whiteheadはさらに、これをストックされた僭主像と結びつけることが歴史性の芽を奪うことにはならず、まさしくアイネイアスのこの箇所が歴史性の芽であったかもしれない、としている。しかし、これが歴史的事実であるかどうかはともかく、アイネイアスには

ディオニュシオス1世の行状としてこのようなことが伝えられていたことを示しはするだろう。なお、**X 21, 22** にもディオニュシオスの例が挙げられているが、ここ同様「シュラクサイ人」といった限定はつけず名前のみで言及している（話の内容からそれとわかるだけである）。

3 **〈据え〉〈 ... 〉**：底本はギリシア語テクストでは空白を認め、訳の方では"〈Il y établit 〉"としている。Casaubon はここに'ἐπέστησε'という補いを提唱し、Loeb はそれをとっている。いずれにせよ何か動詞が必要であるが、Hunter/Handford は M 写本で'μετ ὀλίγων'となっている「少数者とともに」にあたる部分が、前の'ὑπ' ὀλίγων'に引かれた写し間違いの可能性があるとして、この部分を'κατέλιπεν'（「残した」）に変えている。

主人にはひどく敵対的に、自分にはより忠実になる：アイネイアスはこの政策の目的をこのように説明しているが、Plut. *Mor.* 245b-c に語られるキオスに対するフィリッポス5世の同趣旨の布告に対しては（前201年）、奴隷と女性とが一緒になって男たちの戦いを応援するようになり、フィリッポスを撃退する効果を生み出している。

4 **シノペ人がダタマスと戦っているとき** Σινωπεῖς δὲ πρὸς Δαταμᾶν πολεμοῦντες：シノペは黒海南岸のポリスで、ミレトス人らによって植民されたと伝わる。交易で繁栄し、強力であったが、前370年代にケルソネソス半島のセストスと争うようになった。このときペルシアのサトラップであったダタマスは、シノペの市民を騙して技術者、職人を借り受け、彼らが作った多くの船と武器でシノペを包囲したとされる（Polyaen. VII 21. 2）。ダタマスは前405年頃の生まれで、カッパドキアのサトラップとなったが、アルタクセルクセスに反乱し、前362年に殺された（Nepos による伝記と貨幣が主要な史料となっている）。なお、Polyaen. VII 21. 5 にはシノペ包囲を放棄したことが語られ、一方貨幣からは彼が支配者になったことが示されるから、シノペ包囲は2度行われた可能性があるが、アイネイアスのこの記事はそのどちらにも当てはまろう、と Whitehead は述べている。

女性たちの中で最も適する身体をしている者たちを τῶν γυναικῶν τὰ ἐπιεικέστατα σώματα：同様に女性たちの中で「最も航海に適する者たち

τὰς ἐπιτηδειοτάτας συμπλεῦσαι」を選ぶ例が **IV 10** にある。

楯 ὅπλων：この楯は本来の意味の「楯」であろう。**XXIV 6「楯」**註参照。

5　投げる姿で女性とわかるから：Whitehead はこれを今日でも真実だとする歴史家や、すぐに真実でなくなったとする歴史家を紹介した上で、女性特有の投げ方には数多くの例外があり、それを決定因、永久のものとするのは解剖学的なものではなく、文化的行動学的なものであると註している。いずれにせよ、古代ギリシアに女性を戦争のために訓練しようとする発想はなかったようである。

6-7：Hunter/Handford によれば、ここに書かれているのは軍事作家が「多数者の幻視 φαντασία πλήθους」と呼んでいるもので、Polyaen. にいくつか例が出てくる。たとえば、イフィクラテスは2人の兵士に一つの寝台を使わせて兵士の数を少なく見せたり、1人に二つを使わせて数を多く見せたりした (III 9. 19)。また、アゲシラオスは騎兵の数を多く見せるため、前に歩兵を置き、騎兵の中にラバやロバや荷運び用の老馬を交えて整列させた (II 1. 17)。C. Graux という学者は1875年の論文で、アイネイアスがここに書いている方法では望まれる効果が得られないと考えた。そして、その考えから発展したテクストを R. Schöne が考え、それを Loeb が註に載せている (p. 198 n. 3)。それによれば、2人を横並びにさせ、それぞれに槍を右肩左肩2本ずつ持たせるのである。さらに3人の場合は、3人を横並びにして最初の人間は右肩に1本の槍を、2番目の人間は左肩に持ち、以下そのようにしていくと1人が2人に見えるのだという。しかし、そうしなくとも、アイネイアスの言っているままでその効果を得られるとするのが Hunter/Handford の考え方で、図入りでそれを示している (図XL-2)。それによれば、☖は人間を示し矢印の方向に進む。▌は槍を示し、右肩ないし左肩に持たれている。これを十分に遠く、進軍してくる前ないし後ろから見れば、人間は2倍に見える、というのが Hunter/Handford の考え方である。Whitehead は、'tentatively' としつつもこの解釈に従って訳を作るが、これについて、騙される側は遠くからだけでなく、まっすぐではなく斜めから見なければならないと言っている。ここも Hunter/Handford に従い訳

を作っている。こうしたやり方でも一時の錯覚を誘うことができたと考えるべきなのであろう。

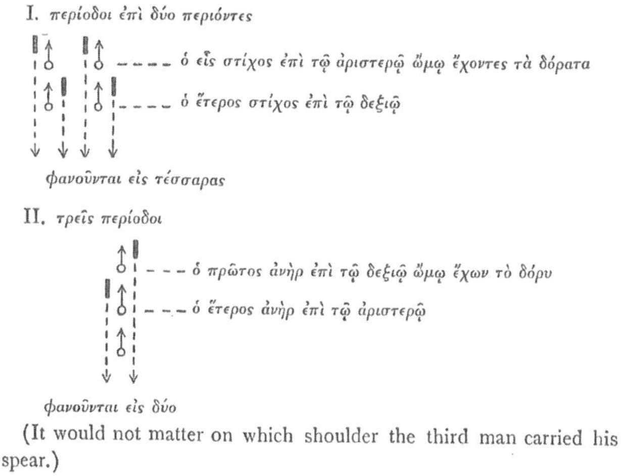

I. περίοδοι ἐπὶ δύο περιόντες

　　　　－－－－ ὁ εἶς στίχος ἐπὶ τῷ ἀριστερῷ ὤμῳ ἔχοντες τὰ δόρατα
　　　　－－－－ ὁ ἕτερος στίχος ἐπὶ τῷ δεξιῷ

φανοῦνται εἰς τέσσαρας

II. τρεῖς περίοδοι

　　　－－－ ὁ πρῶτος ἀνὴρ ἐπὶ τῷ δεξιῷ ὤμῳ ἔχων τὸ δόρυ
　　　－－－ ὁ ἕτερος ἀνὴρ ἐπὶ τῷ ἀριστερῷ

φανοῦνται εἰς δύο

(It would not matter on which shoulder the third man carried his spear.)

図 XL-2：Hunter/Handford の考える偽装法
(Hunter/Handford, 239 による)

7　**その他の者も同様に持たせる** καὶ οἱ ἄλλοι κατὰ ταὐτά：ここでは不必要であろう（3人の話なのであるから）。Hunter/Handford は 6 の「……右肩に槍を持って回らせるべきである」の後におけば意味をなし、4人以上の場合に当てはまろうとする。しかし、結局そのままにしておくことを選び、たぶんよく理解できていない者が加えたものだろうとしている。

8　**穀物のないときの糧食……について** περὶ δὲ τροφῆς ἀσίτου …：これまで食糧についての配慮は、**X 3, 12, XXVIII 3** に述べられてきた。そうした方策がつき、通常の食べられるものがなくなったときのやり方。

『戦争準備論』の中に ἐν τῇ Παρασκευαστικῇ：この本については、ここのほかに **VII 4, VIII 5, XXI 1** で言及されている（それぞれの箇所の註参照）。ここでは戦時中の糧食や水のことについて触れられていることがわかる。

艦船の装備については二つのやり方がある…… ναυτικοῦ δὲ στρατεύματος δύο

III　註　解

εἰσι στόλοι ...：こうした訳をとるのは、Hunter/Handford、Loeb、Whiteheadで、別訳は「二つの使い方がある」(Barends s.v. στόλος)、「海軍は二つの艦船を持つ」(Budé, 本文の方、p. 91 n. 3では本訳のような訳の可能性に言及している)。アイネイアスの記述はここで突然切れている。前文の「艦隊の組織について περὶ ναυτικῆς τάξεως」という言葉を捉えて、以下にその名の独立した論文が始まると考える向きもあるが、これまでも海軍について触れられており (**XVI 13, 21-22, XXIX 12**)、当時の人々に海軍を特別にほかと切り離そうとする習慣はなかったから、そう考える必要もなかろう (Whitehead; Budé p. xvii)。ともかくすべての写本はここで止まっており、その後に巻末言としてM写本には'Αἰνείου πολιορκητικὰ ἢ Αἰλιανοῦ καθὼς ἡ ἀρχή' と書かれている。それについては解説1. Aを参照されたい。

IV 補 論

1. 訳語選定に関する覚書

　註解の中で多く訳語についても触れているが、そこでは述べきれなかったことを系統的に述べ読者の便宜をはかるのが、この覚書の目的である。

A　「見張り番 φύλαξ」に関わる語

　本書において「見張り番 φύλαξ」は重要な役割を果たしているが、この系統の言葉がどのような含意を持ち、このような訳語にいたった背景を明らかにしておきたい。すでにⅠ 3「市民の見張り番となる」やXXII 5bis「実際に見張りをしているように」の註でその一端を示したように、これに関わるギリシア語単語は複数あり、その関係は必ずしも明瞭ではない。また、これらの語にはつねに「監視」と「保護」の観念が分かちがたく結びついている。「見張り番」という訳語はその双方を表し得るものとして選んだ。「市民の見張り番」と言うとき「市民を見張る者」という意味と「市民のために見張りをする者」という意味との両方があり得るが、まさにこの語はその両方の意味を持って区別ができないところがある。

　さて、これに関わりのあると思われる語がいくつか現れるが、その語源的出発点となるのは、Chantraineの語源辞書によれば 'φύλαξ' であるようである。この語は英雄の名前から始まったらしい。テッサリアの英雄であると同時にトロイエの英雄でもあり、多義性はこの頃からあったものと思われる（これについては上記Ⅰ 3註参照）。本書においてこの語は31箇所に現れ、すべてが人物を表しており、「見張り」の内実に解釈の違いがあるとしても、「見張りをする者」の意で一貫している。これに対しては「見張り番」という訳語をあてることとし、訳の関係で省いたり補ったりしたところが若干あるが、ほぼすべて原典と一対一の関係でこの訳語を使うことができている。これに対し28箇所に現れる、この語からの派生形である 'φυλακή' は意味の幅が広くなり、一つの訳語では対応しきれなくなる。すなわち、(1)「見張り」という行為、(2)「見張り」という義務、(3)「見張り」という義務を帯びた人間、

(4)「見張り」をする時間の単位、などの意味で用いられている。しかもこれらの意味が明瞭に区別されているのではなく、混在一体になっているから、どういう訳語にするか迷うところであるが、(1)と(2)の範疇に入るものは「見張り」と、(3)の範疇は先の'φύλαξ'と区別する意味も持たせて「見張り役」と、(4)については「見張り当番」と訳することにした。これによって28箇所すべてに対応できることとなった。さらに厄介なのは、'φυλάσσω'という動詞形で、これは34箇所に現れる。「見張りをする」と訳すのが先の名詞形との対応からも合理的で、実際そうしようと努力したが、いくつかはそれではわかりにくいと判断した。その場合は、「監視」と「保護」の意味のどちらが重視されているか、目的語となるその対象からふさわしい日本語は何かを考え、訳語を選んだ。結果として、「保管する」「防衛する」「守る」「用心する」が使われることとなった。

　また、複合語として'προφύλαξ'と'προφυλάσσω'という語が計12箇所に現れる。これについては、先の**XXII 5bis**の註解に詳しい経緯を記したように、「実際に(の)」を前に置いて訳すことにした。もう一つの複合語、それぞれ1箇所ずつ現れる'πολιτοφυλακέω'と'πολιτοφυλακία'については、Ⅰ3の註解に記したように、「市民の番兵」というのが適訳であろうが、その他の訳にあわせて「市民の見張り番」とした。

B 「ポリスπόλις」とそれに関連する語について

　「ポリス」という語はつねに訳しづらい。この時代のギリシアにおける国家(都市国家)を表す語としてよく知られていようが、それを「領域」の観点から見るか、「政治体」としての面から見るかによって適切な訳語は異なってくる。たとえば、「ポリスの役人」と言う場合、これは「政治体」としてのポリスであって「国の役人」とするのが適切であろうし、「農牧地χώραとポリス」と言う場合、これはポリスという「領域」を言っていて、「都市」なり「都市部」と訳すのが適切だろう。また、「ポリスの中にいる人間が周囲を巡回するには十分でない」ほど大きいポリスと言うとき、その「ポリス」は言及のあり様から考えて、「城壁で囲まれた内部」ということを意味している(**XL 1**)。

1. 訳語選定に関する覚書

そこの註に記したように、この城壁で囲まれた内部は最初都市のみではないもっと大きな領域が含まれていた。つまり、「都市」では適切ではない例であるが、城壁の中心は「都市」であるから、それを念頭に「ポリス」と言う場合もあってそれを弁別して訳そうとすると混乱することになる。本書では領域としてのポリスを「市域」と訳し、「ポリスの中ἐν τῇ πόλει」と言うようなときには「市内」と訳すこととした。また、「農牧地」と対比するなどはっきり「都市」を意識しているときは「都市」と訳し、それぞれの意味が混ざって区別があまり意味を持たないとき、あるいは意識している内容を探究することがむしろ意味を持つようなとき、そのまま「ポリス」とすることにした。これによって、「国」「都市」「市域」「市内」「ポリス」の五つの訳語で148箇所に現れるすべての'πόλις'を表すこととなっている。

さらに'πόλις'に関わるいくつかの語がある。'ἄστυ'は1箇所のみに現れ「中心部」と訳した。その詳細についてはその箇所の註をご覧頂きたい（Ⅰ1「**中心部のあり様**」註参照）。また、'πόλισμα'という語が3箇所に現れる。この語は'ἄστυ'とほぼ同義で使われると見てよい（Ⅱ2「**中枢部の**」註参照）。本書ではスパルタとイリオンの'πόλισμα'が言及されているが、これを'πόλισμα'と言って、'πόλις'なり'ἄστυ'なりと言わない理由があるのかはよくわからない。いずれもポリスの中心である心臓部を指していることは明らかであるが、「中心部」と訳した'ἄστυ'と区別するため（その必要があるかわからないが）「中枢部」と訳すこととした。

その他に、ポリスに関わる土地や領域を表す言葉がある。'χώρα'は、Chantraineの語源辞典によれば、もともと特定の用法、機能、活動によって区分される「空間espace」を意味し、何にも占領されていない「空地κενόν」と、もっと特定され、限定される「場所τόπος」とに区別される。この語は戦術的意味合いでポリスの「領域」を表すようになった。つまり「政治体」としてのポリスが支配する土地の「領域」を指している。この意味の場合、「国土」と訳することとした。ついでこの語の表す領域は狭まることとなり、都市と対比される農地・放牧地の領域を表すようになった。また、狭義のポリス（城壁内）以外のポリスの領域を示すようになった。この場合、「後背地」と訳さ

れたりするが、これは地理学上の概念で現代の港湾都市とその周辺について言う言葉であるから、本書ではこの訳語はとらなかった。また、「田園」という訳語も牧歌的なイメージが強すぎるようでとりがたかった。そこで、農地や放牧地といった用法、機能、活動を念頭に使われていることを考えて、「農牧地」と訳すこととした。その場合、この地にある神殿や荒涼地がイメージされないきらいがあるが、この語の主たるイメージは伝えるであろう。その他に「場所」「場」と訳すべき2箇所があり、結局この三つの訳語で全33箇所は尽くされることとなった。

この'χώρα'は多くの派生語を持ち、本書でもそのいくつかが使われている。男性形'χῶρος'は「場所emplacement」の意味で共通するが、'χώρα'のように意味の広がりはない。「地」「地点」と文脈に応じて訳語を決めた(4箇所)。縮小辞のついた'χωρίον'も「場所espace, lieu」を表すが、まさに'χώρα'の縮小版とも言うべく、'χῶρος'よりもう少し意味の広がりは広く、使用例も多い(21箇所)。「空間」的意味合いがかなり保持されているように見える。空間の大きさを表す「距離」という意味が本書では2箇所に現れる。「場所」を表すものは、'χῶρος'同様「地」「地点」と訳し、このほかに「土地」とも訳すことによって全箇所を尽くした。

C 「籠」など入れ物に関わる語について——「籠」「入れ物」——

本書に「籠basket」と訳せる単語が三つ現れる。'φορμός', 'κάλαθος', 'σαργάνη'でそれぞれの特色をここでまとめておきたい。'φορμός'は、Chantraineの語源辞書によれば、編まれた「籠corbeille, panier」のほかに、寝たり座ったりするための「ござnatte」、粗く編まれた布地による水夫用の服などの意味を持っている。そして、さまざまな編まれたものに意味が広がったのは、この語の持つ意味の広がりのゆえとされている。本書の使用箇所(II 2, XXXII 2, 8)では土や石や煉瓦さらに砂を入れて積み上げるのに使うようであるから、大きめの口の開いた籠を想像すればよいのであろう。'κάλαθος'は校訂によって読まれた1用例しかないが(**X 26「籠」**註参照)、底の狭くなった籠で特に羊毛や果物を入れるのに使われたらしい。デメテル神への捧げ物の行進で使

われたのもこの籠であった。本書の使用箇所では、見張り番に行く際の荷物の一つとして言及されており、Barendsは 'supper-basket' としている。おそらく持ち手のついた籠でそれほど大きくないものあろう。'σαργάνη' も編まれた籠を表すが、言葉そのものから形等を推測することは難しいようである。本書では、武器を密輸する際に用いられ（**XXIX 6, 8**）、干しブドウやイチジクでいっぱいになったこの籠の中にあまりかさばらない武器が隠されたようである。さらに取り出す際には「切り開け」られているから、口が狭まっているか何か布のようなものがかぶせられていたかであろう。

このほかに何らかの入れ物を表す語が出てくる。'ἀγγεῖον' は液体であれ固体であれ物を入れる容器を表す言葉であるが、**XXIX 12** ではこれを「編む」と言われ、**XXXII 3** では「羊毛の」と言われているから、軟らかい「入れ物」でもあり得るのであろう。しかし、**XXXV 1** ではこの「入れ物」に燃えやすい物を入れて火をつけた上敵の物に着火するのであるから、堅いものでもあり得よう。これは「入れ物」と訳した。

2. 政治的語句とアイネイアスの立場[1]

本書の記述の中にアイネイアスの立場が反映しているところがあるかどうかは見方が分かれる。解説の2. Aで見たように、「僭主の城塞」（**XXII 19**）にエウフロンを見るかどうかは、その人がアイネイアスをどういう人物と見るかに関わって解決は難しい。I 7、V 1に現れる主張にも両様にとれる余地があることは註解に述べたとおりである。ここでは、政治的語句のいくつかを取り上げ、どう訳したかを確認するとともに、アイネイアスがその語句をどのように使っているかをまとめておく。それによって彼の政治的立場は明

---

[1] ここに述べる分析の多くは、2017年9月16日に早稲田大学で開催された日本・韓国・中国第11回西洋古代史シンポジウムのために用意し発表した原稿、"A Short History of the Idea of *politeia*" の一部に基づくものである。

らかにならないが、彼が政治的動きにどう対処しようとしていたかは現れてくるはずである。

(1) 'νεωτερίζω' 'νεωτερισμός'

「νεώτεροςにする」つまり「より新しくする」の意であるが、政治的には「体制を新しくする」ことで「革命を起こす」と訳し、その名詞形の後者は「革命」と訳した。アイネイアスはこの語を10箇所で使っているが、いずれも革命が起こらないように配慮すべき、という文脈で使っている。「人質は分けて監視下に置け、そうすれば革命を起こす可能性は最小限になろうから」(**X 25**)と言い、大意「見張り番は見張りの時間を短くし、人数を多くすべきである、そうすれば革命を起こすことはできない」(**XXII 4-5**)と主張しているし、空き地や武器は「革命を起こしたいと望む者」の手に入らないようにすべきだ(**II 1, XXX 1**)とも述べている。キオスの例への言及もそうした文脈においてである(**XVII 5**)。そして、**V 1**では門番について「貧しさや約束の義務から、あるいはその他の困窮から誰かに従わざるを得ない者、または自ら誰かに革命を使嗾する者であってはならない」と述べている。革命は不満分子の手助けを得て城外から起こることが多いという、アイネイアスの認識を示していよう。

(2) 'προδίδωμι' 'προδοσία' 'προδότης' 'πρόδοτος'

この語は、どういう経緯かはわからないが、古典期には「先に与える」の意だけでなく、「見捨てる」「裏切る」の意で一般に用いられる。この場合のπρο-は「離れて、捨てて」〈en abandonnant〉の意で解するようである[1]。本書では、「反逆する」「反逆」「反逆者」「反逆に合う」と訳した。アイネイアスは合計10箇所でこれらの語を使っている。5箇所は秘密の通信文を扱っている**XXXI**で使われ、いずれも反逆者が自分の反逆を外にいる敵にどう伝えたかに関わっている。**XXII 7**では見張り役に関わることは頻繁に変え、反逆者が外部の者と連絡をとりにくくすべきことを述べている。**XI**と**XVIII**に現れる残り4箇所は過去の事例に関わるもので、結局計10箇所の使用例からは、(1)

---

[1] Chantraine, s.v. πρό.

2. 政治的語句とアイネイアスの立場

と同様のアイネイアスの認識が確認できよう。

(3) 'δημοκρατία' 'ὀλιγαρχικος'

アイネイアスは、この「民主政」「寡頭派」というアテナイの文献ではなじみ深い語を1箇所ずつ XI で使っている。また、「民衆 δῆμος」と「富裕者 πλούσιοι」という語ををそれぞれ9箇所と8箇所で使い、1箇所「負債者 χρεωφειλέτης」との対比で「富裕者」を使っている XIV 1 の例を除いて、後はすべて XI で両者を対立する概念として使っている。XI 章冒頭の註解で述べたように、この章は特異な章であることが指摘されている[1]。これを後からの挿入とするかどうかはともかく、全体を見渡した場合、アイネイアスの関心が民衆と富裕者との対立にあるわけではなく、いかなる理由であれ騒乱が起こることを警戒していたように見える。

(4) 'ἐπιβουλή' 'ἐπιβουλεύω' 'συνεπιβουλεύω'; 'τεχνάζω' 'τέχνασμα'

アイネイアスは第一群の語をすべて合わせて21箇所で、第二群の語を合わせて13箇所で使い、どちらも本書のキータームとなっている。第一群の語はいずれも、現今の体制を覆すことにつながる「陰謀」を表し、「陰謀」「陰謀を企む」という訳語を用いている[2]。そして、XXXI 33 を例外として、いずれも「陰謀」を警戒する視点から使われている。ここからも、これまで見てきたのと同じような、騒乱を警戒する視点が確認できよう。一方、第二群の語は 'τέχνη'（「技術、技、手練、腕」）から発して「手練、巧妙さを発揮する」「ずる賢さを用いる」の意味となり、アイネイアスにおいてはそうした成果としての「企み」や「企みをめぐらす」ことを意味する——13箇所はいずれもこの訳語を用いている——。当然ながら、陰謀を企んだ革命を望む者たちはさまざまに「企みをめぐらす」のであるが、それに対しても「企み」を持って反撃することが必要だと考えられていた。たとえば、夜中に市内に入ったテバイ人たちを制圧しようとプラタイア人は「企みをめぐらした」のであるし（II 3）、包囲された者は敵を陥れるために「企みをめぐらすべき」なのであ

---

[1] このほかに XI 7 「民衆の主導者」、13「蜂起」の各註も参照。
[2] より詳しくは I 6「陰謀」註参照。なお、ここでは「陰謀の仲間（となる）」と訳した 'συνεπιβουλεύω' を入れているので、使用例が21箇所となっている。

257

る（XXXIX 1）。

　以上、政治的語句の使用法から見たアイネイアスの立場は、如何なる形での騒乱も起こらないようにして、現今のポリスを守るということであって、それはポリス防衛の方法を論じようとする本書において当然の態度であったろう。敵たちのとる企みを知ってそれへの防衛を考えると同時に、敵に対してとれる企みも知っておかねばならない、というのが彼の基本的考えである。

3. 註解というものについて

　註解とは何だろうか。何のためにそうしたものを作るのか。テクストにあるさまざまな問題を指摘して、それをどう解決し、どういった解釈を導くのか、また、そこからどのように新たな問題が展開され得るのかあるいはされるべきなのか、といったことを明らかにすることがまずもっての目的であろう。それによって、テクストに向かおうとする者の便宜をはかり、その者が新たな道を進んでいけるようにすることに最大の意義があろう。本註解書もそれを目指し、テクストがなるべく正確に読まれ、どの程度の明瞭さで、どのようなことが言われているのかを示し、そこからどのような問題が展開できるかを少しでも示唆しようと心を砕いた（つもりである）。それは註解を付けようとする者が誰でもが抱く思いだと思ってきたし、他人もその成果に疑問を抱くとしても、そうした基本的思いにおいては疑念を抱くことはないのだろうと思ってきた。しかし、それを改めて主張しなければならないと思ったのは、私の前の本『アンティフォンとその時代』（東海大学出版会 2011）に対するある書評を見たからである[1]。

　そこには私が長く翻訳引用したアリストファネス『雲』（961-999行および1002-1008行）の訳文中につけた註についての言及があり、それはK. J.

---

[1]　堀井健一『史学研究』273号（2011年）、85-93頁。なお、本節で言及される文献については文献表に挙げていない。

3. 註解というものについて

Doverによる註解書の内容と「相似し」ているが、それへの言及が「註内では」なく、そのため「これは他人の研究成果の剽窃に等しいことである」と言っている[1]。まず、この書評者の触れていない、961-999行の翻訳引用に入る前の註で「以下の読み取りに関しては、Dover, 1968に大いに参考にしている」と言い、当該の註でもそれが自分自身の創見であると主張しているわけでもないから（そう読んだとすれば、それは書評者の勝手な読みである）、この非難はあたらないと言っても大方の支持は得られるだろうと思う。「売女にリンゴを投げられ」と訳しただけではよく意味がわからないだろうから、「リンゴを投げるのは、『誘ってよ』のサイン」という一文の註をつけて読む人にその意味をわかってもらおうとしただけの註であるのに、そこになぜDoverの名前を改めて挙げなければならないのか。しかも私の註の言い方は、Doverの言っていることを受けて私なりに別の形で言い換えて解説しているのであって、直接的に引用しているのではない。さらにリンゴの意味の指摘はDoverの創見でもない[2]。

したがって、剽窃であるという非難についてはあまりに馬鹿馬鹿しくて私は気にしていない。しかし、註や註解についてそこに自らのオリジナルの見解を述べなければならない、あるいはごく一般に言われていることについてもその見解の創始者を挙げなければならないと考えているらしい書評者の思いには危惧を抱く。註解の目的が先に述べたとおりであるなら、今の「リンゴ」のような例の場合、これまで言われている解釈を創始者まで遡って挙げることが大事なのではなく、一般の解釈を説明することの方が大事であろ

---

[1] 92頁。その他についても言いたいことがないわけではないが、ここはその場ではなかろうし、前著に対する熱い思いも今ではずいぶん薄れてしまっている。ただ、この書評の存在を知ったのは2、3年前のことであって、書評者からは私の書簡を利用しつつも一切連絡がなかったことを言い添えておく。

[2] このときは、彼の註釈書以外にもいくつかの註釈書を見ていた。それによってDoverの註釈書であっても長い伝統の中でできているのであり、彼の創見がすべてを占めるわけではないことを確認していた。しかし、それはすなわち彼の註釈書を見れば、これまでの説が見られるということだから、私の前著のためには必要のない情報だと考えて、その他のものを前著の文献表に入れることはしなかった。なお、この私の言い換えが正しいのかどうか、今ではあまり自信がない。

IV　補　論

う。本書では、解釈がまだ定まっておらず、議論の余地のあることが多いから、いろいろな人の解釈を挙げることが多いが、「リンゴ」のような例もいくらかはあって、そうしたところで一々典拠を挙げたり、説明はしていない。それが私の独自の解釈でないことは確かであるが、その解釈を知った典拠を挙げてはいない。読者に有益な情報だが、解釈に議論がなく、解釈の創始者を挙げても意味がないと判断したからである。

　おそらく、註解を読むには註解を読むための作法がある。逆に言えば、註解を作るには註解を作るための作法がある。その作法に則り、どれが註解者独自の説か、一般に言われていることか、暗黙のうちに了解が成り立つのである。私はこれまで多くの註解書を見てそれを学んできたと思うし (Dover, Rhodes, Hornblower, etc.)、それに則って本書を作ったつもりである。読者におかれてもどうかそれを了とされて、本書とおつき合い頂ければと思う。

V 索引

1. 本文索引

凡　例

1. 各語が使われている章と節を表示した。同じ節に複数使われている場合はカッコに入れて順番を示した。
2. 日本語をわかりやすくするため、原語にはない語を入れた場合(指示詞の内容を今一度示した場合など)は＊をつけている。
3. アイネイアスが使ったのではない、〈　〉内の補いの言葉はここに入れていない。
4. テクストは底本(Budé)を使っている。微妙なところでほかと違っているところがあるが(たとえば、Barendsとの異なり)、底本を尊重している。
5. ギリシア語原語は原則として辞書に出る形(名詞、形容詞は男性単数主格、動詞は一人称単数能動形)に直している。ただし、形容詞の中性複数による名詞使用の場合などはそのままにしている。
6. †は当該箇所の註を参照のこと。

A　一　般

事項	原語	箇所	備考
あ行			
合言葉	σύνθημα	VI 7(1, 2), XX 5, XXI 2, XXIV 1, 13(1, 2), 14, 16(1, 2*, 3), 19, XXV 2(1, 2, 3), 4	
合図	σημεῖον, σύσσημον	II 5, IV 1, 5, 6*, 12, VI 4(1, 2), 5, 7, X 26, XVIII 1, XXII 9, XXVII 2, XXIX 9	「烽火の合図」も参照
合図(を)する(送る)	σημαίνω	IV 3, VI 1, VII 2(1, 2), 3(1, 2*, 3), IX 1, X 14, XVIII 21, XXII 3, 23, XXVII 4(1, 2*), XXXI 28	「示す」も参照
明かり	φέγγος	X 25, 26	
灯り	φῶς	XXIII 1, XXIV 2	
灯り持ち	φωσφόρος	XXXI 15	
空き地	εὐρυχωρία, εὐρύχωρα	I 9, II 1, 2, 7, III 5	
アクロポリス	ἀκρόπολις	I 6, XXIX 1	「城塞」も参照
アゴラ	ἀγορά	I 9, II 4, III 2, 5(1, 2), IV 3, X 15, XI 14, XVII 5, XXII 2, 4 (1, 2), XXVI 1, XXIX 6, XXX 1, 2(1, 2)	
麻屑	στυππεῖον	XXXIII 1, XXXV 1	
葦編み	ταρσός	XXIX 6, 8, XXXII 2	
葦縄	σχοινίον	XXXVIII 7	
穴(鍵穴)	τρύπημα	XVIII 3, 7	
穴(を空ける)(暗号用)	τρύπημα, τρθπάω, τετραίνω	XXXI 17(1, 2), 18, 19, 20(1, 2, 3), 21(1, 2, 3*), 22(1, 2)	

263

V 索引

穴（を地下に掘る）（大きな穴）	ὑπόρυγμα, ὑπορύσσω	XXXII 8(1, 2)	
油	ἔλαιον	XIX 1, XXXI 12(1, 2), 13, 16	「オリーブ・オイル」も参照
油瓶	λήκυθος	XXXI 10, 11(1, 2), 12(1, 2, 3, 4)	
亜麻糸	λίνον	XVIII 5(1, 2), 6, 9(1, 2), 14[†], 16(1, 2)	「糸」も参照
雨漏リ	στάζοντα, τά	XI 3	
網	δίκτυον, βρόχος	XI 6, XXXVIII 7, XXXIX 6, 7	
あらかじめ籤で……決める	προκληρόω	III 6	
あり様	διάθεσις	I 1	
行火	πυργάστρη	IV 2	
硫黄	θεῖον	XXXIII 1, XXXV 1	
一体性	ὁμόνοια	XIV 1	
一体となる	ὁμονοέω	X 20, XVII 1, XXII 21	
一般住民	ὄχλος	I 9, XXII 23	
糸	λίνον	XXXI 18(1, 2, 3*, 4*, 5*, 6, 7*), 19(1, 2*), 20(1, 2), 21	「亜麻糸」も参照
犬	κύων	XXII 14(1[†], 2*), 20, XXIII 2, XXIV 18(1, 2*), XXXI 31, XXXVIII 2, 3	
イノシシの	σύειος	XI 6, XXXVIII 7	
イバラ	βάτος	XXVIII 6	
イヤリング	ἐνώτιον	XXXI 7	
入れ物	ἀγγεῖον	XXIX 1, 12, XXXII 3, XXXV 1	
入れる（入る）	ἐμβάλλω	XVIII 3, 4, 5(1, 2), 6, 7, 9, 11, 16, XX 2, XXXI 2	
岩場	στερεά, τά	VIII 2	
陰謀（を企む）	ἐπιβουλή, ἐπιβουλεύω	I 6[†], II 7, 8*, X 3, 15, XI 2, 9, 10bis, 12, 14, XVII 2, 3, 4, XXII 20(1, 2), XXIII 6, 7, XXIX 7, XXXI 9ter, 24, 33	
陰謀の仲間（となる）	συνεπιβουλεύω	XVII 4	
打ち壊す	διακόπτω	XXXII 4, 7(1, 2)	
馬	ἵππος	VI 6, XXIV 5, 7, XXVII 11, XXXI 8, 15	
馬競争	ἱπποδρομία	XVII 1	
馬に適した	ἱππάσιμος	VI 6, VIII 4, XXVI 4	
馬に不便な	ἄνιππος	VIII 4	
馬を養う	ἱπποτροφέω	XXVI 4	
ウリ	σικυός	XXIX 7(1, 2)	
役畜	ζεῦγος	X 1	
絵馬	πινάκιον	XXXI 15[†], 16	
掩護物	φράγμα	XXXVII 8	「覆い」、「障害物」も参照
遠征攻撃	στρατεία	X 23	
覆い	φράγμα	XXXVII 9(1, 2)	「掩護物」、「障害物」も参照
大型はさみ	καρκίνος	XXXII 5	
丘	ἀκρολοφία	XV 6	

1. 本文索引

おが屑	πρίσμα	XXXV 1	
雄鹿の	ἐλάφειος	XI 6, XXXVIII 7	
襲う	πρόσκειμαί	II 6, XVI 5, 7, XXXVIII 3	
恐れ	δεῖμα	XVI 3	
恐ろしい	φοβερός	序 2, XII 3, XIV 1, XXIX 3	
恐ろしさ	φόβος	XXVI 12, XXVII 9	「恐怖」も参照
落とし穴	διόρυγμα	XXXIX 2	
オリーブ	ἐκαλαίη	XXIX 6	
オリーブ・オイル	ἔλαιον	X 12, XXVIII 3	(食糧)「油」も参照

か行

海軍提督	ναύαρχος	XXXI 35	
会食	συσσιτία	X 5 †	
外人	ξένος	X 5, 9, 13	
外人支配	ξενοκρατέομαι	XII 4	
外人兵	ξένος	XII 2(1, 2), XXIX 4	
街路	ῥύμη	II 5, III 4, 5(1, 2)	
街路長	ῥυμάρχος	III 4, 5(1, 2)	
書き板	δέλτος	XXXI 14, 19(1, 2)	「通信板」も参照
書き付け	γράμμα	XXXI 2, 6, 28, 31(1, 2), 35	
隠す	κρύπτω, ἀφανίζω	VIII 4, XXI 1, XXIV 7, XXIX 6, XXXIX 2	
革命(を起こす)	νεωτερίζω, νεωτερισμός	II 1,V 1, X 25(1, 2), XVII 5, XXII 5, 6, 10, 17, XXX 1	
籠	φορμός, κάλαθος, σαργάνη	II 2, X 26, XXXII 2, 8, XXIX 6, 8	'κάλαθος' 食糧用?
肩	ὦμος	XXXI 23(1, 2), 27, XL 6(1, 2*), 7(1, 2*)	
刀	ξίφος	XXIV 2	
家畜	ὑποζύγιον	II 5, XXVII 14, XXVIII 3	
寡頭派	ὀλιγαρκικός	XI 13	
鼎	τρίπους	II 2	
壁(家のあるいは城壁の一部の、また壕の中に作る防御壁)	τειχίον	II 2, XXXII 12, XXXVII 2	
壁を作る	τειχίζω	XXXII 12, XXXVII 2(1, 2)	
「亀」	χελώνη	XXXII 11, XXXIII 1(1, 2)	
川	ποταμός	I 2, VIII 1	
革製胴着	στολίδιον	XXIX 4	
皮袋	κύστις	XXXI 10, 11(1, 2), 12(1, 2), 13	
閂	κλεῖθρον	XX 4	「防材」も参照
管理官	ἐπιμελητής	I 7, XL 3	
機械	μηχάνημα	XXXII 1, 3, 4, 8(1, 2, 3, 4, 5), XXXIII 1, 2(1, 2), XXXVIII 1	
危険	κίνδυνος	序 1, 2, I 3, 7, II 7, X 6, XVI 2, XXII 1, 5bis, 7, XXVI 1, XL 4	
危険な	ἐπικίνδυνος	I 2, XIV 1, XX 1, XXVI 7	
危険を冒す	κινδυνεύω	序 2, XVI 9, XXII 19	
犠牲行列	ἱεροποιία	XVII 1	
犠牲を捧げる	θύομαι	X 4	予言のための犠牲
木槌	σφῦρα	XX 4	

265

V 索　引

基底部	βάσις	XV 6	
木箱	κιβωτός	XXIX 4, 8	
騎兵	ἱππεύς	VI 6, XV 5, XVI 7, XXVI 4, XXXI(1, 2*, 3), 9, 15	
義務	λειτουργία	I 5†, X 24	「軍務」も参照
吸血具	σικύα	XI 14	
給料	μισθός	XIII 2	
教育	παίδευσις	X 10	
共同宿舎	συνοικία	XXX 2	
恐怖	φόβος	I 6, III 1, IX 3, X 3, XXVII 1, 3, 4(1, 2), 6, 7, 9, 13(1, 2), XXVIII 1	「恐ろしさ」も参照
恐怖 (状態にある)	φόβερός	XXVII 4	
恐怖に駆られる	ἐκφοβέομαι	IV 3	
胸壁	χεῖλος	III 6, XXXII 3	
行列	πομπή	XVII 1, 2(1, 2), 3*, 5	
炬火競争	λαμπάς	XVII 1	「光」も参照
距離	χωρίον	XXII 10, XXVI 9	
金属細工師	χαλκεύς	XVIII 11(1, 2), XXXVII 6	
金属細工師に作らせる	χαλκεύομαι	XVIII 10	
鎖	ἅλυσις	XXXIX 7(1, 2)	
籤	πάλος, κλῆρος	III 1, XX 2	
屑	φορυτός	XXXVII 3(1, 2)	
くつわ	χαλινός	XXXI 9	
国	πόλις	I 9, IX 2, X 11, 12, 15, 20, 22, 23(1, 2, 3*), XI 2, 4(1, 2), XI 8, XII 1, 2, 4, 5, XIII 1, 2, 4, XIV 1, XV 10, XVI 14, 15, XVII 1, XVIII 8, 13, 20(1, 2), XXIII 6, XXVI 4, XXXI 9, XXXVIII 5, XL 3	
くり抜かれた部分	διόρυγμα	XXXII 12	「坑道」も参照
くり抜く	διορύσσω	II 4, XXXII 11, 12	
苦労	ἔργον	XXXI 19(1, 2)	「事(を起こす)」「仕事」「事実」「成果」「有利」も参照
加えて宣告する	ἐπικηρύσσω	X 5	
企て	πρᾶξις	VIII 3, XXIII 10	「行動」「作戦」「用事」も参照
軍	στράτευμα	VI 3, XXIV 1, 10(1, 2), 12, XXVI 7, 8, 10, XXVII 4, 7, 12, 14	
君主	μόναρχος	X 16, 17	
群衆	ὄχλος	XVII 6, XXXI 27	
軍務	λειτουργία	XI 10bis, XIII 3	「義務」も参照
経験に富む	ἔμπειρος	I 4, VI 1, 3	
軽装盾	πέλτη	XXIX 6†	
軽装兵	κοῦφος	XV 6, XVI 7	
計略	δόλωμα	VIII 2	
劇場	θέατρον	I 9, III 5(1, 2), XXII 4	
結婚	γάμος	X 5	
検閲	ἐπισκόπησις	X 6	

266

1. 本文索引

攻囲された (者)	τειχήρης	XXIII 4	「城壁の中にいる (者)」も参照
交易所	ἐμπόριον	X 14	
公共の	πάνδημος	XXIII 6	
拘禁	δεσμός	X 19	
攻撃	ἐπίθεσις, προσβολή	XI 7, XVI 12, 19, XXXVIII 1	
攻撃が容易な	εὐεπίθετος	XXII 15, XXIII 4	
攻撃しがたい	δυσεπίθετος	序 2	
攻撃する	ἐπιτίθεμαι	XI 7, 10, 10bis, 12(1, 2), XVI 6, 7, XXIII 3, 5	XI 7のもう一例は「攻撃を攻撃する」という言い方
小路	δίοδος	II 2, 5, XXXIX 2	
攻城戦	πολιορκία	X 20, 23, XL 8	
好戦的な	μάχιμος	XV 8	
行動	πρᾶξις	VI 2†	「企て」「作戦」「用事」も参照
坑道	διόρυγμα	XXXVII 3, 4, 5	「くり抜き」も参照
購入所	πρατήριον	X 14	
港湾金徴収官	ἑλλιμενιστής	XXIX 5	
小型楯	ἀσπίδιον	XXIX 6, XXX 2	
国土	χώρα	序 1, VIII 1, 2, IX 1, XV 1, 8, 9, XVI 4, 8, XI 1(1, 2), 16, 17 (1, 2), 18, 19(1, 2), 20(1, 2), XXI 1	
穀物	σῖτος	X 12, XXVIII 3	
国家長官	πολίταρχος	XXVI 12†	
事 (を起こす)	ἔργον	XI 8	「苦労」「仕事」「事実」「成果」「有利」も参照
小麦	πυρός	XXIX 6	
困窮 (状態)	ἀπορία	V 1, XIV 1	
さ行			
災禍	πάθος	XVI 16, XVII 2, XXII 18	
祭壇	βωμός	X 15, XVII 3(1, 2), 5	
先駆けて危険に身を曝す	προκινδυνεύω	XXIII 10	
索具	ἄρμενον	XI 3	「道具 (類)」も参照
作戦	πρᾶξις	IV 5†, 6, IX 1, X 20, 24, XXIII 7, XXIV 15, XXVIII 4, XXIX 3, 11, XXXI 27	「企て」「行動」「用事」も参照
サーベル	μάχαιρα	XXIX 4	
三叉路	τρίοδος	XV 6	
市域	πόλις	VI 1, XV 9, XVII 1, 2, XXXI 9(1, 2), 15, XXXIII 3, XXXIX 2	
敷物	στρῶμα	X 26	
死刑	θάνατος	X 19	
仕事	ἔργον	II 3†, X 24, XXIV 8	「苦労」「事 (を起こす)」「事実」「成果」「有利」も参照
資産持ち	εὔπορος	V 1†, XIII 1〈最上級〉	

267

V 索 引

事実	ἔργον	序 3†, XXVIII 4	「苦労」「事（を起こす）」「仕事」「成果」「有利」も参照
使節	πρέσβεις	X 11, 20	
使節団	πρεσβεία	X 11	
実際の（に）見張り（番をする）	προφύλαξ, προφυλάσσω	XXII 5bis, 9(1, 2, 3), 11, 27, XXIV 19, XXVI 2, 8, 9, 13, 14	
指導者（となる）	ἡγεμών, ἡγεμονεύω	I 7, III 6, X 20, XV 3, XXII 2, XXIX 7, 8	
市内	πόλις, ἐν τῇ πόλει	I 2, 9, II 1, 3(1, 2), 7, 8, IV 1, 2, 10, V 1, VI 1, 4(1, 2), 6, 7, VII 1, 2(1, 2, 3), 3, VIII 2, X 1, 3, 4, XI 8, XV 7, 10, XVI 16, 17, 18(1, 2, 3), 19, XVII 4 (1, 2, 3), XVIII 15, 19, XX 4, XXIII 5, 7, 9, 11(1, 2), XXIV 12, 14, XXVII 1, 2(1, 2), XXVIII 1, 5(1, 2), XXIX 1, 8, 9, XXXI 8, 25, 31, 35, XXXII 8, XXXVIII 1, 3, XXXIX 1, 2, 5	
市民	πολίτης, ἀστός	II 4, III 1, 3, 4, IX 1, X 1, 5, 8, 11, 20, XI 1, XII 2(1, 2*), 4, XIII 1, XIV 1, XVII 1*, 3, XXIII 7, 8(1, 2), 11, XXVIII 5(1, 2*), XXIX 4	
市民の見張り番（となる）	πολιτοφυλακέω	I 3	
市民の見張り役	πολιτοφυλακία	XXII 7	
示す	σημαίνω	XXXI 29	「合図（を）する（送る）」も参照
車輪	τροχός	XXXII 8, XXXVII 9	
集会	ἐκκλησία	XI 8, 15	
集会を開く	ἐκκληιάζω	IX 1	
襲撃する	ἐπιτίθεμαι, ἐπιχειρέω, ἀποβαίνω	II 3, IV 8, XVI 10, 20, 22, XXIX 8	
重装兵	ὁπλίτης	XV 5, XVI 7, 14	
収納箱	κιβώτιον	XXX 2	
宿泊所	πανδοκεῖον	X 10	
種族	ἔθνος	XXIV 1, 2, 3	
主導者	προστάτης	XI 7, 8, 10bis, 15	
障害物	φράγμα, φράξις	II 6, VIII 2	「覆い」「掩護物」も参照
衝角	κριός	XXXII 3	
将軍	στρατηγός	X 16, 17, XV 2, XVIII 5, 16(1, 2), XX 1, 2(1, 2*), XXII 2, 21, 22(1, 2, 3), 27(1, 2, 3), 28, XXVI 10, 11(1, 2), XXVII 4, XXXI 27, XXXVIII 2	
将軍庁	στρατήγιον	XXII 3	
将軍である	στρατηγέω	IV 8	
城塞	ἀκρόπολις	XXII 19	「アクロポリス」も参照
少女	σῶμα	XXXI 24	
小帆	ἀκάτειον	XXIII 4	

1. 本文索引

城壁	τεῖχος	I 8, III 1(1, 2), 3(1, 2), XI 6, XVIII 14, 21, XXII 4, 8, 9, 12, 14, 19(1, 2, 3, 4), 20, 21, XXIII 5, XXVI 1, 5(1, 2), 6, 7, 13(1, 2), XXVIII 6(1, 2), XXXII 4, 7(1, 2, 3), 10, 11(1, 2), 11(1, 2), 12(1, 2), XXXIII 1, 3, XXXVI 1, 2, XXXVII 6, XXXVIII 1(1, 2), 2, 4, 7(1, 2), XXXIX 4, 6, XL 1*, 4, 6	
城壁の中にいる(者)	τειχήρης	I 3	「攻囲された(者)」も参照
情報提供する	μηνύω, καταμηνύω	X 15(1, 2), XI 12, XXVII 11, XXXI 9, 9bis(1, 2), 33	
城門	πύλη	IV 2, X 8, XV 3, XVIII 1, 2, 3, 7, 14, 16(1, 2), 19, 20, 21, XX 3, 4(1, 2), 5, XXIII 4, 8, XXIV 5, 7, 8, 11, 13, XXVIII 1, 3, 4(1, 2), 5, 6(1, 2), 7, XXIX 10, XXXII 4, XXXIII 4, XXXVIII 8, XXXIX 1, 2, 4	
食事仲間	συσσίτιον	XXVII 13†	
書状	βυβλίον	XXXI 4, 8(1, 2), 9, 9bis	
書物	βυβλίον	XXXI 2(1, 2)	
思慮に富む	φρόνιμος	I 4, 7, III 4, V 1, XV 3	
印	σημεῖον	XV 6, XXII 27, XXXI 9bis	
陣営	στρατόπεδον	X 11, 18, 19, XXII 1, XVII 1, 11, 14, XXXI 8, 25	XXXI 8のもう一つの'στρατόπεδον'は「敵陣」と訳した
身体	σῶμα	XI 14, XXIII 2, XL 4	
神殿	ἱερόν, ἱερά, ναός	II 2, XVII 3(1, 2)	聖地も参照
侵入困難な	δυσείσβολος	XVI 17	
侵入する	εἰσβάλλω, ἐμβάλλω	II 2, XV 8, XVI 1, 17, 18	
侵入容易な	εὐείσβολος	XVI 16	
酢	ὄξος	XXXIV 1	
鈴	κώδων	XXVII 14	
スズメバチ	σφής	XXXVII 4	
ずた袋	ἄγγος	XXIX 6, 8	
砂	ἄμμος, ψάμμος	XVIII 3, 4, XXXII 2, 8	
砂場	ψαμμώδη, τά	VIII 2	
脛当て	κνημίς	XXIX 4	
スポンジ	σπόγγος	XIX 1	
スリコギ	ὕπερον	XXXII 2	
制圧する	κατέχω	II 3, XXXIX 3	
成果	ἔργον	XV 8, 9	「苦労」「事(を起こす)」「仕事」「事実」「有利」も参照
聖地	ἱερόν, ἱερά	序 2, X 15, XXIII 6, XXXI 15, 16	「神殿」も参照
占拠する	καταλαμβάνω	II 8, IV 1, IX 1, XI 3, XVI 16, 17, XXIII 11, XXIV 3, 8, 18(1, 2*), XXVIII 5, 6, XXIX 1, 3, 10, XXXI 34	
穿孔機	τρύπανον	XXXII 5, 6(1, 2)	
宣告(する)	κήρυγμα, κηρύσσω	X 3, 18, XI 12, XXVII 11	

269

V　索　引

船主	ναύκληρος	X 12	
僭主	τύραννος	V 2, X 11, XXII 19	
僭主支配が樹立される	τυραννεύομαι	XII 5	
戦争体制	σύνταξις	III 1	
戦争体制（のとられてない）	ἀσύντακτος	III 1	
戦闘	ἀγών	序 1, 2, XVI 6	
戦闘員（部隊）	μάχομαι	XXXVII 5, XXXVIII 1	
戦闘隊形	παράταξις	I 2, XV 8	
戦闘の合図	πολεμικός	IV 3	
戦闘帽	περικεφαλαία	XXIV 6, XXIX 4, 12, XL 4	
選抜軍	ἐπίλεκτος	XVI 7	
選抜された	ἀπόλεκτος	XXVI 10	
選抜する	ἀπολέγω	I 5, III 2	
全民衆挙げての	πάνδημος	XVII 1, 2, XXII 16, XXIX 3	
占領する	κατέχω	IV 4, XXII 4, XXVIII 5, XL 2	
葬式の宴会	περίδειπνον	X 5	
祖国	πατρίς	序 1, 2	
阻止（する）	ἀποτροπή, ἀποτρέπω	IX 2, X 3	
組織（する）	σύνταξις, συντάττω	I 1, 2, 3, III 1†, 4, XV 2, 3	「配置（する）」も参照
損壊	πέσημα	XXXII 12	

た行

隊	λόχος	XIII 1, XV 3, XXVI 1, XXVII 12	
体育練習場	γυμνάσιον	XXIII 6	
大王	βασιλεύς	XXXI 35(1, 2, 3)	
隊形	τάξις	VI 2, XVI 7, XL 8	「隊列」「連隊」も参照
対抗衝角	ἀντίκριος	XXXII 7(1, 2, 3)	
第二の合言葉	παρασύνθημα	XX 5, XXI 2, XXV 1, 2(1, 2), XXVI 1	
松明	δάς	X 26	
松明信号	φρυκτός	VII 4, XVI 16	
隊列	τάξις	XV 3, XVI 4, 9, 14	「隊形」「連隊」も参照
薪	φρύγανον	XXVIII 6, XXIX 7	
企み（をめぐらす）	τεχνάζω, τέχνασμα	II 3†, IV 1, X 21, 25, XI 13, XXIII 3, 6, 8, XXVIII 4, XXXI 25, 26, XXXVII 8, XXXIX 1	
戦い	μάχη	XVI 18, XXVI 7, XXVII 4	
手綱	ἡνία	XXXI 9	
楯	ὅπλον, ἀσπίς	XXIV 6†, XXIX 4, 11, 12, XXXVII 6, XL 4	
立てなくする（鳴き声を）	ἀφανίζω	XXIII 2	
短剣	ἐγχειρίδιον	IV 11, XVII 3, XXIV 2, 6, XXIX 6, 7, 8, XXX 2	
地	χωρίον, χῶρος	VII 1, XVIII 18, XXIV 10(1, 2)	
地下道（を掘削する）	ὑπόρυγμα, ὑπορύσσω	XXXVII 1(1, 2, 3, 4), 3(1, 2), 4, 5(1, 2), 6	
地勢	τόπος	I 2, VI 4, XXII 22	
地点	χωρίον, χῶρος	VI 1, IX 1, X 13, XVI 11, XVIII 18, XXIII 10, XXVII 2, XXXI 25, 26, 27	

270

1. 本文索引

中継者	διαδεκτήρ	VI 4(1, 2*), VII 2, XXII 22	
中心部	ἄστυ	I 1	
中枢部	πόλισμα	II 2, XXIV 8	
駐留軍	φρουρά	X 22, XI 13, 14, XII 3(1, 2)	
駐留軍長官	φρούραρχος	XXII 20	
駐留兵	φρουρός	V 2, XII 3	
柱廊	στοά	XI 3(1, 2, 3)	
通信板	δέλτος	XXXI 33	「書き板」も参照
疲れ	κάματος	XXVI 8	
ツゲの板	πυξίον	XXXI 14(1, 2)	
伝える	σημαίνω	VI 4	
綱	ὅπλον	XXXIX 7(1, 2)	
壺	ἀμφορεύς	XXIX 6, 8	
積み壁	αἱμασιά	II 2	
偵察兵	σκοπός, κατάσκοπος	VI 1, 6, XXII 14, XXVIII 2	
手紙	ἐπιστολή	X 6(1, 2), XXXI 1(1, 2), 2, 3 (1, 2, 3), 4, 6, 8, 9(1, 2, 3), 9bis(1, 2), 9ter*, 23(1, 2), 32, 33(1, 2)	
梃子	κηλώνειον	XXXIX 7(1†, 2)	
鉄製の	σιδηροῦς	XX 3	
鉄鋲	σιδήριον	XXXII 2	
鉄をかさねる (かぶせる)	σιδηρόω	XX 2, 4, XXXIX 3	
点検	ἐπιμέλεια	XX 1	
塔	πύργος	XI 3(1, 2), XXIX 10, XXXII 2	「櫓」も参照
灯火	λύχνον	X 14, 26, XXII 21	
道具 (類)	ἅρμενον	XVIII 11†, 12, XXI 1†	「索具」も参照
統制のなさ	ἀταξία	XV 2†	
投石機	σφενδόνη	XXXII 8†	
逃走者	αὐτόμολος	XXII 14, XL 5	
逃走する	αὐτομολέω	XXII 14, XXIII 4, XXVIII 2	
逃亡する	ἐξαυτομολέω	XXIII 1, XXIV 16†	
同盟国 (軍)	σύμμαχος	III 3(1, 2), XII 1(1, 2), 3(1, 2), XXIV 3, XXVI 7	
同僚役人である	συνάρχω	XI 3, 5	
遠くから (の) 攻撃 (をしかける)	ἀκροβολισμός, ἀκροβολίζομαι	XXXIX 1†, 6	
弩弓	καταπάλτης	XXXII 8†	
都市	πόλις	序 1, XXIII 1, XXVIII 1, 4	
土地	χωρίον	I 2(1, 2*, 3*), XV 6, XVI 18(1, 2, 3), 19(1, 2*, 3*), XXII 4	
ドック	νεώριον	XI 3(1, 2), XXIII 6	
飛び道具	βέλος	XXXII 1†*, 2, 8(1, 2), 9(1, 2), 10	
留め具	βάλανος	XVIII 1, 2, 3(1, 2), 4, 5(1, 2), 6(1, 2), 7, 8, 9(1, 2, 3), 11, 12 (1, 2, 3), 16(1, 2, 3), 17, 21, XX 2, 3(1, 2)	
留め具受け	βαλανοδόκη	XVIII 3, 4, 9, 12	
奴隷 (農牧地での)	ἀνδράποδον	X 13	
奴隷	δοῦλος	X 5, XXXI 28, 29*	
屯所	φυλακεῖον	XXII 16, 17, 21, XXVI 14, XXVII 15(1, 2)	

271

Ｖ　索　引

な行

轅	ῥυμός	XXXVII 9(1, 2)	
投げ入れる	ἐμβάλλω	XXXIII 4	
投げ縄	βρόχος	XXXII 4	
投げ槍（小ぶりの）	ἀκόντιον	XXIX 6, 8	
縄	σχοῖνος	XXXIII 1, XXXIX 7	
肉体	σῶμα	III 2	
荷車	ἄμαξα	II 5, 6(1, 2), XVI 15, XXVIII 3(1, 2), 5(1, 2), 6(1, 2), XXXVII 9	
荷車一杯な	ἀμαξοπληθής	XXXII 5	
逃げる	φεύγω	II 6, XVI 19, XL 2	
2隊	διλοχία	XV 3	
乳香	λιβανωτός	XXXV 1	
人間	σῶμα	XXVIII 3	
認識帽	σκυταλίς	XXII 27(1, 2, 3), 28	
任務	ἐργασία	X 20	「仕事」も参照
任命（する）	κατάστασις, καθίστημι	I 1, 8, V 1, XXI 2, XXII 28	
農牧地	χώρα	序 1, VII 1, 2, VIII 1, 2, 3, 4 (1, 2), X 3, XV 9, XXI 1, XXIII 7	
のこぎり	πρίων	XIX 1	
ノミ	σμίλη	XVIII 5, 16	
烽火担当者	πυρσευτής	VI 7	
烽火の合図	πυρσός	VI 7	「合図」も参照
烽火の合図をする	πυρσεύω	XV 1, XXIII 6	

は行

配置（する）	συντάττω, τάσσω	XXII 2, 26, 29, XXXIX 2	「組織（する）」も参照
入リロ	εἰσβολή	II 2, XVI 16(1, 2), XXII 4	
配慮	ἐπιμέλεια	III 6, X 20, XXXI 35	
入る	ἐμβάλλω	XVIII 3, 10	「入れる」を見よ
箱	σώρακος	XXX 2	
はさみ器具	θερμάστιον	XVIII 6(1, 2)	
梯子	κλῖμαξ	XI 3, XXXVI(1, 2, 3), 2(1, 2, 3, 4, 5, 6), XXXVIII 7, 8	
馬車（2頭立て）	συνωρίς	XVI 14	
馬車（4頭立て）	ζεῦγος	XVI 14(1, 2), 15	
場（所）	χώρα	XXVII 3, XXXIX 2	
場所	τόπος	I 3, II 2, 7(1, 2), 8, III 6(1, 2), VI 1, 4(1, 2), 6, IX 1, X 4, XVI 7, 17, 19, XVII 4, XVIII 20, 21, XXII 2, 13, 28, XXIII 11, XXVI 13, 14, XXVIII 7, XXIX 10, XXXI 31(1, 2), XXXIX 5	
葉っぱ	φύλλον	XXXI 6(1, 2)	
パトロール	περιοδία, περιοδεία	I 1[†], 5, III 2, XXI 2, XXII 3, 20, 26, 27, XXVI 4, 7, 8	
パトロールする	περιοδεύω	XXII 10, 23, XXIV 19, XXVI 1, 2(1, 2), 3, 4, 5, 6, 8, 10, 12	
パトロール兵（隊）	περίοδος, ὁ	XXII 3, 13, XXIV 16, 19, XXVI 7, 9	
パニック	πάνειον	XXI 2, XXV 1, XXVII 1, 2, 3, 6*, 11*	
パピュルス片	βιβλίον	XXXI 23, 26, 35	

1. 本文索引

反逆	προδοσία	XXXI 8	
反逆者	προδότης	XI 9	
反逆(する)	προδίδωμι	XI 3, 5, XXII 7, XXXI 8, 9, 25, 27	
反逆にあう	πρόδοτος	XVIII 13	
反逆に加担する	συμπροδίδωμι	XI 3	
光	λαμπάς	XXIV 2	「炬火競争」も参照
引き上げ用はさみ	καρκίνος	XX 3(1, 2)	
飛脚伝令	δρομοκῆρυξ	XXII 3†, 22	
ピッチ	πίσσα	XXXIII 1, XXXV 1	
ピッチを塗る	πισσαλοιφέω	XI 3	
人	σῶμα	X 3, XXVIII 2	
人質となる(を差し出す)	ὁμηρεύω	X 23(1, 2)	
紐	λίνον, σπάρτον	XVIII 17(1σ, 2), 18σ, 19(1, 2, 3σ)	σをつけたのが 'σπάρτον' の用例
紐輪	βρόχος	XVIII 5, 9(1, 2), 16	
「百人」	ἑκατοστύς	XI 10bis(1, 2), 11	
昼間の偵察兵	ἡμεροσκόπος, ἡμεροσκόπιος	VI 1, 5, 6, 7, XXII 11	
昼間の偵察を行う	ἡμεροσκοπέω	VI 1	
疲労	κόπος	XV 2	
広口壺	κάδος	XL 4	
フェルト	πῖλος	XXXIII 3	「帽子」も参照
武器	ὅπλον	III 5, IX 1, X 9, XI 9, 14, XVII 4, XXIV 7, XXVI 1, XXVII 5, 8, XXIX 8, 10, 12, XXX 1, 2(1, 2), XXXI 35	XXXI 35のみ単数形
服	ἱμάτια	XXIX 4, 5	
武具	ὅπλον	X 7(1, 2), XVII 2, 3(1, 2)	
負債を負った者	χρεωφειλήτης	V 2, XIV 1	
武装させる	ὁπλίζω	XVI 3, XXIX 10, XL 4	
武装した	σὺν (τοῖς) ὅπλοις, μετὰ ὅπλων	XI 8, XVII 1, 2, 4, XXIII 8, XXXVIII 8, XXXIX 5	
武装兵召集	ἐξοπλισία	X 13	
部族	φυλή	III 1(1, 2, 3), 2, XI 8, 10(1, 2), 10bis	
部族員	φυλέτης	XI 10	
富裕者	πλούσιος	XI 7, 8, 10, 10bis(1, 2), 11, 13, 15*, XIV 2	
触れ役	κῆρυξ	XXVII 11	
分岐点	ἐκτροπή	XV 6	
分捕り品	λεία	XVI 12, XXIV 4, 5	
兵	στρατιά	XXII 26	
兵役年齢	ἡλικία	IX 1, XVII 2	
兵士	στρατιώτης	IV 2, 10, IX 1, X 7, XI 6, 14, XVI 13, 15(1,2), XXVI 11, XXVII 3, 5	
兵隊	σῶμα	I 1(1, 2), 3*, 5, IX 1, XXII 16, XXXII 1, 8, XXXIII 10, XXXVIII 1	
平和	εἰρήνη	III 4, XI 3	
変革	μεταβολή	I 7	
帆	ἱστίον	XI 6, XXIII 5, XXIX 6, XXXII 9	

273

V 索引

包囲する	πολιορκέω	XII 3, XXXI 9, XXXVII 6, XXXIX 1	
防衛する	φυλάσσω	XI 4, XXXI 24	
蜂起	ἐπανάστασις	XI 13(1, 2), 15	
防材	κλεῖθρον	XI 3	「門」も参照
帽子	πῖλος	XI 12(1, 2), XXV 2, 3	「フェルト」も参照
砲弾	χερμάδιον	XXXVIII 6, 7	
亡命者	φυγάς	IV 1, X 5†, 6, 16, 17	
放浪者	ταλαπείριος	X 10	
保管する	φυλάσσω	XX 2	
干しイチジク	ἰσχάς	XXIX 6	
骨さいころ	ἀστράγαλος	XXXI 17(1, 2, 3), 18, 19, 21	
帆柱	ἱστός	XXXII 1	
壕	τάφρος	XXXVII 1(1, 2), 2*, 3	「溝(を掘る)」も参照
ポリス	πόλις	I 1(1, 2), 5, 6, III 1(1, 2), IV 4, 5, XXII 1, 2(1, 2), 3, 7, 13, 14, 15(1, 2), 16, 19(1, 2), 20, 21, 27, XXIV 1, XXIX 1, 3, XL 1(1, 2, 3), 2(1, 2)	
捕虜	αἰχμάλωτος	IV 11, XXIV 7(1, 2)	
捕虜となる	ζωγρέομαι	XXXI 8	

ま行

曲がり角	καμπή	XV 6	
幕	παραπέτασμα	XXXII 9	
貧しさ	ἔνδεια	V 1	
待ち伏せ	ἐνέδρα	XV 7, 9(1, 2), XVI 7, XXIII 10, 11, XXIV 10	
待ち伏せ(攻撃)する	ἐνεδρεύω	XVI 4, 11, XXIII 9, 10, XXIV 11	
待ち伏せに適した	ἐνεδρευτικός	I 2	
松	δάς	XXXV 1	
祭リ	ἑορτή	X 4, XVII 2, XXII 16, 17, XXIX 3, 8	
祭リを祝う	ἑορτάζω	XXII 16	
守る	φυλάσσω	XVI 19	
見出す	καταλαμβάνω	XXII 28	
見えなくする	ἀφανίζω	XVIII 22, XXXI 14	
水	ὕδωρ	VIII 4, XVIII 20	
水差し	ὑδρίον	VIII 4, XVIII 20, XXII 25, XXXI 4(1, 2), 14(1, 2), XL 8	
水時計	κλεψύδρα	XXII 24	
店	καπηλεῖον	XXX 1	
溝(を掘る)	ταφρεύω, τάφρος	II 1†, XXXII 12, XXXIII 4, XXXIX 1, 2	壕も参照
道	ὁδός	XV 6(1, 2), XVI 11(1, 2), 14, 21, XVII 5, XXIII 11, XXIV 11(1, 2*), XXXI 28	
密集隊	φάλαγξ	XXIX 9†	
蜜蜂	μέλισσα	XXXVII 4	
蜜蝋	κηρός	XXII 25, XXXI 14(1, 2, 3)	
蜜蝋を塗る	κηρόω	XXII 25	
港	λιμήν	VIII 2, XI 3	
見張リ	φυλακή	III 1, VII 3, X 24, 26, XI 10bis, XVIII 1, XXII 23, 24, 25, 28, 29, XXVI 7, XXXI 24	

1. 本文索引

見張り当番	φυλακή	XXII 4, 5bis, 6, XXVI 1(1, 2*), 12, XXVII 12
見張り番	φύλαξ	I 1, 8, XVIII 1, 20, XX 5, XXI 2, XXII 3, 4, 7, 10(1, 2), 14, 15, 16, 19, 20, 22, 24, 27(1, 2), 28, XXIV 16, 17, XXVI 7, 9, 10, 13(1, 2), 14, XXVII 15
見張り役	φυλακή	I 8, XVII 5, XVIII 14, 21(1*, 2), XXII 26, 29(1, 2, 3), XXVII 15, XXVIII 15
見張り(をする)	φυλάσσω	III 1(1, 2), 3, IV 2, X 24, XVIII 21(1, 2), XXII 4, 5(1, 2*, 3, 4), 5bis, 6(1, 2*), 7, 8(1, 2), 24, 26(1, 2*), 29, XXIII 1, 5, XXVI 11, 12, XXXI 24, 28, XL 1, 2
見本品	δεῖγμα	XXX 2
民衆	δῆμος	XI 7(1, 2, 3), 8, 9, 10bis(1, 2), 13, 15
民衆側の人	δημότης	XI 11
民衆総出で	πανδημεί	XVII 1
民主政	δημοκρατία	XI 10bis
ムシロ	ῥῖπος	XXIX 6, XXXVII 9
群れ	ὄχλος	XVII 1, XXIII 6
召使い(家内奴隷)	οἰκέτης	II 6, XXIV 4, XL 3
メトイコイ	μέτοικος	X 8
文字	γράμμα	XXXI 2(1, 2), 3, 4, 11, 14, 19 (1, 2), 20(1, 2), 21(1, 2*), 22 (1, 2, 3), 23, 30, 31
文字穴	στοιχεῖον	XXXI 20, 21(1, 2)
文字(を書く)	γράφω	XXXI 13, 14(1, 2*)
文字を使わぬ	ἀγράμματος	XXXI 16
持ち場(見張りの)	φυλάκιον	XX 5, XXII 9(1, 2, 3, 4*), 29*
もみ殻	ἄχυρον	XXIX 6(1, 2), 8, XXXII 3
門	πύλη	XXXIX 3, 4
門番	πυλωρός	V 1, XVIII 2(1, 2), 3*, 5, 6*, 7*, 13(1, 2*), 14, 16(1, 2*), 18, 19(1, 2), 20(1, 2*), XXIV 8, XXVIII 2, XXIX 2, XXXI 35

や行

矢	τόξευμα	XXIX 4, XXXI 26, 27, XXXII 8
野営地	στρατοπεδεία	XVI 15
役人	ἀρχή, ἄρχων	I 4, II 4, III 6, X 2, 4, 5, 7, 9(1, 2), 10, XI 2, 3(1, 2), 12(1, 2*), XIII 3, XVI 5, XVII 3, 6, XVIII 1, 2*, 21, XXIII 7, 8, 9, 10*, XXIV 4, XXXI 9, 9bis(1*, 2)
櫓	πύργος	XXXII 1† 「塔」も参照
夜警	ἐκκοιτία	XIII 3
ヤスリ	ῥίνη	XVIII 5, 16
雇う	μισθόω	X 7(1, 2), XIII 2, 3
宿の主人	πανδοκεύς	X 9
傭われた	μισθοφόρος	XXII 2
ヤナギ	οἰσύα	XXIX 11
ヤナギ細工師	ἐργάτης ἅμα τούτων (i.e. οἰσυῶν)	XXIX 11

275

V 索引

槍	δόρυ	XXV 4, XXIX 8	
槍（小ぶりの）	δοράτιον	XXIX 6	
やり方	πρᾶξις	XXIV 8, 14	
友人関係（「友人」の意）	ξενία	X 2	
有利	ἔργον	II 7	「苦労」「事（を起こす）」「仕事」「事実」「成果」も参照
指輪	δακτύλιον	XXXI 9bis	
弓	τόξον	XXIX 4	
要塞	φρούριον	III 5	
用事	πρᾶξις	X 24, XXII 23	「企て」「行動」「作戦」も参照
用心する	φυλάσσω	XXVIII 7, XL 5	
用心を払って	πεφυλαγμένως	XV 7	
傭兵	ξένος	X 22, XI 7, 8, 10, XII 4(1, 2), 5(1, 2), XIII 1, 2, 4, XVIII 8, 13, XXIII 11, XXIV 3, 6, 8, XXVIII 5	
傭兵隊	ξενικός	XXIII 11	名詞使用
傭兵の	ξενικός	X 18	
傭兵を傭う	ξενοτροφέω	XIII 1, 4	
抑制する	κατέχω	XX 3, XXVII 13	
予言者	μάντις	X 4	
横木	μοχλός	IV 2, XVIII 7, 16, 22(1, 2), XIX 1(1, 2), XX 2, 3	
横の文字	παράγραμμα	XXXI 18(1, 2*)	
読めなくする	ἀφανίζω	XXXI 4	
夜の見張り（がなされる）	νυκτοφυλακέομαι	XXII 1	
鎧	θώραξ	XXIX 4, XXXI 8	

ら行・わ行

ラッパ	σάλπιγξ	IX 1, XXII 22, XXVII 4	
ラッパ吹き	σαλπιγκτής	XXII 3†	
ランプ	λαμπτήρ	X 15, 25, 26, XXII 21(1, 2), 22(1, 2), 23, XXVI 3(1, 2), 13, 14	
利子	τόκος	XIV 1	
離脱	ἀπόστασις	XXVI 7	
利点	ἀγαθόν, ἀγαθά	II 7, X 20	
利得	τόκος	X 12	
掠取品	λάφυρα	XVI 8	
掠奪（する）	λεηλάτησις, λεηλατέω	XVI 5, 8, 11(1, 2*), 12	
糧食	τροφή	XIII 2, XL 8	
隣国人	ὅμορος	X 10	
隣人	πρόσοικος	X 1†, 2	
連隊	τάξις	X 20, XXIV 8, XXVII 12	「隊形」「隊列」も参照
連隊長	ταξίαρχος	XXII 29	
労働	ἐργασία	VI 2†	
若い雌牛	δάμαλις	XXVII 14	
割り符	σύμβολον	X 8	

1. 本文索引

B　固　有　名　詞

書名

『口伝集』	Ἀκούσματα	XXXVIII 5
『戦争準備論』	Παρασκευαστικὴ βίβλος	VII 4, VIII 5, XXI 1, XL 8
『調達論』	Ποριστικὴ βίβλος	XIV 2
『野営論』	Στρατοπεδευτικὴ βίβλος	XXI 2

神名

アテナ	Ἀθηνᾶ	XXIV 2
アルテミス・アグロテラ	Ἄρτεμις Ἀγροτέρα	XXIV 15 †
アレス	Ἄρης	XXIV 2
エニュアリオス	Ἐνυάλιος	XXIV 2
ゼウス・ソテル	Ζεὺς Σωτήρ	XXIV 16
ディオスクロイ	Διόσκουροι	XXIV 1, 13
ディオニュソス神	Διόνυσος	XVII 5
テュンダリダイ	Τυνδαρίδαι	XXIV 1, 13
パラス	Παλλάς	XXIV 2
ヘラクレス	Ἡρακλῆς	XXIV 15
ヘルメス・ドリオス	Ἑρμῆς Δόλιος	XXIV 15 †
ポセイドン	Ποσειδῶν	XXIV 16

人名

アステュアナクス	Ἀστυάναξ	XXXI 33
アテノドロス	Ἀθηνόδωρος	XXIV 10, 14
アリスタゴラス	Ἀρισταγόρας	XXXI 28, 29
アルタバゾス	Ἀρτάβαζος	XXXI 25(1, 2*), 27
イフィアデス	Ἰφιάδης	XXVIII 6
イフィクラテス	Ἰφικράτης	XXIV 16
カリデモス	Χαρίδημος	XXIV 3, 5 ,6, 8, 12, 13*
カレス	Χάρης	XI 13
グルース	Γλοῦς	XXXI 35
ダタマス	Δατάμας	XL 4
ディオニュシオス	Διονύσιος	X 21, XXXI 31, XL 2
ティモクセノス	Τιμόξενος;	XXXI 25(1, 2*), 27
テメノス	Τήμενος	XVIII 13(1, 2*), 18(1, 2), 19(1, 2, 3*)
ヒスティアイオス	Ἰστιαῖος	XXXI 28
ピュトン	Πύθων	XXVIII 5
ペイシストラトス	Πεισίστρατος	IV 8(1, 2), 9
ヘラクレイダス	Ἡρακλείδας	XXXI 31
レウコン	Λεύκων	V 2
レプティネス	Λεπτίνης	X 21

地名

アイギナ	Αἴγινα	XX 5
アカイア	Ἀχαία	XVIII 8
アテナイ人	Ἀθηναῖος	IV 8(1, 2), XI 13
アビュドス人	Ἀβυδηνός	XXVIII 6
アブデラ人	Ἀβδηρίτης	XV 8(1, 2), 9(1, 2)
アポロニアの住民	Ἀπολλωνιάτης	XX 4
アルカディアの	Ἀρκαδικός	XXVII 1
アルゴス	Ἄργος	XI 7

277

V 索引

アルゴス人	Ἀργεῖος	XI 9, XVII 2
イオニア	Ἰωνία	XVIII 13
イリオン	Ἴλιον	XXIV 3, 4, XXXI 24
インブロス人	Ἴμβριος	XXIV 10
エウリポス海峡	Εὔριπος	IV 1
エフェソス人	Ἔφεσος	XXXI 6
エペイロス	Ἤπειρος	XXXI 31
エレウシス	Ἐλεθσίς	IV 8
エレトリア	Ἐρέτρια	IV 1
オレオス	Ὠρείτης	XXIV 3
カドメイア	Καδμεία	XXIV 18, XXXI 34
カルキス	Χαλίς	IV 1
カルキス人	Χαλκιδεύς	IV 3
カルケドン人	Χαλκηδονίος	XII 3(1, 2, 3)
キオス	Χίος	XI 3
キオス人	Χῖος	XVII 5
キュジコス人	Κυζικηνός	XII 3
キュレネ人	Κυρηναῖος	XVI 14
クラゾメナイ	Κλαζομεναί	XXVIII 5
クラゾメナイ人	Κλαζομένιος	XXVIII 5
ケルキュラ	Κόρκυρα	XI 13
ケルキュラ人	Κορκυραῖος	XI 14
黒海	Πόντος	XI 10bis, XII 5, XX 4
シノペ人	Σινωπεύς	XL 4
テオス	Τέως	XVIII 13
テバイ	Θῆβαι	XXIV 18, XXXI 34
テバイ人	Θηβαῖοι	II 2, 3, 4, 5, 6
トリバッロイ人	Τριβαλλοί	XV 8, 9
パリオン	Πάριον	XXVIII 6
パリオン人	Παριανός	XXVIII 6, 7
バルケ人	Βαρκαῖος	XVI 14, XXXVII 6(1, 2), 7
ヒメラ	Ἱμέρα	X 22(1, 2)
プラタイア人	Πλαταιεῖς	II 3, 6*
ヘラクレイア	Ἡράκλεια	XI 10bis
ヘラクレイア人	Ἡρακλεώτης	XII 5
ヘレスポントス	Ἑλλήσποντος	XXVIII 6
ペロポネソス	Πελοπόννησος	XXVII 1
ボスポロス	Βόσπορος	V 2
ポテイダイア	Ποτίδαια	XXXI 25, 27
ポテイダイア人	Ποτιδαιάτης	XXXI 27
ミュティレネ	Μυτιλήνη	XXXI 34
ミレトス	Μίλητος	XXXI 29(1, 2)
メガラ	Μέγαρα	IV 8, 9, 10, 11
メガラ人	Μεγαρεύς	IV 11
ラケダイモン	Λακεδαίμων	XI 12
ラケダイモン人	Λακεδαιμόνιοι	II 2
ランプサコス	Λάμψακος	XXXI 33
レスボス	Λέσβος	XXXI 34
ロドス人	Ῥόδιος	XVIII 13

祭り名

ディオニュシア祭	Διονύσια	XVII 5
テスモフォリア祭	Θεσμοφόρια	IV 8

1. 本文索引

C　ギリシア語

ギリシア語	訳語	箇所	備考
α			
ἀγαθόν, ἀγαθά	利点	II 7, X 20	
ἀγγεῖον	入れ物	XXIX 1, 12, XXXII 3, XXXV 1	
ἄγγος	ずた袋	XXIX 6, 8	
ἀγορά	アゴラ	I 9, II 4, III 2, 5(1, 2), IV 3, X 15, XI 14, XVII 5, XXII 2, 4(1, 2), XXVI 1, XXIX 6, XXX 1, 2 (1, 2)	
ἀγράμματος	文字を使わぬ	XXXI 16	
ἀγών	戦闘	序1, 2, XVI 6	
αἱμασιά	積み壁	II 2	
αἰχμάλωτος	捕虜	IV 11, XXIV 7(1, 2)	
ἀκάτειον	小帆	XXIII 4	
ἀκόντιον	投げ槍 (小ぶりの)	XXIX 6, 8	
ἀκροβολισμός, ἀκροβολίζομαι	遠くから(の)攻撃(をしかける)	XXXIX 1†, 6	
ἀκρολοφία	丘	XV 6	
ἀκρόπολις	アクロポリス	I 6, XXIX 1	
	城塞	XXII 19	
ἅλυσις	鎖	XXXIX 7(1, 2)	
ἅμαξα	荷車	II 5, 6(1, 2), XVI 15, XXVIII 3 (1, 2), 5(1, 2), 6(1, 2), XXXVII 9	
ἁμαξοπληθής	荷車一杯な	XXXII 5	
ἄμμος	砂	XVIII 3, 4	
ἀμφορεύς	壺	XXIX 6, 8	
ἀνδράποδον	奴隷 (農牧地での)	X 13	
ἄνιππος	馬に不便な	VIII 4	
ἀντίκρυς	対抗衝角	XXXII 7(1, 2, 3)	
ἀπολέγω	選抜する	I 5, III 2	
ἀπόλεκτος	選抜された	XXVI 10	
ἀπορία	困窮 (状態)	V 1, XIV 1	
ἀπόστασις	離脱	XXVI 7	
ἀποτροπή, ἀποτρέπω	阻止 (する)	IX 2, X 3	
ἄρμενον	索具	XI 3	
	道具 (類)	XVIII 11†, 12, XXI 1†	
ἀρχή	役人	XVII 3, 6	
ἄρχων	役人	I 4, II 4, III 6, X 2, 4, 5, 7, 9(1, 2), 10, XI 2, 3(1, 2), 12(1, 2*), XIII 3, XVI 5, XVIII 1, 2*, 21, XXIII 7, 8, 9, 10*, XXIV 4, XXXI 9, 9bis(1*, 2)	
ἀσπίδιον	小型楯	XXIX 6, XXX 2	
ἀσπίς	楯	XXIX 11, 12, XXXVII 6	
ἀστός	市民	X 5, 8	
ἀστράγαλος	骨さいころ	XXXI 17(1, 2, 3), 18, 19, 21	
ἄστυ	中心部	I 1	
ἀσύντακτος	戦争体制(のとられてない)	III 1	

279

V 索 引

ἀταξία	統制のなさ	XV 2†
αὐτομολέω	逃走する	XXII 14, XXIII 4, XXVIII 2
αὐτόμολος	逃走者	XXII 14, XL 5
ἀφανίζω	隠す	VIII 4, XXI 1
	立てなくする(鳴き声を)	XXIII 2
	見えなくする	XVIII 22, XXXI 14
	読めなくする	XXXI 4
ἄχυρον	もみ殻	XXIX 6(1, 2), 8, XXXII 3

β

βαλανοδόκη	留め具受け	XVIII 3, 4, 9, 12
βάλανος	留め具	XVIII 1, 2, 3(1, 2), 4, 5(1, 2), 6 (1, 2), 7, 8, 9(1, 2, 3), 11, 12(1, 2, 3), 16(1, 2, 3), 17, 21, XX 2, 3 (1, 2)
βασιλεύς	大王	XXXI 35(1, 2, 3)
βάσις	基底部	XV 6
βάτος	イバラ	XXVIII 6
βέλος	飛び道具	XXXII 1†*, 2, 8(1, 2), 9(1, 2), 10
βιβλίον	パピュルス片	XXXI 23, 26, 35
	網	XXXIX 6, 7
βρόχος	投げ縄	XXXII 4
	紐輪	XVIII 5, 9(1, 2), 16
βυβλίον	書状	XXXI 4, 8(1, 2), 9, 9bis
	書物	XXXI 2(1, 2)
βωμός	祭壇	X 15, XVII 3(1, 2), 5

γ

γάμος	結婚	X 5
	書き付け	XXXI 2, 6, 28, 31(1, 2), 35
γράμμα	文字	XXXI 2(1, 2), 3, 4, 11, 14, 19(1, 2), 20(1, 2), 21(1, 2*), 22(1, 2, 3), 23, 30, 31
γράφω	文字(を書く)	XXXI 13, 14(1, 2*)
γυμνάσιον	体育練習場	XXIII 6

δ

δοῦλος	奴隷	X 5, XXXI 28, 29*
δακτύλιον	指輪	XXXI 9bis
δάμαλις	若い雌牛	XXVII 14
δάς	松明	X 26
	松	XXXV 1
δεῖγμα	見本品	XXX 2
δεῖμα	恐れ	XVI 3
δέλτος	書き板	XXXI 14, 19(1, 2)
	通信板	XXXI 33
δεσμός	拘禁	X 19
δημοκρατία	民主政	XI 10bis
δῆμος	民衆	XI 7(1, 2, 3), 8, 9, 10bis(1, 2), 13, 15
δημότης	民衆側の人	XI 11
διαδεκτήρ	中継者	VI 4(1, 2*), VII 2, XXII 22
διάθεσις	あり様	I 1
διακόπτω	打ち壊す	XXXII 4, 7(1, 2)
δίκτυον	網	XI 6, XXXVIII 7

280

1. 本文索引

διλοχία	2隊	XV 3
δίοδος	小路	II 2, 5, XXXIX 2
	落とし穴	XXXIX 2
διόρυγμα	くり抜かれた部分	XXXII 12
	坑道	XXXVII 3, 4, 5
διορύσσω	くり抜く	II 4, XXXII 11, 12
δόλωμα	計略	VIII 2
δοράτιον	槍（小ぶりの）	XXIX 6
δόρυ	槍	XXV 6, XXIX 8
δρομοκῆρυξ	飛脚伝令	XXII 3†, 22
δυσείσβολος	侵入困難な	XVI 17
δυσεπίθετος	攻撃しがたい	序 2

ε

ἐκφοβέομαι	恐怖に駆られる	IV 3
ἐγχειρίδιον	短剣	IV 11, XVII 3, XXIV 2, 6, XXIX 6, 7, 8, XXX 2
ἔθνος	種族	XXIV 1, 2, 3
εἰρήνη	平和	III 4, XI 3
εἰσβάλλω	侵入する	II 2, XVI 17
εἰσβολή	入り口	II 2, XVI 16(1, 2), XXII 4
ἑκαλαίη	オリーブ	XXIX 6
ἑκατοστύς	「百人」	XI 10bis(1, 2), 11
ἐκκληιάζω	集会を開く	IX 1
ἐκκλησία	集会	XI 8, 15
ἐκκοιτία	夜警	XIII 3
ἐκτροπή	分岐点	XV 6
ἔλαιον	油	XIX 1, XXXI 12(1, 2), 13, 16
	オリーブ・オイル	X 12, XXVIII 3
ἐλάφειος	雄鹿の	XI 6, XXXVIII 7
ἐλλιμενιστής	港湾金徴収官	XXIX 5
ἐμβάλλω	入れる（入る）	XVIII 3, 4, 5(1, 2), 6, 7, 9, 11, 16, XX 2, XXXI 2
	侵入する	II 2, XV 8, XVI 1, 18
	投げ入れる	XXXIII 4
ἔμπειρος	経験に富む	I 4, VI 1, 3
ἐμπόριον	交易所	X 14
ἐνέδρα	待ち伏せ	XV 7, 9(1, 2), XVI 7, XXIII 10, 11, XXIV 10
ἐνεδρευτικός	待ち伏せに適した	I 2
ἐνεδρεύω	待ち伏せ（攻撃）する	XVI 4, 11, XXIII 9, 10, XXIV 11
ἐνώτιον	イヤリング	XXXI 7
ἐξαυτομολέω	逃亡する	XXIII 1, XXIV 16†
ἐξοπλισία	武装兵召集	X 13
ἑορτάζω	祭りを祝う	XXII 16
ἑορτή	祭り	X 4, XVII 2, XXII 16, 17, XXIX 3, 8
ἐπανάστασις	蜂起	XI 13(1, 2), 15
ἐπιβουλή, ἐπιβουλεύω	陰謀（を企む）	I 6†, II 7, 8*, X 3, 15, XI 2, 9, 10bis, 12, 14, XVII 2, 3, 4, XXII 20(1, 2), XXIII 6, 7, XXIX 7, XXXI 9ter, 24, 33
ἐπίθεσις	攻撃	XI 7, XVI 12, 19
ἐπικηρύσσω	加えて宣告する	X 5

V 索 引

ἐπικίνδυνος	危険な	I 2, XIV 1, XX 1, XXVI 7
ἐπίλεκτος	選抜軍	XVI 7
ἐπιμέλεια	点検	XX 1
	配慮	III 6, X 20, XXXI 35
ἐπιμελητής	管理官	I 7, XL 3
ἐπισκόπησις	検閲	X 6
ἐπιστολή	手紙	X 6(1, 2), XXXI 1(1, 2), 2, 3(1, 2, 3), 4, 6, 8, 9(1, 2, 3), 9bis(1, 2), 9ter*, 23(1, 2), 32, 33(1, 2)
ἐπιτίθεμαι	攻撃する	XI 7, 10, 10bis, 12(1, 2), XVI 6, 7, XXIII 3, 5	XI 7のもう一例は「攻撃を攻撃する」という言い方
	襲撃する	II 3, IV 8, XVI 10, 22, XXIX 8
ἐπιχειρέω, ἀποβαίνω	襲撃する	XVI 20, 22
ἐργασία	任務	X 20
	労働	VI 2 †
ἐργάτης ἅμα τούτων (i.e. οἰσυῶν)	ヤナギ細工師	XXIX 11
	苦労	XXXI 19(1, 2)
	事(を起こす)	XI 8
ἔργον	仕事	II 3†, X 24, XXIV 8
	事実	序 3†, XXVIII 4
	成果	XV 8, 9
	有利	II 7
εὐείσβολος	侵入容易な	XVI 16
εὐεπίθετος	攻撃が容易な	XXII 15, XXIII 4
εὔπορος	資産持ち	V 1†, XIII 1〈最上級〉
εὐρυχωρία, εὐρύχωρα	空き地	I 9, II 1, 2, 7, III 5

ζ

ζεῦγος	役畜	X 1
	馬車(4頭立て)	XVI 14(1, 2), 15
ζωγρέομαι	捕虜となる	XXXI 8

η

ἡγεμών, ἡγεμονεύω	指導者(となる)	I 7, III 6, X 20, XV 3, XXII 2, XXIX 7, 8
ἡλικία	兵役年齢	IX 1, XVII 2
ἡμεροσκοπέω	昼間の偵察を行う	VI 1
ἡμεροσκόπος, ἡμεροσκόπιος	昼間の偵察兵	VI 1, 5, 6, 7, XXII 11
ἡνία	手綱	XXXI 9

θ

θάνατος	死刑	X 19
θέατρον	劇場	I 9, III 5(1, 2), XXII 4
θεῖον	硫黄	XXXIII 1, XXXV 1
θερμάστιον	はさみ器具	XVIII 6(1, 2)
θύομαι	犠牲を捧げる	X 4	予言のための犠牲
θώραξ	鎧	XXIX 4, XXXI 8

ι

ἱερόν, ἱερά	神殿	II 2
	聖地	序 2, X 15, XXIII 6, XXXI 15, 16
ἱεροποιία	犠牲行列	XVII 1

1. 本文索引

ἱμάτια	服	XXIX 4, 5
ἱππάσιμος	馬に適した	VI 6, VIII 4, XXVI 4
ἱππεύς	騎兵	VI 6, XV 5, XVI 7, XXVI 4, XXXI (1, 2*, 3), 9, 15
ἱπποδρομία	馬競争	XVII 1
ἵππος	馬	VI 6, XXIV 5, 7, XXVII 11, XXXI 8, 15
ἱπποτροφέω	馬を養う	XXVI 4
ἱστίον	帆	XI 6, XXIII 5, XXIX 6, XXXII 9
ἱστός	帆柱	XXXII 1
ἰσχάς	干しイチジク	XXIX 6

κ

κάδος	広口壺	XL 4
κάλαθος	籠	X 26
κάματος	疲れ	XXVI 8
καμπή	曲がり角	XV 6
καπηλεῖον	店	XXX 1
καρκίνος	大型はさみ	XXXII 5
	引き上げ用はさみ	XX 3(1, 2)
καταλαμβάνω	占拠する	II 8, IV 1, IX 1, XI 3, XVI 16, 17, XXIII 11, XXIV 3, 8, 18(1, 2*), XXVIII 5, 6, XXIX 1, 3, 10, XXXI 34
καταλαμβάνω	見出す	XXII 28
καταπάλτης	弩弓	XXXII 8†
κατάσκοπος	偵察兵	XXII 14, XXVIII 2
κατάστασις, καθίστημι	任命 (する)	I 1, 8, V 1, XXI 2, XXII 28
	制圧する	II 3, XXXIX 3
κατέχω	占領する	IV 4, XXII 4, XXVIII 5, XL 2
	抑制する	XX 3, XXVII 13
κατέχω	制圧する	II 3, XXXIX 3
κηλώνειον	桿子	XXXIX 7(1†, 2)
κηρός	蜜蝋	XXII 25, XXXI 14(1, 2, 3)
κηρόω	蜜蝋を塗る	XXII 25
κήρυγμα, κηρύσσω	宣告 (する)	X 3, 18, XI 12, XXVII 11
κῆρυξ	触れ役	XXVII 11
κιβώτιον	収納箱	XXX 2
κιβωτός	木箱	XXIX 4, 8
κινδυνεύω	危険を冒す	序 2, XVI 9, XXII 19
κίνδυνος	危険	序 1, 2, I 3, 7, II 7, X 6, XVI 2, XXII 1, 5bis, XXVI 1, XL 4
κλεῖθρον	閂	XX 4
	防材	XI 3
κλεψύδρα	水時計	XXII 24
κλῆρος	籤	III 1
κλῖμαξ	梯子	XI 3, XXXVI(1, 2, 3), 2(1, 2, 3, 4, 5, 6), XXXVIII 7, 8
κνημίς	脛当て	XXIX 4
κόπος	疲労	XV 2
κοῦφος	軽装兵	XV 6, XVI 7
κριός	衝角	XXXII 3
κρύπτω	隠す	XXIV 7, XXIX 6, XXXIX 2

V 索引

κύστις	皮袋	XXXI 10, 11(1, 2), 12(1, 2), 13
κύων	犬	XXII 14(1†, 2*), 20, XXIII 2, XXIV 18(1, 2*), XXXI 31, XXXVIII 2, 3
κώδων	鈴	XXVII 14

λ

λαμπάς	炬火競争	XVII 1
	光	XXIV 2
λαμπτήρ	ランプ	X 15, 25, 26, XXII 21(1, 2), 22(1, 2), 23, XXVI 3(1, 2), 13, 14
λάφυρα	掠取品	XVI 8
ληλάτησις, ληλατέω	掠奪(する)	XVI 5, 8, 11(1, 2*), 12
λεία	分捕り品	XVI 12, XXIV 4, 5
λειτουργία	義務	I 5†, X 24
	軍務	XI 10bis, XIII 3
λήκυθος	油瓶	XXXI 10, 11(1, 2), 12(1, 2, 3, 4)
λιβανωτός	乳香	XXXV 1
λιμήν	港	VIII 2, XI 3
λίνον	亜麻糸	XVIII 5(1, 2), 6, 9(1, 2), 14†, 16(1, 2)
	糸	XXXI 18(1, 2, 3*, 4*, 5*,6, 7*), 19(1, 2*), 20(1, 2), 21
λίνον, σπάρτον	紐	XVIII 17(1σ, 2), 18σ, 19(1, 2, σをつけたのが 3σ)　'σπάρτον'の用例
λόχος	隊	XIII 1, XV 3, XXVI 1, XXVII 12
λύχνον	灯火	X 14, 26, XXII 21

μ

μάντις	予言者	X 4
μάχαιρα	サーベル	XXIX 4
μάχη	戦い	XVI 18, XXVI 7, XXVII 4
μάχιμος	好戦的な	XV 8
μάχομαι	戦闘員(部隊)	XXXVII 5, XXXVIII 1
μέλισσα	蜜蜂	XXXVII 4
μεταβολή	変革	I 7
μέτοικος	メトイコイ	X 8
μηνύω, καταμηνύω	情報提供する	X 15(1, 2), XI 12, XXVII 11, XXXI 9, 9bis(1, 2), 33
μηχάνημα	機械	XXXII 1, 3, 4, 8(1, 2, 3, 4, 5), XXXIII 1, 2(1, 2), XXXVIII 1
μισθός	給料	XIII 2
μισθοφόρος	傭われた	XXII 2
μισθόω	雇う	X 7(1, 2), XIII 2, 3
μόναρχος	君主	X 16, 17
μοχλός	横木	IV 2, XVIII 7, 16, 22(1, 2), XIX 1(1, 2), XX 2, 3

ν

ναός	神殿	XVII 3(1, 2)
ναύαρχος	海軍提督	XXXI 35
ναύκληρος	船主	X 12
νεώριον	ドック	XI 3(1, 2), XXIII 6
νεωτερίζω, νεωτερισμός	革命(を起こす)	II 1, V 1, X 25(1, 2), XVII 5, XXII 4, 6, 10, 17, XXX 1

1. 本文索引

νυκτοφυλακέομαι	夜の見張り（がなされる）	XXII 1	

ξ

ξενία	友人関係（「友人」の意）	X 2	
ξενικός	傭兵隊	XXIII 11	名詞使用
	傭兵の	X 18	
ξενοκρατέομαι	外人支配	XII 4	
	外人	X 5, 9, 13	
	外人兵	XII 2(1, 2), XXIX 4	
ξένος		X 22, XI 7, 8, 10, XII 4(1, 2), 5 (1, 2), XIII 1, 2, 4, XVIII 8, 13, XXIII 11, XXIV 3, 6, 8, XXVIII 5	
	傭兵		
ξενοτροφέω	傭兵を傭う	XIII 1, 4	
ξίφος	刀	XXIV 2	

ο

ὁδός	道	XV 6(1, 2), XVI 11(1, 2), 14, 21, XVII 5, XXIII 11, XXIV 11 (1, 2*), XXXI 28	
οἰκέτης	召使い（家内奴隷）	II 6, XXIV 4, XL 3	
οἰσύα	ヤナギ	XXIX 11	
ὀλιγαρκικός	寡頭派	XI 13	
ὁμηρεύω	人質となる（を差し出す）	X 23(1, 2)	
ὁμονοέω	一体となる	X 20, XVII 1, XXII 21	
ὁμόνοια	一体性	XIV 1	
ὅμορος	隣国人	X 10	
ὄξος	酢	XXXIV 1	
ὁπλίζω	武装させる	XVI 3, XXIX 10, XL 4	
ὁπλίτης	重装兵	XV 5, XVI 7, 14	
	楯	XXIV 6†, XXIX 4, XL 4	
	綱	XXXIX 7(1, 2)	
ὅπλον	武器	III 5, IX 1, X 9, XI 9, 14, XVII 4, XXIV 7, XXVI 1, XXVII 5, 8, XXXI 35のみ XXIX 8, 10, 12, XXX 1, 2(1, 2), 単数形 XXXI 35	
	武具	X 7(1, 2), XVII 2, 3(1, 2)	
	一般住民	I 9, XXII 23	
ὄχλος	群衆	XVII 6, XXXI 27	
	群れ	XVII 1, XXIII 6	

π

πάθος	災禍	XVI 16, XVII 2, XXII 18	
παίδευσις	教育	X 10	
πάλος	籤	XX 2	
πανδημεί	民衆総出で	XVII 1	
πάνδημος	公共の	XXIII 6	
	全民衆挙げての	XVII 1, 2, XXII 16, XXIX 3	
πανδοκεῖον	宿泊所	X 10	
πανδοκεύς	宿の主人	X 9	
πάνειον	パニック	XXI 2, XXV 1, XXVII 1, 2, 3, 6*, 11*	
παράγραμμα	横の文字	XXXI 18(1, 2*)	
παραπέτασμα	幕	XXXII 9	
παρασύνθημα	第二の合言葉	XX 5, XXI 2, XXV 1, 2(1, 2), XXVI 1	
παράταξις	戦闘隊形	I 2, XV 8	

285

V 索引

πατρίς	祖国	序 1, 2
πέλτη	軽装盾	XXIX 6†
περίδειπνον	葬式の宴会	X 5
περικεφαλαία	戦闘帽	XXIV 6, XXIX 4, 12, XL 4
περιοδεία	パトロール	XXI 2, XXII 27, XXVI 4, 7, 8
περιοδεύω	パトロールする	XXII 10, 23, XXIV 19, XXVI 1, 2(1, 2), 3, 4, 5, 6, 8, 10, 12
περιοδία	パトロール	I 1†, 5, III 2, XXII 3, 20, 26
περίοδος, ὁ	パトロール兵(隊)	XXII 3, 13, XXIV 16, 19, XXVI 7, 9
πέσημα	損壊	XXXII 12
πεφυλαγμένως	用心を払って	XV 7
πῖλος	フェルト	XXXIII 3
	帽子	XI 12(1, 2), XXV 2, 3
πινάκιον	絵馬	XXXI 15†, 16
πίσσα	ピッチ	XXXIII 1, XXXV 1
πισσαλοιφέω	ピッチを塗る	XI 3
πλούσιος	富裕者	XI 7, 8, 10, 10bis(1, 2), 11, 13, 15*, XIV 2
πολεμικός	戦闘の合図	IV 3
πολιορκέω	包囲する	XII 3, XXXI 9, XXXVII 6, XXXIX 1
	国	I 9, IX 2, X 11, 12, 15, 20, 22, 23 (1, 2, 3*), XI 2, 4(1, 2), XI 8, XII 1, 2, 4, 5, XIII 1, 2, 4, XIV 1, XV 10, XVI 14, 15, XVII 1, XVIII 8, 13, 20(1, 2), XXIII 6, XXVI 4, XXXI 9, XXXVIII 5, XL 3
πόλις	市域	VI 1, XV 9, XVII 1, 2, XXXI 9 (1, 2), 15, XXXIII 3, XXXIX 2
	都市	序 1, XXIII 1, XXVIII 1, 4
	ポリス	I 1(1, 2), 5, 6, III 1(1, 2), IV 4, 5, XXII 1, 2(1, 2), 3, 7, 13, 14, 15(1, 2), 16, 19(1, 2), 20, 21, 27, XXIV 1, XXIX 1, 3, XL 1(1, 2, 3), 2(1, 2)
πόλις, ἐν τῇ πόλει	市内	I 2, 9, II 1, 3(1, 2), 7, 8, IV 1, 2, 10, V 1, VI 1, 4(1, 2), 6, 7, VII 1, 2(1, 2, 3), 3, VIII 2, X 1, 3, 4, XI 8, XV 7, 10, XVI 16, 17, 18(1, 2, 3), 19, XVII 4(1, 2, 3), XVIII 15, 19, XX 4, XXIII 5, 7, 9, 11(1, 2), XXIV 12, 14, XXVII 1, 2(1, 2), XXVIII 1, 5(1, 2), XXIX 1, 8, 9, XXXI 8, 25, 31, 35, XXXII 8, XXXVIII 1, 3, XXXIX 1, 2, 5
πόλισμα	中枢部	II 2, XXIV 8
πολίταρχος	国家長官	XXVI 12†
πολίτης	市民	II 4, III 1, 3, 4, IX 1, X 1, 11, 20, XI 1, XII 2(1, 2*), 4, XIII 1, XIV 1, XVII 1*, 3, XXIII 7, 8(1, 2), 11, XXVIII 5(1, 2*), XXIX 4
πολιτοφυλακέω	市民の見張り番(となる)	I 3
πολιτοφυλακία	市民の見張り役	XXII 7
πομπή	行列	XVII 1, 2(1, 2), 3*, 5
ποταμός	川	I 2, VIII 1

286

1. 本文索引

	企て	VIII 3, XXIII 10
	行動	VI 2†
πρᾶξις	作戦	IV 5†, 6, IX 1, X 20, 24, XXIII 7, XXIV 15, XXVIII 4, XXIX 3, 11, XXXI 27
	やり方	XXIV 8, 14
	用事	X 24, XXII 23
πρατήριον	購入所	X 14
πρεσβεία	使節団	X 11
πρέσβεις	使節	X 11, 20
πρίσμα	おが屑	XXXV 1
πρίων	のこぎり	XIX 5
προδίδωμι	反逆(する)	XI 3, 5, XXII 7, XXXI 8, 9, 25, 27
προδοσία	反逆	XXXI 8
προδότης	反逆者	XI 9
πρόδοτος	反逆にあう	XVIII 13
προκινδυνεύω	先駆けて危険に身を曝す	XXIII 10
προκληρόω	あらかじめ籤で……決める	III 6
προσβολή	攻撃	XXXVIII 1
πρόσκειμαί	襲う	II 6, XVI 5, 7, XXXVIII 3
πρόσοικος	隣人	X 1†, 2
προστάτης	主導者	XI 7, 8, 10bis, 15
προφύλαξ, προφυλάσσω	実際の(に)見張り(番を する)	XXII 5bis, 9(1, 2, 3), 11, 27, XXIV 19, XXVI 2, 8, 9, 13, 14
πύλη	城門	IV 2, X 8, XV 3, XVIII 1, 2, 3, 7, 14, 16(1, 2), 19, 20, 21, XX 3, 4 (1, 2), 5, XXIII 4, 8, XXIV 5, 7, 8, 11, 13, XXVIII 1, 3, 4(1, 2), 5, 6(1, 2), 7, XXIX 10, XXXII 4, XXXIII 4, XXXVIII 8, XXXIX 1, 2, 4
	門	XXXIX 3, 4
πυλωρός	門番	V 1, XVIII 2(1, 2), 3*, 5, 6*, 7*, 13(1, 2*), 14, 16(1, 2*), 18, 19(1, 2), 20(1, 2*), XXIV 8, XXVIII 2, XXIX 2, XXXI 35
πυξίον	ツゲの板	XXXI 14(1, 2)
πυργάστρη	行火	IV 2
πύργος	塔	XI 3(1, 2), XXIX 10, XXXII 2
	櫓	XXXII 1†
πυρός	小麦	XXIX 6
πυρσευτής	烽火担当者	VI 7
πυρσεύω	烽火の合図をする	XV 1, XXIII 6
πυρσός	烽火の合図	VI 7

ρ

ῥίνη	ヤスリ	XVIII 5, 16
ῥῖπος	ムシロ	XXIX 6, XXXVII 9
ῥυμάρχος	街路長	III 4, 5(1, 2)
ῥύμη	街路	II 5, III 4, 5(1, 2)
ῥυμός	轅	XXXVII 9(1, 2)

σ

σαλπιγκτής	ラッパ吹き	XXII 3†
σάλπιγξ	ラッパ	IX 1, XXII 22, XXVII 4

V 索引

σαργάνη	籠	XXIX 6, 8
σημαίνω	合図(を)する(送る)	IV 3, VI 1, VII 2(1, 2), 3(1, 2*, 3), IX 3, X 14, XVIII 21, XXII 3, 23, XXVII 4(1, 2*), XXXI 28
	示す	XXXI 29
	伝える	VI 4
σημεῖον	印	XV 6, XXII 27, XXXI 9bis
σημεῖον, σύσσημον	合図	II 5, IV 1, 5, 6*, 12, VI 4(1, 2), 5, 7, X 26, XVIII 1, XXII 9, XXVII 2, XXIX 9 「烽火の合図」も参照
σιδήριον	鉄鋲	XXXII 2
σιδηροῦς	鉄製の	XX 3
σιδηρόω	鉄をかさねる(かぶせる)	XX 2, 4, XXXIX 3
σικύα	吸血具	XI 14
σικυός	ウリ	XXIX 7(1, 2)
σῖτος	穀物	X 12, XXVIII 3
σκοπός	偵察兵	VI 1, 6
σκυταλίς	認識帽	XXII 27(1, 2, 3), 28
σμίλη	ノミ	XVIII 5, 16
σπόγγος	スポンジ	XIX 1
στάζοντα, τά	雨漏り	XI 3
στερεά, τά	岩場	VIII 2
στοά	柱廊	XI 3(1, 2, 3)
στοιχεῖον	文字穴	XXXI 20, 21(1, 2)
στολίδιον	革製胴着	XXIX 4
στρατεία	遠征攻撃	X 23
στράτευμα	軍	VI 3, XXIV 1, 10(1, 2), 12, XXVI 7, 8, 10, XXVII 4, 7, 12, 14
στρατηγέω	将軍である	IV 8
στρατήγιον	将軍庁	XXIII 3
στρατηγός	将軍	X 16, 17, XV 2, XVIII 5, 16(1, 2), XX 1, 2(1, 2*), XXII 2, 21, 22(1, 2, 3), 27(1, 2, 3), 28, XXVI 10, 11(1, 2), XXVII 4, XXXI 27, XXXVIII 2
στρατιά	兵	XXII 26
στρατιώτης	兵士	IV 2, 10, IX 1, X 7, XI 6, 14, XVI 13, 15(1,2), XXVI 11, XXVII 3, 5
στρατοπεδεία	野営地	XVI 15
στρατόπεδον	陣営	X 11, 18, 19, XXII 1, XVII 1, 11, 14, XXXI 8, 25 XXXI 8のもう一つの 'στρατόπεδον' は「敵陣」と訳した
στρῶμα	敷物	X 26
στυππεῖον	麻屑	XXXIII 1, XXXV 1
σύειος	イノシシの	XI 6, XXXVIII 7
σύμβολον	割り符	X 8
σύμμαχος	同盟国(軍)	III 3(1, 2), XII 1(1, 2), 3(1, 2), XXIV 3, XXVI 7
συμπροδίδωμι	反逆に加担する	XI 3
σὺν (τοῖς) ὅπλοις, μετὰ ὅπλων	武装した	XI 8, XVII 1, 2, 4, XXIII 8, XXXVII 8, XXXIX 5
συνάρχω	同僚役人である	XI 3, 5
συνεπιβουλεύω	陰謀の仲間(となる)	XVII 4

1. 本文索引

σύνθημα	合言葉	VI 7(1, 2), XX 5, XXI 2, XXIV 1, 13(1, 2), 14, 16(1, 2*, 3), 19, XXV 2(1, 2, 3), 4
συνοικία	共同宿舎	XXX 2
σύνταξις	戦争体制	III 1
σύνταξις, συντάττω	組織（する）	I 1, 2, 3, III 1†, 4, XV 2, 3
συντάττω, τάσσω	配置（する）	XXII 2, XXXIX 2, 26, 29
συνωρίς	馬車（2頭立て）	XVI 14
συσσιτία	会食	X 5†
συσσίτιον	食事仲間	XXVII 13†
σφενδόνη	投石機	XXXII 8†
σφήξ	スズメバチ	XXXVII 4
σφῦρα	木槌	XX 4
σχοινίον	葦縄	XXXVIII 7
σχοῖνος	縄	XXXIII 1, XXXIX 7
σῶμα	女性	XXXI 24
	身体	XI 14, XXIII 2, XL 4
	肉体	III 2
	人間	XXVIII 3
	人	X 3, XXVIII 2
	兵隊	I 1(1, 2), 3*, 5, IX 1, XXII 16, XXXII 1, 8, XXIII10, XXXVIII 1
σώρακος	箱	XXX 2

τ

ταλαπείριος	放浪者	X 10
ταξίαρχος	連隊長	XXII 29
τάξις	隊形	VI 2, XVI 7, XL 8
	隊列	XV 3, XVI 9, 14, XVI 4
	連隊	X 20, XXIV 8, XXVII 12
ταρσός	葦編み	XXIX 6, 8, XXXI 2
ταφρεύω, τάφρος	溝（を掘る）	II 1†, XXXII 12, XXXIII 4, XXXIX 1, 2
τάφρος	壕	XXXVII 1(1, 2), 2*, 3
τειχήρης	城壁の中にいる（者）	I 3
	攻囲された（者）	XXIII 4
τειχίζω	壁を作る	XXXII 12, XXXVII 2(1, 2)
τειχίον	壁（家のあるいは城壁の一部の、また壕の中に作る防御壁）	II 2, XXXII 12, XXXVII 2
τεῖχος	城壁	I 8, III 1(1, 2), 3(1, 2), XI 6, XVIII 14, 21, XXII 4, 8, 9, 12, 14, 19(1, 2, 3, 4), 20, 21, XXIII 5, XXVI 1, 5(1, 2), 6, 7, 13(1, 2), XXVIII 6(1, 2), XXXII 4, 7(1, 2, 3), 10, 11(1, 2), 11(1, 2), 12(1, 2), XXXIII 1, 3, XXXVI 1, 2, XXXVII 6, XXXVIII 1(1, 2), 2, 4, 7(1, 2), XXXIX 4, 6, XL 1*, 4, 6
τεχνάζω, τέχνασμα	企み（をめぐらす）	II 3†, IV 1, X 21, 25, XI 13, XXIII 3, 6, 8, XXVIII 1, XXXI 25, 26, XXXVII 8, XXXIX 1
τόκος	利子	XIV 1
	利得	X 12
τόξευμα	矢	XXIX 4, XXXI 26, 27, XXXII 8

τόξον	弓	XXIX 4
	地勢	I 2, 3, VI 4, XXII 22
τόπος	場所	I 3, II 2, 7(1, 2), 8, III 6(1, 2), VI 1, 4(1, 2), 6, IX 1, X 4, XVI 7, 17, 19, XVII 4, XVIII 20, 21, XXII 2, 13, 28, XXIII 11, XXVI 13, 14, XXVIII 7, XXIX 10, XXXI 31(1, 2), XXXIX 5
τρίοδος	三叉路	XV 6
τρίπους	鼎	II 2
τροφή	糧食	XIII 2, XL 8
τροχός	車輪	XXXII 8, XXXVII 9
τρύπανον	穿孔機	XXXII 5, 6(1, 2)
τρύπημα	穴 (鍵穴)	XVIII 3, 7
τρύπημα, τρθπάω, τετραίνω	穴 (を空ける) (暗号用)	XXXI 17(1, 2), 18, 19, 20(1, 2, 3), 21(1, 2, 3*), 22(1, 2)
τυραννεύομαι	僭主支配が樹立される	XII 5
τύραννος	僭主	V 2, X 11, XXII 19

υ

ὑδρίον	水差し	VIII 4, XVIII 20, XXII 25, XXXI 4(1, 2), 14(1, 2), XL 8
ὕδωρ	水	VIII 4, XVIII 20
ὕπερον	スリコギ	XXXII 2
ὑποζύγιον	家畜	II 5, XXVII 14, XXVIII 3
ὑπόρυγμα, ὑπορύσσω	穴 (を地下に掘る) (大きな穴)	XXXII 8(1, 2)
	地下道 (を掘削する)	XXXVII 1(1, 2, 3, 4), 3(1, 2), 4, 5(1, 2), 6

φ

φάλαγξ	密集隊	XXIX 9[†]
φέγγος	明かり	X 25, 26
φεύγω	逃げる	II 6, XVI 19, XL 2
φοβερός	恐ろしい	序 2, XII 3, XIV 1, XXIX 3
	恐怖 (状態にある)	XXVII 4
	恐ろしさ	XXVI 12, XXVII 9
φόβος	恐怖	I 6, III 1, IX 3, X 3, XXVII 1, 3, 4 (1, 2), 6, 7, 9, 13(1, 2), XXVIII 1
φορμός	籠	II 2, XXXII 2, 8
φορυτός	屑	XXXVII 3(1, 2)
	掩護物	XXXVII 8
φράγμα	覆い	XXXVII 9(1, 2)
	障害物 (海の)	VIII 2
φράγμα, φράξις	障害物	II 6, VIII 2
φρόνιμος	思慮に富む	I 4, 7, III 4, V 1, XV 3
φρουρά	駐留軍	X 22, XI 13, 14, XII 3(1, 2)
φρούραρχος	駐留軍長官	XXII 20
φρούριον	要塞	III 3
φρουρός	駐留兵	V 2, XII 3
φρύγανον	薪	XXVIII 6, XXIX 7
φρυκτός	松明信号	VII 4, XVI 16
φυγάς	亡命者	IV 5, X 5[†], 6, 16, 17
φυλακεῖον	屯所	XXII 16, 17, 21, XXVI 14, XXVII 15(1, 2)

1. 本文索引

φυλακή	見張り	III 1, VII 3, X 24, 26, XI 10bis, XVIII 1, XXII 23, 24, 25, 28, 29, XXVI 7, XXXI 24
	見張り当番	XXII 4, 5bis, 6, XXVI 1(1, 2*), 12, XXVII 12
	見張り役	I 8, XVII 5, XVIII 14, 21(1*, 2), XXII 26, 29(1, 2, 3), XXVII 15, XXVIII 15
φυλάκιον	持ち場(見張りの)	XX 5, XXII 9(1, 2, 3, 4*), 29*
φύλαξ	見張り番	I 1, 8, XVIII 1, 20, XX 5, XXI 2, XXII 3, 4, 7, 10(1, 2), 14, 15, 16, 19, 20, 22, 24, 27(1, 2), 28, XXIV 16, 17, XXVI 7, 9, 10, 13(1, 2), 14, XXVII 15
	防衛する	XI 4, XXXI 24
	保管する	XX 2
	守る	XVI 19
φυλάσσω	見張り(をする)	III 1(1, 2), 3, IV 2, X 24, XVIII 21(1, 2), XXII 4, 5(1, 2*, 3, 4), 5bis, 6(1, 2*), 7, 8(1, 2), 24, 26 (1, 2*), 29, XXIII 1, 5, XXVI 11, 12, XXXI 24, 28, XL 1, 2
	用心する	XXVIII 7, XL 5
φυλέτης	部族員	XI 10
φυλή	部族	III 1(1, 2, 3), 2, XI 8, 10(1, 2), 10bis
φύλλον	葉っぱ	XXXI 6(1, 2)
φῶς	灯り	XXIII 1, XXIV 2
φωσφόρος	灯り持ち	XXXI 15
χ		
χαλινός	くつわ	XXXI 9
χαλκεύομαι	金属細工師に作らせる	XVIII 10
χαλκεύς	金属細工師	XVIII 11(1, 2), XXXVII 6
χεῖλος	胸壁	III 6, XXXI 3
χελώνη	「亀」	XXXII 11, XXXIII 1(1, 2)
χερμάδιον	砲弾	XXXVIII 6, 7
χρεωφειλήτης	負債を負った者	V 2, XIV 1
χώρα	国土	序 1, VIII 1, 2, IX 1, XV 1, 8, 9, XVI 4, 8, 11(1, 2), 16, 17(1, 2), 18, 19(1, 2), 20(1, 2), XXI 1
	農牧地	序 1, VII 1, 2, VIII 1, 2, 3, 4(1, 2), X 3, XV 9, XXI 1, XXIII 7
	場(所)	XXVII 3, XXXIX 2
	距離	XXII 10, XXVI 9
	地	XXIV 10(1, 2)
χωρίον	地点	VI 1, IX 1, X 13, XVIII 18, XXIII 10, XXXI 25, 26, 27
	土地	I 2(1, 2*, 3*), XV 6, XVI 18(1, 2, 3), 19(1, 2*, 3*), XXII 4
χῶρος	地	VII 1, XVIII 18
	地点	XVI 11, XXVII 2
ψ		
ψάμμος	砂	XVIII 4, XXXII 2, 8
ψαμμώδη, τὰ	砂場	VIII 2
ω		
ὦμος	肩	XXXI 23(1, 2), 27, XL 6(1, 2*), 7(1, 2*)

291

2. 註解・解説索引

A 史料

凡 例
1. 註解・解説中に言及している古典史料と言及箇所を示している。
2. ローマ数字とアラビア数字の組み合わせは、その部分の註解を示し、「解」と数字は解説のその章と節を示す。
3. 『攻城論』の他箇所への言及については示していない。

史料名	言及箇所	史料名	言及箇所
古典史料		*Bell. Gall.* VII 22.2	XXXII 4
Aelian.		Cic.	
Tact. I 2, III 4	解 2B	*Fam.* IX 25.1	解 2B
Tact. XXIX	XXIX 9	*N.D.* III 89	XXXI 15
Var. Hist. XIV 25	XI 3	Dem. et [Dem.]	
Aeschin.		II 7	XXXI 25
II 115	VIII 4	VI 20	XXXI 25
II 130	XXII 3	VII 10	XXXI 25
Andoc.		XIV 10-11	序 1
I 73, 76-79, 106-109, 140	X 20	XIX 158	X 9
I 96-98	X 16	XX 30-33	V 2
Anth. Palat.		XXIII 7	XXIX 5
VII 709.4	II 2	XXIII 11-12	XXIV 3, XXIV 10
Antiph.		XXIII 34	XXIX 5
V 17	I 7	XXIII 107	XXXI 25
App.		XXIII 119	XXVIII 5
*Mith.*11.78	XXXVII 4	XXIII 158	XXVIII 6
Ar.		XXIII 165	XVI 12
Av. 933, 944	XXIX 4	XXIII 170ff.	XXIV 10
Av. 1212-1215	X 8	XXIII 177	XXVIII 6
Av. 1529, 1565-1569	XV 8	L 5-6	XII 3
Lys. 310	IV 2	LIV 39	XV 8
Pax 637	XXXVI 1	LIX 99	II 3
Ra. 792	XIV 1	Diod.	
Rh. 119	XIV 1	XII 28.3	XXXII 1
[Arist.]		XIII 5.1	XI 7
Oec.	XIV 2	XIII 54.7	XXXII 1
Oec. II 2.8, 23, 24, 29	XIII 2	XIII 67.3	X 25
Oec. II 2.18	XXVIII 6	XIII 85.5	XXXIII 1
Arist.		XIII 91.3	X 21
Pol. 1268a23, 1305b29, 1322a26ff.	I 3	XIV 47.6	X 21
Pol. 1309b9	XXVIII 5	XIV 48.4	X 21
Pol. 1303a34-35, 1306b3-5	XI 3	XIV 51.1	XXXII 1
Pol. 1303a36-38	XX 4	XIV 65-69	XL 2
Pol. 1305b33	XXVIII 6	XIV 108.4	XXXIII 1
Pol. 1305b39	XIV 1	XV 2-4, 17.1	X 21
Pol. 1305b39-1306a9	XX 4	XV 34.3-35.2	XXII 20
Pol. 1306a22-24	XII 5	XV 36.1-4	XV 8
Pol. 1306a26-31	XXVIII 6	XV 57.3-58.4	XI 7
Pol. 1306b1-3	XXIX 4	XV 83	II 2
Pr. 16.8	XXII 24	XV 95.3	XI 13
Ascl.		XVI 7.2	IV 1
Tact. 2.7	I 5	XVI 7.3-4	XV 8
Caesar.		XVII 43.10	XXXIX 6
Bell. Civil. II 13.3	XXXI 26	XX 54.3-7	X 23
Bell. Gall. V 48.5	XXXI 26	Dion. Hal.	

2. 註解・解説索引

Ant. Rom. I 26.2
Eur.
  Hec. 529-534
  Phoen. 1158
  Rh. 434
Fron.
  Str. I 6.3
  Str. III 12.1
  Str. III 12.2, 3
Gellius
  Noct. Att. XVII 9.16-17
Harpokr.
  s.v.lampas
Hesych.
  s.v. αἱμασιά
Hdt.
  I 63
  I 150
  I 168
  I 171.4
  I 179.2
  III 47
  IV 49.2
  IV 200-202

  V 2.15, 24
  V 35
  V 41
  V 115
  VI 4
  VI 18
  VI 78
  VI 110
  VII 36.3
  VII 123.1
  VII 183.1, 192.1, 219.1
  VII 239
  VIII 71.2
  VIII 126.3
  VIII 128
  IX 28.3
Hom.
  Il. II 529, 830
  Il. X 299-327
  Il. XXIII 87-88
  Od. XVI 365-366
Julius Africanus
  Κεστοί IX
  Κεστοί XLIX
  Κεστοί L
Justin.
  II 10.13-17
  XXI 6
Isoc.
  Ep VII 12
Liv.
  XXII 16-17
Nepos
  XI 3.3
Onas.
  I 1
Ov.
  Ars. III 619-630
  Ars. III 625-630
Paus.
  IV 26.8
  VIII 8.8
  X 37.7
Philo Mech.

XXXIII 3

X 18
XXXII 5
X 23

XVI 10
XXVI 13-14
XXVI 7

XXXI 14

XVII 1

II 2

XVI 12
XVII 1
XVIII 13
XXIX 12
XXIX 6
XXIX 4
XV 8
XVI 14, XXXVII 1, 6
XXXI 25
XXXI 28-29
XIV 1
XXXVII 1
XXXI 9
XXXVII 1
XVI 12
XXII 2
XXXII 1
XXXI 25
VI 1
XXXI 14
XXXII 2
XXXI 25
XXXXI 25-27
XXXI 25

XXIX 4
VI 1
XXXI 17
VI 1

XXIII 2
XXVIII 3
XXIX 9, 10

XXXI 14
XXXI 14

XII 5

XXVII 14

XXIV 16

XV 3

XXXI 4
XXXI 14

XXXI 4
XXXII 7
VIII 4

86 3-11 = A(84)
91 20-24 = C(7)
93 25-29 = C(32)
95 39-44 = C(65)
99 26 = D(35)
102.31-36 = D(77)
Pi.
  N. 4.96
Pl.
  Lg. 918b-c
  R. 362d
  R. 526d
Plin.
  Nat. II 181
  Nat. XXVI 62
  Nat. XXXIII 94
  Nat. XXXV 43
Plut.
  Alc. 30.4-5
  Alc. 34.3, 4
  Arat. 24.1
  Cimon 12.4
  Mor. 15d
  Mor. 245b-c
  Mor. 848e
  Pelop. 5-6, 7-13
  Pelop. 10.6-10
  Pelop. 18
  Per. 27.3
  Pyyrh. 14.2
  Phoc. 6
  Phoc. 18
  Sert. 1
  Sol. 8
Polyaen.
  I 2
  I 20.2
  I 23.2
  I 40.3
  II 1.17
  II 14.2
  II 20
  II 25
  II 28.2
  II 29.2
  II 30.3
  II 36
  III 9
  III 9.4
  III 9.15
  III 9.19
  III 9.20
  III 9.21
  III 9.29
  III 9.35
  III 9.53
  III 9.55
  III 10.15
  III 11.2, 11
  III 14
  IV 2.16
  IV 3.26
  IV 135.1
  V 2.20
  V 16.3
  V 26
  V 33.6
  V 39
  VI 3

XL 1
XXXVII 1
XXXIX 2
XXXIX 6
XXXIV 1
XXXI 14

XIV 1

X 9
XXXI 8
XXI 2

XXII 3
XXXI 14
XXXIV 1
XXXI 10

X 25
X 4
XXII 14
XXXI 26
XXIII 4
XL 3
XI 13
XXIV 18
XXXI 34
XVI 7
XXXII 1
解 2B
XXII 20
XXIV 10
XXIV 7
IV 8

XXVII 1
IV 8
XVII 2
XXVI 13-14
XL 6-7
XI 12
XXXI 14
XXII 14
VII 4
XXXI 26
XII 5
XVIII 8
XXIV 16
XXVI 7, XXVII 11
XXIV 16
XL 6-7
IX 2
XXVI 7
XXIV 16
XXVI 7
XVI 12
VII 4
XXXII 1
XXII 20
XXIV 7
XXII 14
XXVII 3
XXII 27
XL 2
XXIX 12
XXIII 3
VI 1
VI 1
XXXIII 1, XXXIV 1

V 索引

VI 9
VI 16.2
VI 17
VI 19.2
VI 35.7
VII 21.2, 5
VII 27.2
Polyb.
  III 93-94
  IX 17.9
  X 44
  XVI 22.8
  XXI 28.7-10
  XXI 28.11-17
Strab.
  VI 3.2-3
Suetonius
  Divius Iulius 56.6
  Divius Iulius 81.4
  Divius Augustus 88
Tact.
  Ann. I 66
Thphr.
  Char. VI 5
  de Igne 25, 59
  de Igne 61
  HP III 9.3
  HP IV 4.14
Thuc.
  I 24.5
  I 93.5
  I 99
  I 126.6
  I 144.3
  II 2-6
  II 3.1, 2-3
  II 3.4
  II 4.2
  II 5.4
  II 12.2
  II 18.2
  II 19-24
  II 22.1
  II 34.4
  II 48.2
  II 58.1
  II 75.4
  II 76.2
  II 76.3
  II 76.4
  II 77.2-6
  II 81
  II 94.1
  II 94.4
  II 96.4
  III 3.3
  III 22.7-8
  III 51
  III 68.3
  III 70
  III 112
  III 113.6
  IV 9.1
  IV 13.1-2
  IV 52.2-3
  IV 67.3-5
  IV 71
  IV 88.1
  IV 100.2-4

V 2
VII 4
XXXVII 3
VII 4
XXII 27
XL 4
XXXI 6

XXVII 14
XXIV 16
VII 4
X 25
XXXVII 5
XXXVII 3

XI 12

XXXI 31
XXXI 33
XXXI 31

XXXVII 1

X 9
XXXIV 1
XXXIV 1
XXXV 1
XXXV 1

X 5
XXXII 7
序 1
XVII 1
XXIV 3
II 3
II 4
II 5
II 6
VII 2
X 11
XXXII 1
XVI 10
XXII 12
XVII 1
VIII 4
XXXII 1
XXXIII 4, XL 1
XXXVII 1
XXXII 12
XXXII 1, 4, 5
XXXIII 1
XVI 4
VII 4
VIII 2
XV 8
XVII 1
VII 4
XXXII 1
X 9
X 5
IV 7
XV 10
XXIX 12
XXXII 1
X 3
XXVIII 4
XIV 1
VII 1
XXXIII 1

IV 103-106
IV 111
IV 125
IV 135
V 9.8
V 10.5
V 56.5
V 69.2-70
V 72.3, 4
V 81.2
V 82.2
VI 102.2-3
VII 25.6
VII 30.3
VII 40
VII 44
VII 59.3
VII 80.3
VIII 5.2
VIII 16.3, 20.2
VIII 24.4
VIII 31.3
VIII 92.8
VIII 102.1
Tzetzes
  ad Lycophr. Al.1141 (=Timaios FGrH
  566 F146b)
Vegetius
  IV 5
  IV 17-18
  IV 23
  IV 26
  IV 39
[Xen.]
  Ath. Pol. II 4-5
Xen.
  Ages. I 24
  An. I 2.25, III 4.21, IV 8.15
  An. I 8.18, IV 5.25
  An. II 2.15, IV 1.13, 5.25
  An. II 2.19-21
  An. II 3. 13
  An. II 5.1
  An. III 3.20
  An. IV 1.18
  An. V 4.26
  An. VI 2.4-5
  An. VII 8.15
  Cyr. I 4.22-25
  Cyr. VI 3. 21
  Cyr. VI 4.2
  Cyr. VII 1.10
  Eq. XII 11
  Hell. I 1.2
  Hell. I 1.33
  Hell. I 4.20
  Hell. II 1.8
  Hell. II 1.27-28
  Hell. II 4. 11, 24-29
  Hell. II 4.24
  Hell. II 4.25
  Hell. II 4.27
  Hell. III 1.16
  Hell. III 2.14-15
  Hell. III 4.15
  Hell. IV 2.20
  Hell. IV 5.11-18
  Hell. V 2.25-31

XXIX 3
X 25
XXVII 1
XXXVI 1
XXXVIII 2
VI 1
XXXVI 1
XXVII 3
XVI 7
XI 7
XI 7
XXXII 12
XXXII 1
XV 10
XVI 12
IV 7
VIII 2
XXVII 1
XXVII 7
XVIII 13
XI 3
XXVIII 5
XIV 1
VII 4

XXXI 24

XXXVII 1
XXXII 1
XXXII 4
XXII 14
XVII 1

XVI 13

XIII 4
I 5
XXIV 16
XVI 8
XXVII 1
VIII 1
XIV 1
XXIX 4
XXIX 4
XXXIII 3
XIII 2
VI 7
XVI 7
I 5
XXIX 4
XXIV 16
XXIX 4
VI 1
XXXI 8
X 4
XXXI 35
XVI 12
I 1
XXVI 4
XXIX 12, XXXI 8
XXXII 5
XXIV 3
VI 1
XIII 4
XXIV 15
XXIV 16
XXIV 18

2. 註解・解説索引

Hell. V 4.3	VII 2	**碑文史料**	XVI 14
Hell. V 4.1-12	XXIV 18	Meiggs & Lewis 5	XX 4
Hell. V 4. 46	XXII 20	*IG* I^3 71 IV 128	XXXI 4
Hell. VI 2.27	XXIII 4	*IG* II/III^3 292	XXIX 12
Hell. VI 3.18	XXVII 7	*IG* II/III^3 370	XXIX 12
Hell. VI 4.2	XXVII 7	*IG* XII-9 8, 9	X 16
Hell. VII 2.5-9	XXXVI 1	*OGIS* 218	XXXI 4
Hell. VII 2.8	XXXII 12	Rhodes & Osborne 58	XXIX 12
Hell. VII 2.18-23	XI 13	Rhodes & Osborne 100 p.524	XXXI 24
Hell. VII 3.1	解 2A	Schmitt 472 p.123	XXVIII 6
Hell. VII 5.11-13	II 2	*Syll*^{3} 137	XXVIII 6
Hell. VII 5.14	VII 1	*Syll*^{3} 187	VIII 4
Mag. Eq.III	XVII 1	Tod. 204	
Mag. Eq.IV 10	XVI 20		
Mag. Eq.IV 13	XVI 7	**翻訳史料**	
Mag. Eq.V 12	XVI 13	アリストテレス	
Mag. Eq.VII 12	XVI 12	『経済学』第二巻第二章（八）(3)	XIII 2
Mag. Eq.VII 14-15	VI 1	テオプラストス	
Mag. Eq.VIII 3	XVI 20	『植物誌1』340 頁註 3	XXXV 1
Oec. XX 11	VIII 4	『植物誌2』118 頁註 183	XXXV 1
Vect.	XIV 2	デモステネス	
Vect. II 2.3-4	XII 2	『弁論集4』補註 C	XXIV 10

V 索 引

B 研究文献

凡 例

1．註解と解説において参照している研究文献の言及箇所を示す。研究文献の省略法は使用文献に掲載したやり方に従う。
2．Budé、Hunter/Handford、Whitehead はほぼすべての箇所で参照しているから、わざわざ示さない。
3．ただし Hunter/Handford のうち、註解の該当箇所以外を参照している場合についてのみ言及箇所を示している。
4．Barends については、Appendix への言及のみをとっている。

研究文献	言及箇所	研究文献	言及箇所
Anderson 1991, 26	XXIX 4	Hornblower 2, 394	XXVII 1
Asheri et al. 2007, on I 179.2	XXIX 6	How & Wells on VIII 128	XXXI 25-27
Athenian Agora 1990, 24	XXII 3	Hunt 2007, 123-124	XXXII 8
Barends 163 n. 3	XX 4	Hunter/Handford p. xvi	XXVII 1
id. 166, 169	XXXII 5	id. p.xxxiii	XXVI 7
id. 168-169	XXXVI 2	id. p.lxii-lxiv	序 2
id. 169	XXXVII 9	id. p.lx-lxii	I 2
Belyaev 1965, 245	XXII 29	id. p.lxxii	XXII 13
Bengtson 1962	解 3	id. p.51	XXII 11
Bengtson 1962, 461	XXXI 30-31	id. p.172	XXII 11
Bettalli 1986, 88-89	XXXI 30-31	id. Appendix I 148	XXII 24
Boardman et al. 2004	XXXI 15	id. Appendix II 5	XXIX 4
Brice ed. 2012, 142-144	XXIX 9	*Inventory* 39-46	I 1
Brown 1981	XXXI 9	id. 43	I 1
id. 386n.	XXXI 14	id. 47-48	II 2
Burliga 2012, 61-61	XV 5	id. 74-79	VII 1
id. 74	XVI 4	id. Index 6	I 1
Burrer 2008, 75-77	XIII 2	id. no.24	X 22
Busolt I, 614	XXIX 5	id. no.228	XXIX 12
Busolt II, 1230	XXIX 5	id. no.372	XXIV 3
Campbell 2003, 4	XXXII 8	id. no.483	XXIV 10
Campbell 2005, 23	XXXII 1	id. no.553	XXIX 3, 4
id. 2005, 10-12, 30	XXXVII 1	id. no.598	XXXI 25
Campbell & Tritle 2013, 404	XXIV 6	id. no.756	XXVIII 6
Christien & Ruzé 2007, 33-34	XI 12	id. no.765	XXVIII 6
Ehrenberg 1969, 86	XIII 4	id. no.779	XXIV 3
Fontenrose 1978, 131-137	XXXI 24	id. no.844	XXXI 6
Garlan 1974, 173-176	XXXVI 2	id. no.847	XXVIII 5
id. 190-191	XXXVII 1	id. no.868	XVIII 13
Gauthier 1972, 52 n.124, 53	XXII 29	id. no.1033	XXIV 3
id. 75-76	X 8	id. no.1025	XVI 14
Gehrke 1985, 46-47	XI 3	Jeffery 1976, 63-70	IV 1
id. 57-60	XXXI 6	*Kleine Pauly* s.v. Glos	XXXI 35
id. 79	XXVIII 5	Krenz 1991	XXII 3
Green 2006, 220 n.136	XXXII 1	Krenz 2000	I 2
Griechenland s.v. Chios	XI 3	Kühner & Gerth II 1, 126-127	XXII 13
Griffith 1935, 256-257	XIII 4	id. 422	XXXI 16
id. 264-273	XIII 2	id. 474	XXXI 24
Gurstelle 2004, 49-52, 70-73	XXXVIII 6	id. II 2, 111	II 2
Hanson 1995	I 2	Lazenby 1991, 90	XVI 5
Hanson 2009, 126-131	XVI 5	Lazenby 2012, 6-13	I 5
HCT 1, 354	XXXII 1	Lee 2013, 157	XXXII 1
Hornblower 1, 275-276	IX 1	*LGPN* III. A	解 2A, XXVII 7
id. 442	XXXII 1	id. IV	XXXI 25-27

296

2. 註解・解説索引

id. V.A
Loomis 1998, 33-36
Lorimer 1903
Marsden 1969, 116-119, 126-128,
  155 Diagram 1
Milner 2011, 135 n.6
Neue Pauly s.v. Astragal
  id. s.v. Lekythos
Ober 1985 69
  id. 72
  id. 152-155
Ober 1996, 53-71
OCD s.v. Chalcidice
  id.s.v. Himera
  id.s.v. inns, restaurants
  id.s.v. measures
Parke 1977, 82-88
Pattenden 1987, 170
Pritchett I 3-6
  id. I 34
  id. I 105-108
  id. I 127-131
  id. II 133-146
  id. II 177-189
  id. II 187-188
  id. II 221-224
  id. II 236-238
  id. III 45
  id. III 49-56
  id. III 162-163
  id. IV 76-81
  id. V 1-67
Schwarz 2009, 195-198
Sinclair 1966
Snodgrass 1967, 78, 110
Sommerstein Ar. *Birds* on 1529
Stadter 1978
Ste Croix 1981, 298 n.57

XXVIII 5
XIII 2
XXXVII 9

XXXVIII 6
XXXII 4
XXXI 17
XXXI 10
序 1
IX 3
III 3
I 2
XXXI 25
X 22
X 9
XVIII 15
IV 8
XXII 24, 25
XIII 2
XXIX 9
XXVII 3
VI 1
XXI 2
I 2
I 2
XVI 7
XV 2
XXVII 1
X 4
XXVII 1
I 2
XXXVIII 6
XXVII 3
XXXVIII 1
XXIX 6
XV 8
解 4E
I 3

id. 298
van Straten 1981
van Wees 2004, 50, 52-54
  id. 134
Waschow 1938
Wheeler 2007, 205
Wheeler 2007(2), 193-194
Whitehead 1988
Williams 1904, 393
  id. 397-400
Wilsdorf 1978, 1809, Tafel44
Winter 1971, 69-77
  id. 75-76
  id. 110-114
  id. 116-124
Winterling 1991, 216-219
  id. 218
Wycherley 1962, 39

阿部 2015, 221-261
オストロゴルスキー 2001
高津『神話辞典』「エニューアリオス」
  同書　「パラス」
  同書　「ヘルメス」
篠崎　1982
髙畠 1984, 18-23
髙畠 1985, 33-35
髙畠 1989, 92-94
髙畠 2003,「エトノス」
髙畠 2011, 41
  同書, 117-118
髙畠 2014, 10
髙畠 2015, vi-viii
  同書, 40-43
  同書, 41, 42, 44
  同書, 123-125
仲田 2013

V 1
XXXI 15
XXIX 4
IV 1
XXXVI 2
XVI 5
XVI 14
I 2, XXIV 15
解 1A
XXXI 18
XXXI 21-22
XXXII 7
XXXIII 3
XL 1
XL 1
XI
XI 2
XL 1

XXII 20
解 5 註 29
XXIV 2
XXIV 2
XXIV 15
解 3
X 10
X 5
X 5
XXIV 1
XXXVIII 5
X 5
I 2
I 5
XXXVIII 1
XXXI 25
XXXVII 1
解 2B

あとがき

　東洋大学の史学科には2年生の必修科目として「史料研究」という授業が置かれている。卒論にいたる重要なステップとして教員は重視していて、西洋史専攻を決めた学生に対して原語（たとえば、ギリシア語、ラテン語）では無理なのでせめて英語で史料を読ませようとしている。その授業で一つの教材を読み終え、新しい教材として、複数の英語訳のある史料を探したことがある。2012年度が始まる前だった。同じ英語でも訳し方に差があることを示し、一つの訳に頼るのは危険であることを教えたいと思ったのである。そのとき思いついたのがこの『攻城論』だった。LoebとWhiteheadとでは英語にかなり違うところがあって勉強になりそうだし、内容も戦いの中でのポリスのあり様が現れて面白いのではないかと考えたのである。そこで張り切ってそうしたことを勉強できるように毎回分の課題を作って——ただ当て訳させるだけではきちんと予習してこないので、いつの頃からか毎回課題を出して考えるヒントを与えるようにしている——、授業に臨んだのだが、学生たちはあまり関心を示さなかった。面白くないと噂が立ったのか受講生は年を経るほどに減って行き、最後には毎回の課題を作る意味がほとんどないほどの人数となってしまった。

　授業はそんな風に進んだが、授業を始めて1年目、まだ学生にもいくらか面白がる者がいた頃、大学の紀要にこれの訳と註解を掲載していくことを決めた。それはさしあたりこのほかに紀要に載せるものがなかったからで、このほかに何か載せるものができたらいつでも止めようと思っていたのである。しかし、始めてみると時間はかかったが、実に面白くのめり込んでしまうような仕事となった。わかりにくいギリシア語を何とか読み取ろうと苦闘したCasaubon以来の校訂の歴史、語られるさまざまな事例や工夫、その背後に推測される古代ギリシア人の振る舞いや将軍たちの苦労、さらにこうしたポリスに生きることになった際の喜びや悲しみといったことが折り重なって身に迫り、訳と註解を作る作業に没頭することとなった。年に3、4ヶ月

現在のステュンファロス
(著者撮影)

をこの仕事に当てていたと思うが、この仕事から離れなければならないときにはいつも後ろ髪を引かれる思いであった。2013年には学内の井上円了記念研究助成金の支給を受け、ステュンファロスを含むペロポネソス半島北部を中心に回り、アイネイアスが生きていたであろう環境をいくらかでも感じようと試みた。舗装のない道を苦労してたどり着いたステュンファロスは、むき出しになったいくつかの石組みだけが都市の跡を感じさせる小高い丘にすぎず、周りに広がる葦の原っぱが湖の跡を示していた。しかし、この光景が、その後私がアイネイアスを考えるときの原点となった。こうして紀要を目標として仕事は進んでいったが、一つの紀要分の原稿を仕上げ、しばらくして次の号のための仕事に入ると必ず前に作ったところに不備が見つかった。各章の間に大きな連携はないように見えるが、それでも後ろの方の読みが前の方の読みを決めることはあるし、後ろの方の詳しい検討が前の理解を改めさせることも度々生じた。それに気づくたびにすでに出してしまった原稿に修正を入れ、かなりの書き直しをしたのであるが、それをどうやって知らせるべきか、いつかは知らせなければならない、知らせなければ誤りが蔓

あとがき

延してしまうと思いつつも、それ以上のことをあまり考えることはなく時は経過した。2012年の夏に始めた仕事は2015年度の紀要の原稿提出後も残りの仕事を続けて2016年の2月には一応の完成をみた。

しかし、すべてが完成した後で読み返してみると、奇妙にギリシア語が入り交じり、一般受けしそうもないこうしたものを出してくれる出版社などないように見えた。「頼るべきは大学出版会」、数年前もそう思って別の書を出してもらったばかりだったが (『ペロポネソス戦争』)、複数回の出版を禁ずる規程はないようだから、今回もここを頼るほかないと考えることとなった。前のものより学術的価値があることは確かだし、審査もあることだから、古代ギリシア史にばかり大学の金を使っていると非難される謂われはなかろう。そこで2016年の11月頃に仕事を再開し、まず索引を作ってみた。これは思っていた以上に大変な作業であった。それぞれの場所で適切だと思って使った訳語は全体を通してみれば統一がとれておらず、再び根本から訳語を考え、全体の統一をとる作業とならざるを得なかった。BarendsのLexiconとワードの検索機能がなければ到底短期間に終わらせられなかったろう。こうして訳を整えた後は、解説を書き、補論を付け加える作業をした。これもかなり調べる必要があり、そう簡単にできたわけではない。結局最終的な完成形が出来上がったのは2017年6月の初めのことであった。そして審査を経て、最終的な調整を加え現在にいたっている。訳と註解作りに没頭する3、4ヶ月を4年の間に5度繰り返し、それに本としての形を整えるための7、8ヶ月、さらに最終的調整のための約1ヶ月を積み上げて、私は本書を作ったことになる。2012年の3月頃授業に使おうと本格的に取り組み始めてから約5年半が経っている。

この5年半、多くのことが起こり、多くのことが変わった。この間のことについていろいろ思うことがないわけではないし、書こうと思っていたこともないわけではない。しかし、こうしてすべてが出来上がってみると、もはやどうでもよいことのように思われてくる。幸いこの間、私はほぼ健康だったし、楽しく仕事ができた。重責を担うこともあったが、周りの人がさまざまに助けてくれてあまりストレスにもならなかった。学内にも学外にも面倒

301

は生じたが、いずれの同僚たちも志を同じくする仲間として協力し合い、深刻に対立することもなく、つねに笑いがあった。したがって、ほかの仕事をやらなければならなくて、この仕事から離れなければならないことはしばしば生じたが、ほかの仕事すべてがいやだったわけではないし、むしろこの仕事以上に楽しくやったものもあった。多くの人に助けられたし、多くの、というのが言い過ぎなら、いくらかの人を助けもしただろうと思う。さらに、家に帰れば暖かい食事があったし、何ものにも邪魔されぬ静かな環境もあった。要するに、私はおおむね幸福な状況でこの仕事をしたのであり、そうした状況を作り出してくれたすべての人や機関に感謝申し上げねばならない。本書がその恩に報いるに足るほどの成果であるかどうかは、著者たる私にはもはやわからない。しかし、能力の限りで精一杯のことをやったのだから、私はこれで満足するほかない。私が何よりも嬉しいのは、いささかの余力を感じつつこの仕事を手放すことができることである。今はただ新しい仕事へ向かうことだけを考えている。

2017年11月3日

　その後、6か月以上が経過した。その間に約40日をかけて校正を行い、本書は出版されることとなった。校正ではまだ完全ではなかった全体の統一をはかり、若干の修正と補強を行った。誤りがいくらかでも減り、形式の不統一が少しでも解消されたことを願っている。これでようやくこの6年間つねに心のどこかにあった仕事を、本当に手放すことができる。うれしさとさびしさとが入り交じっている。

2018年5月26日

髙畠純夫

著者紹介

髙畠純夫（たかばたけ・すみお）
東洋大学文学部教授
1954年生まれ。東京大学大学院博士課程単位取得退学。富山医科薬科大学助教授、東洋大学文学部助教授を経て、2002年より現職。専攻は古代ギリシア史。著書に『アンティポン／アンドキデス弁論集』（訳・註解、2002年、京都大学学術出版会）、『アンティフォンとその時代』（2011年、東海大学出版会）、『古代ギリシアの思想家たち』（2014年、山川出版社）、『ペロポネソス戦争』（2015年、東洋大学出版会）。

アイネイアス『攻城論』
―― 解説・翻訳・註解 ――

2018年 7月10日 初版第一刷発行

著作者	髙畠 純夫　©Sumio Takabatake, 2018
発行所	東洋大学出版会 〒112-8606 東京都文京区白山 5-28-20 電話（03）3945-7563 http://www.toyo.ac.jp/site/toyo-up
発売所	丸善出版株式会社 〒101-0051 東京都千代田区神田神保町 2-17 電話（03）3512-3256 http://www.maruzen-publishing.co.jp

組版 月明組版／印刷・製本 大日本印刷株式会社
ISBN 978-4-908590-05-4 C3022